全能型供电所
员工培训模块化教材

配电营业工综合实训

国网福建省电力有限公司　编

中国电力出版社
CHINA ELECTRIC POWER PRESS

图书在版编目（CIP）数据

配电营业工综合实训 / 国网福建省电力有限公司编. —北京：中国电力出版社，2023.11
全能型供电所员工培训模块化教材
ISBN 978-7-5198-8361-4

Ⅰ.①配…　Ⅱ.①国…　Ⅲ.①配电－职工培训－教材　Ⅳ.①TM72

中国国家版本馆 CIP 数据核字（2023）第 233290 号

出版发行：中国电力出版社
地　　址：北京市东城区北京站西街 19 号（邮政编码 100005）
网　　址：http://www.cepp.sgcc.com.cn
责任编辑：薛　红　马玲科
责任校对：黄　蓓　朱丽芳
装帧设计：郝晓燕
责任印制：石　雷

印　　刷：三河市万龙印装有限公司
版　　次：2023 年 11 月第一版
印　　次：2023 年 11 月北京第一次印刷
开　　本：787 毫米 ×1092 毫米　16 开本
印　　张：20.75
字　　数：405 千字
定　　价：98.00 元

主　　编	李燕燕	庄敬清		
副 主 编	苏余泉	薛　娴	吴饰斐	
参　　编	王宝德	黄勇苗	董世钊	吴崇武	黄敬钟
	吴荣羡	刘杨杰	郑康豪	郑依秋	孙昱淞
	叶友泉	苏梓铧	谢纯德	苏建阳	谢华兴
	张力恺	康忠红	陈佳滢		

　　党中央、国务院高度重视技能人才队伍建设工作，习近平总书记指出："工业强国都是技师技工的大国，我们要有很强的技术工人队伍。"新时代要求大力弘扬劳模精神、劳动精神、工匠精神，抓基层、打基础、强基本，培养更多高水平技能人才，带动形成一支规模宏大、结构合理、技能精湛、素质优良的技能人才队伍，为大力实施人才强国和创新驱动发展战略，提供坚实的技能人才保障。

　　本书围绕全能型供电所所涉及的生产营销业务进行展开，整体框架以"活页"的形式展现，先理论讲解，将现场实际工作搬到课堂，生产内容从 10kV 及以下配电网的运维、巡视、抢修等知识点进行解析，使读者掌握配电网的网架结构、主要运行维护的线路设备、抢修全流程、两票应用以及所需要掌握的技能等，营销内容从业扩装表到用检催费等重要知识点结合实际案例进行分解说明，使读者了解供电所台区经理应掌握的营销知识点及相关的技能。本书内容图文并茂，直观、清晰；每个章节中还将实际工作中所需要涉及的技能加入新型教学模式二维码链接（视频、参考资料等），方便读者扫码强化吸收。

　　本书倡导"一专多能"复合型高技能人才的培养，以"理论＋实训"为主，结合工作实际案例教学，让读者真正从理论走向实践，掌握相应技能，达到在系统学习后可以直接进行供电所基础作业的水平。本书适用对象为供电所人员和或将从事供电所工作的人员。

　　由于编写时间仓促和编写者水平有限，书中难免存在疏漏和不足之处，因此各单位如在执行中有修改意见和建议，请及时反馈编写组，编写组将适时进行修订。

编　者

2023 年 11 月

前言

第一部分

配 电 生 产

模块一 通 用 部 分

【模块描述】

本模块主要包括两个任务，分别是工作票、工前会和工后会。

核心知识点包括供电所各类作业的工作票选择，工作票填写与使用的注意事项；工前会、工后会的内容及组织流程。

关键技能项包括工作票填写与执行、安全工器具检查与使用等。

【模块目标】

通过本模块学习，应达到以下目标：

（一）知识目标

（1）掌握工作票的分类及应用场景，了解工作票制度对保证安全生产的作用。

（2）掌握工前会、工后会的组织流程及内容。

（二）技能目标

能够根据作业类别正确选择工作票，规范填写并执行工作票；规范开展工前会及工后会，正确做好开工前的组织、检查工作及工作结束的总结、点评工作。

（三）素质目标

（1）培养学员安全生产的底线思维，规范现场作业的组织与实施。

（2）进一步提升学员规范化作业思维，满足全能型供电所队伍建设的需要。

任务一 工 作 票

【任务目标】

（1）熟悉工作票制度相关要求，掌握供电所各类作业所需工作票的填写。

（2）掌握现场勘察技能，熟悉现场勘察的内容，能够根据勘察结果制定相应安全措施并填写工作票。

（3）了解工作负责人素质要求，能够正确组织开展现场作业并执行工作票相关要求。

【任务描述】

本项任务为工作票的填写，要求学员能够根据作业类型的不同选择相应的工作票并正确、规范填写。在填写工作票时，能够按照配电网设备命编规范要求正确填写线路名称和设备双重名称；了解工作票的签发、许可、终结、人员变更、工作监护等制度要求并在工作票相应位置填写；根据勘察的内容制定停电、装设接地线及围栏等技术措施并列入工作票相应安全措施栏内。

【知识准备】

一、工作票种类

工作票制度是保证人员在配电线路和设备上工作安全的组织措施，须根据作业内容选择相应的工作票，具体按以下方式进行：

（1）需要将高压线路、设备停电或做安全措施者，填用配电第一种工作票。

（2）高压配电（含相关场所及二次系统）工作，工作人员在工作中的正常活动范围与邻近带电高压线路或设备带电部分的距离大于表1-1-1的规定，不需要将高压线路、设备停电或做安全措施者，填用配电第二种工作票。

（3）高压配电带电作业，填用配电带电作业工作票。

（4）低压配电工作，不需要将高压线路、设备停电或做安全措施者，填用低压工作票。

（5）配电线路、设备故障紧急抢修，填用工作票或配电故障紧急抢修单。非连续进行的故障修复工作，应填用工作票。

（6）测量接地电阻，修剪树枝，杆塔底部和基础等地面检查、消缺，涂写杆塔号，安装标志牌等工作地点在杆塔最下层导线以下，并能够保持表1-1-1规定的安全距离的工作，接户、进户计量装置上的不停电工作，单一电源低压分支线的停电工作，不需要高压线路、设备停电或做安全措施的配电运维一体工作可使用其他书面记录、电子信息或按口头、电话命令执行，书面记录包括作业指导书（卡）、派工单、任务单、工作记录等。

表1-1-1　　　　　　　　　　　高压线路和设备不停电时的安全距离

电压等级（kV）	安全距离（m）	电压等级（kV）	安全距离（m）
交流			
10及以下[①]	0.7（0.35）[②]	330	4
20、35	1.0（0.6）[②]	500	5
66、110	1.5	750	8.0[③]
220	3	1000	9.5
直流			
±50	1.5	±660	9
±400	7.2[③]	±800	10.1
±500	6.8	±1100	17

① 表中未列电压应选用高一电压等级的安全距离，后表同。

② 括号内数值仅用于作业人员与带电设备之间采取了绝缘隔离或安全遮栏措施的情况。

③ 750kV数据按海拔2000m校正；±400kV数据按海拔3000～5300m数据校正后，为全线统一使用的数值；其他电压等级数据按海拔1000m校正。

二、现场勘察

（1）现场勘察应由工作票签发人或工作负责人组织，工作负责人、设备运维管理单位（用户单位）和检修（施工）单位相关人员参加。对涉及多专业、多部门、多单位的作业项目，应由项目主管部门、单位组织相关人员共同参与。

（2）现场勘察应查看检修（施工）作业需要停电的范围、保留的带电部位、装设接地线的位置、邻近线路、交叉跨越、多电源、自备电源、有可能反送电的设备和分支线、地下管线设施和作业现场的条件、环境及其他影响作业的危险点，并提出针对性的安全措施和注意事项。现场勘察后，现场勘察记录应送交工作票签发人、工作负责人及相关各方，作为填写、签发工作票等的依据。

参考资料："两票"执行管理规范

（3）开工前，工作负责人或工作票签发人应重新核对现场勘察情况，发现与原勘察情况有变化时，应修正、完善相应的安全措施。

三、工作票填写

（1）工作票由工作负责人或工作票签发人填写。

（2）工作票、故障紧急抢修单应使用统一的票面格式，采用手工方式填写或计算机生成、打印。采用手工方式填写时，应使用黑色或蓝色的钢（水）笔或圆珠笔填写。

参考资料：配电网设备的命编规则

（3）工作票、故障紧急抢修单票面上的时间、工作地点、线路名称、设备双重名称（即设备名称和编号）、动词等关键字不应涂改。若有个别错、漏字需要修改、补充时，应使用规范的符号，字迹应清楚。配电网设备的命编规则见二维码。

四、工作票签发

（1）工作票执行前，应由工作票签发人审核，手工或电子签发。

（2）工作票由设备运维管理单位签发，或由经设备运维管理单位审核合格且批准的检修（施工）单位签发。检修（施工）单位的工作票签发人、工作负责人名单应事先送设备运维管理单位、调度控制中心备案。

（3）承、发包工程，如工作票实行"双签发"，签发工作票时，双方工作票签发人在工作票上分别签名，各自承担相应的安全责任。

（4）供电单位或施工单位到用户工程或设备上检修（施工）时，工作票应由有权签发的用户单位、施工单位或供电单位签发。

（5）一张工作票中，工作票签发人、工作许可人和工作负责人三者不应为同一人。工作许可人中只有现场工作许可人可与工作负责人相互兼任。若相互兼任，应具备相应的资质，并履行相应的安全责任。

五、工作许可

（1）工作许可后，工作负责人（小组负责人）应向工作班（工作小组）成员交代工作内容、人员分工、带电部位、现场安全措施和其他注意事项，告知危险点，工作班成员应履行确认手续。

（2）工作负责人发出开始工作的命令前，应得到全部工作许可人的许可，完成由其负责的安全措施，并确认工作票所列当前工作所需的安全措施已全部完成。工作负责人发出开始工作的命令后，应在工作票上签名，记录开始工作时间。

（3）填用配电第二种工作票的配电线路工作，可不履行工作许可手续。

（4）需要进入变电站或发电厂升压站进行架空线路、电缆等工作时，应增填工作票份数（按许可单位确定数量），分别经变电站或发电厂等设备运维管理单位的工作许可人许可，并留存。

（5）许可开始工作的命令，应通知工作负责人，其方法可采用：

1）当面许可。工作许可人和工作负责人应在工作票上记录许可时间，并分别签名。

2）电话或电子信息许可。工作许可人和工作负责人应分别记录许可时间和双方姓名，复诵或电子信息回复核对无误。

六、工作票的使用

（1）同一张工作票多点工作，工作票上的工作地点、线路名称、设备双重名称、工作任务、安全措施应填写完整。工作内容应与工作地点相对应。

（2）一个工作负责人不能同时执行多张工作票。若一张工作票下设多个小组工作，工作负责人应指定每个小组的小组负责人（监护人），并使用配电工作任务单。工作任务单应一式两份，由工作票签发人或工作负责人签发。工作任务单由工作负责人许可，一份由工作负责人留存，一份交小组负责人。工作结束后，由小组负责人向工作负责人办理工作结束手续。

（3）工作票上所列的安全措施应包括所有工作任务单上所列的安全措施。几个小组同时工作，使用工作任务单时，工作票的工作班成员栏内，可只填写各工作任务单的小组负责人姓名。工作任务单上应填写本工作小组的全部人员姓名。

（4）一回线路检修（施工），邻近或交叉的其他电力线路需配合停电和接地时，应在工作票中列入相应的安全措施。若配合停电线路属于其他单位，应由检修（施工）单位事先书面申请，经配合停电线路的运维管理单位同意，并停电、验电、接地。

（5）在原工作票的停电及安全措施范围内增加工作任务时，应由工作负责人征得工作票签发人和工作许可人同意，并在工作票上增填工作项目。若需变更或增设安全措施，应填用新的工作票，并重新履行签发、许可手续。

（6）变更工作负责人或增加工作任务，若工作票签发人和工作许可人无法当面办理，应通过电话联系，并在工作票登记簿和工作票上注明，或在数字化工作票上办理。

（7）配电第一种工作票、需运维人员操作设备的配电带电作业工作票、需要办理工作许可手续的配电第二种工作票、低压工作票，应至少在工作前一天送达设备运维管理单位（包括信息系统送达）。

七、工作监护及人员变更

（1）工作票签发人或工作负责人对有触电危险、检修（施工）复杂容易发生事故的工作，应增设专责监护人，并确定其监护的人员和工作范围。

（2）专责监护人不应兼做其他工作。专责监护人临时离开时，应通知被监护人员停止工作或离开工作现场；专责监护人回来前，不应恢复工作。专责监护人需长时间离开工作现场时，应由工作负责人变更专责监护人，履行变更手续，并告知全体被监护人员。

（3）工作期间，工作负责人若需暂时离开工作现场，应指定能胜任的人员临时代替，离开前应将工作现场交代清楚，并告知全体工作班成员。原工作负责人返回工作现场时，也应履行同样的交接手续。工作负责人若需长时间离开工作现场，应由原工作票签发人变更工作负责人，履行变更手续，并告知全体工作班成员及所有工作许可人。原、现工作负责人应履行必要的交接手续，并在工作票上签名确认。

（4）工作班成员的变更，应经工作负责人的同意，并在工作票上做好变更记录；中途新加入的工作班成员，应由工作负责人、专责监护人对其进行安全交底并履行确认手续。

八、工作票有效期及延期

（1）工作票的有效期，以批准的检修时间为限。批准的检修时间为调度控制中心或设备运维管理单位批准的开工至完工时间。办理工作票延期手续，应在工作票的有效期内，由工作负责人向工作许可人提出申请，得到同意后给予办理；不需要办理许可手续的配电第二种工作票，由工作负责人向工作票签发人提出申请，得到同意后给予办理。

（2）工作票只能延期一次。延期手续应记录在工作票上。

九、工作终结

（1）工作完工后，应清扫整理现场，工作负责人（包括小组负责人）应检查工作地段的状况，确认检修（施工）的配电设备和配电线路的杆塔、导线、绝缘子及其他辅助设备上没有遗留个人保安线和其他工具、材料，查明全部工作人员确由线路、设备上撤离后，再命令拆除由工作班自行装设的接地线等安全措施。接地线拆除后，即应认为线路、设备带电，任何人不应再登杆工作或在设备上工作。

（2）工作地段所有由工作班自行装设的接地线拆除后，工作负责人应及时向相关工作许可人（含配合停电线路、设备许可人）报告工作终结。

（3）多小组工作，工作负责人在与工作许可人办理工作终结手续前，应得到所有小组负责人工作结束的汇报。

（4）工作终结报告应按以下方式进行：

1）当面报告；

2）电话或电子信息报告，并经复诵或电子信息回复无误。

（5）工作终结报告应简明扼要，主要包括下列内容：工作负责人姓名，某线路（设备）上某处（说明起止杆塔号、分支线名称、位置称号、设备双重名称等）工作已经完工，所修项目、试验结果、设备改动情况和存在问题等，工作班自行装设的接地线已全部拆除，线路（设备）上已无本班组工作人员和遗留物。

（6）工作许可人下令拆除各侧安全措施前，应接到所有工作负责人（包括用户）的终结报告，并确认所有工作已完毕，所有工作人员已撤离，所有接地线已拆除，与记录簿核对无误并做好记录。

十、安全技术措施

（一）停电

停电是保证人员在线路、设备上作业安全的技术措施之一，线路、设备检修，应把工作地段内所有可能来电的电源全部断开（任何运行中星形接线设备的中性点，应视为带电设备），包括以下几个方面：

（1）检修的配电线路或设备。

（2）与工作人员在工作中正常活动范围的距离小于表 1-1-1 规定的线路或设备。

（3）危及线路停电作业安全，且不能采取相应安全措施的交叉跨越、平行或同杆（塔）架设线路。

（4）有可能从低压侧向高压侧反送电的设备。

（5）工作地段内有可能反送电的各分支线（包括用户，下同）。

（6）其他需要停电的线路或设备。

（7）低压配电线路和设备检修，应断开所有可能来电的电源（包括解开电源侧和用户侧连接线），对工作中可能触碰的相邻低压带电线路和设备应采取停电或绝缘遮蔽措施。

（二）接地

（1）当验明确已无电压后，应立即将检修的高压配电线路和设备接地并三相短路，工作地段各端和工作地段内有可能反送电的各分支线都应接地，作业人员应在接地线的保护范围内作业。

（2）配合停电的交叉跨越或邻近线路，在线路的交叉跨越或邻近处附近应装设一组接地线。配合停电的同杆（塔）架设线路装设接地线要求与检修线路相同。

（3）对于因交叉跨越、平行或邻近带电线路、设备导致检修线路或设备可能产生感应电压时，应加装接地线或使用个人保安线，加装（拆除）的接地线应记录在工作票上，个人保安线由作业人员自行装拆。

（4）作业人员不应擅自变更工作票中指定的接地线位置，若需变更，应由工作负责人征得工作票签发人或工作许可人同意，并在工作票上注明变更情况。

（三）悬挂标示牌和装设遮栏（围栏）

（1）在工作地点或检修的配电设备上悬挂"在此工作！"标示牌；配电设备的盘柜检修、查线、试验、定值修改输入等工作，宜在盘柜的前后分别悬挂"在此工作！"标示牌。

（2）在一经合闸即可送电到工作地点的断路器（开关）和隔离开关（刀闸）的操作处或机构箱门锁把手上及熔断器操作处，应悬挂"禁止合闸，有人工作！"标示牌；若线路上有人工作，应悬挂"禁止合闸，线路有人工作！"标示牌。

（3）由于设备原因，接地开关与检修设备之间连有断路器（开关），在接地开关和断路器（开关）合上后，在断路器（开关）的操作处或机构箱门锁把手上，应悬挂"禁止分闸！"标示牌。

（4）高压开关柜内手车开关拉出后，隔离带电部位的挡板应可靠封闭，不应开启，并设置"止步，高压危险！"标示牌。

（5）配电线路、设备检修，在显示屏上断路器（开关）或隔离开关（刀闸）的操作处应设置"禁止合闸，有人工作！"或"禁止合闸，线路有人工作！"以及"禁止分闸！"标记。

（6）高低压配电室、开关站部分停电检修或新设备安装，应在工作地点两旁及对侧运行设备间隔的遮栏（围栏）上和不应通行的过道遮栏（围栏）上悬挂"止步，高压危险！"标示牌。

（7）配电站户外高压设备部分停电检修或新设备安装，应在工作地点四周装设围栏，其出入口要围至邻近道路旁边，并设有"从此进出！"标示牌。工作地点四周围栏上悬挂适当数量的"止步，高压危险！"标示牌，标示牌应朝向围栏里面。

（8）若配电站户外高压设备大部分停电，只有个别地点保留有带电设备而其他设备无触及带电导体的可能时，可以在带电设备四周装设全封闭围栏，围栏上悬挂适当数量的"止步，高压危险！"标示牌，标示牌应朝向围栏外面。

（9）部分停电的工作，小于表1-1-1规定距离的未停电配电设备，应装设临时遮栏，临时遮栏与带电部分的距离不应小于表1-1-1括号中的数值。临时遮栏可用坚韧绝缘材料制成，装设应牢固，并悬挂"止步，高压危险！"标示牌。

（10）低压开关（熔丝）拉开（取下）后，应在适当位置悬挂"禁止合闸，有人工作！"或"禁止合闸，线路有人工作！"标示牌。

（11）在城区、人口密集区或交通道口和通行道路上施工时，工作场所周围应装设遮栏（围栏），并在相应部位装设警告标示牌。必要时，派人看管。

十一、安全风险辨识及预控措施

（1）作业前，应做好作业安全风险辨识。作业人员应熟悉工作内容、工作流程，掌握安全措施，明确工作中的危险点后在工作票上履行交底签名确认手续。

（2）作业安全风险是在生产作业过程中，有可能导致人身伤害事故的因素，涉及触电伤害、高空坠落、物体打击、机械伤害、中毒窒息等。常见供电所专业小型分散作业风险点及预控措施见二维码。

参考资料：供电所专业小型分散作业风险点及预控措施

【任务实施】

一、配电第一种工作票

（一）案例：更换10kV耐张绝缘子

根据年度检修计划，××市××供电所计划对辖区内线路110kV××变电站10kV百崎线#061杆B相耐张绝缘子进行更换，检修工作由施工单位××工程公司承接。2023年05月14日，运维班组外勤一班责任人张三与××工程公司线路一班负责人王一到现场进行勘察，勘察结果如下：10kV百崎线#061杆位于道路边，往来车辆及行人较多，10kV百崎线#061杆临近10kV白沙线#12杆至#13杆高压线路，其水平距离为1.2m，勘察图如图1-1-1所示。

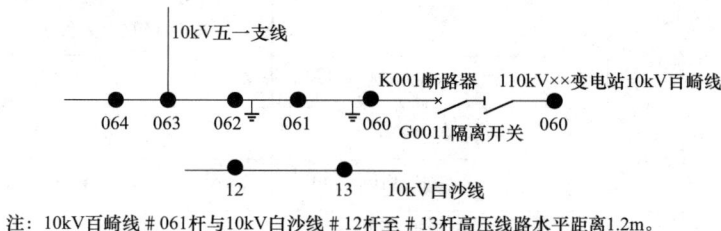

注：10kV百崎线#061杆与10kV白沙线#12杆至#13杆高压线路水平距离1.2m。

图1-1-1　现场作业勘察图

现场勘察结束后，王一根据勘察记录办理了月度停电计划及停电申请，计划停电时间为 2023 年 06 月 11 日 09 时 00 分至 12 时 00 分，计划工作时间为 2023 年 06 月 11 日 09 时 30 分至 11 时 30 分。2023 年 06 月 10 日，王一在系统上开具了配电第一种工作票，工作班成员包括赵一、赵二、赵三。施工单位工作票签发人黄二于 2023 年 06 月 10 日 08 时 00 分签发了工作票，供电所运维班组外勤一班工作票签发人李二于 2023 年 06 月 10 日 08 时 20 分签发了工作票。

2003 年 06 月 11 日 09 时 40 分，王一通过手机 APP 与配调张一办理了工作票网络许可。根据勘察记录，王一安排赵一作为专责监护人，确保赵二在 10kV 百崎线 #061 杆时，其人身及工具与 10kV 白沙线 #12 杆至 #13 杆高压线路保持 1m 以上的安全距离。工作结束后王一于 11 时 20 分通过手机 APP 与配调张一办理了工作票网络终结。

（二）配电第一种工作票填写范例

×× 供电公司
配电第一种工作票

系统生成编号，手写应按照编号规则连续编号

编号：××××××××××××

1. 部门：__×× 工程公司__　工作班组：__线路一班__　工作负责人：__王一__
2. 工作班人员（不包括工作负责人）：__赵一、赵二、赵三__　　共 __3__ 人　　不包括负责人
3. 工作线路（电缆）或设备名称（多回线路应注明双重称号）

__110kV×× 变电站 10kV 百崎线 #001 杆至终端杆__　　按照命编规范填写线路名称及设备双重名称

4. 工作任务

工作地点或设备［注明变（配）电站、线路名称、设备双重名称及起止杆号］	工作内容
10kV 百崎线 #061 杆	更换 B 相耐张绝缘子

5. 计划工作时间：自 __2023__ 年 __06__ 月 __11__ 日 __09__ 时 __30__ 分至 __2023__ 年 __06__ 月 __11__ 日 __11__ 时 __30__ 分　　时间写两位数

6. 安全措施（必要时可附页绘图说明）

6.1　应转为检修状态的线路、设备名称，应断开断路器（开关）、隔离开关（刀闸）、熔丝、保护压板，应合接地开关、应挂接地线

6.1.1　应断开的厂站房内设备名称或应转为检修的线路名称	厂站房名称（含用户）	设备双重名称（或转为检修的线路双重名称）	已执行
6.1.2　应断开线路上的设备名称	线路名称及杆号	设备名称及编号	已执行
	10kV 百崎线 #001 杆	K001 断路器、G0011 隔离开关	√
6.1.3　应配合停电的线路名称	线路名称及杆号	设备名称及编号	已执行

续表

6.1.4 应在厂站房内、配合停电线路上装设的接地线	厂站房设备、配合停电线路双重名称	接地线装设位置	已执行

6.2 应装绝缘隔板，应设遮栏，应挂标示牌			
应装绝缘隔板，应设遮栏，应挂标示牌	装设位置	绝缘隔板、遮栏、标示牌等	已执行
	10kV 百崎线 #001 杆	悬挂"禁止合闸，线路有人工作！"标示牌	√

6.3 保留或邻近的带电线路、设备：10kV 百崎线 #001 杆 G0011 隔离开关静触头保留带电；10kV 百崎线 #061 杆临近 10kV 白沙线 #12 杆至 #13 杆高压线路带电（水平间距 1.2m）

6.4 其他安全措施和注意事项：（1）在城区或人口密集区地段施工时，禁止无关人员在工作地点的下方通行或逗留，工作场所周围应装设遮栏（围栏），划定警戒范围、设置警示标志，看守人到位并疏导好行人，必要时请交通管理部门实施交通管制。（2）施工地段两端应装设"电力施工，车辆慢行"警示牌。（3）作业人员应着装规范，正确使用合格安全工器具。（4）高处作业时应正确使用登高工具及工作绳，严禁上下抛掷物品。（5）工作前应核对工作线路及设备双重名称，防止误登邻近带电杆塔。

> 据勘察结果、现场作业条件制定其他安全注意事项

工作票签发人（施工单位）黄二　2023 年 06 月 10 日 08 时 00 分
工作票签发人（运维单位）李二　2023 年 06 月 10 日 08 时 20 分
工作票签发人（运维单位）_____年___月___日___时___分
工作负责人：王一

6.5 现场补充安全措施：
_____

7. 确认本票 1～6 项，工作许可：

许可单位	许可方式	许可工作的时间	工作许可人	工作负责人
调控中心	网络许可	2023 年 06 月 11 日 09 时 40 分	张一	王一
		___年___月___日___时___分		
设备运维单位		___年___月___日___时___分		
		___年___月___日___时___分		
用户		___年___月___日___时___分		
		___年___月___日___时___分		

8. 工作班应装设的接地线：共 2 组 　　　　　　　　　接地线编号根据现场装设实际填写，接地线的装设需注明方向

线路电压等级、名称和杆号（注明方向）	接地线编号		装设人		拆除人		备注
	高压	低压	签名	时间	签名	时间	
10kV 百崎线 #060 杆靠大号侧	#						
10kV 百崎线 #062 杆靠小号侧	#						

9. 工作任务单登记

工作任务单编号	小组负责人	发出时间	收回时间

10. 现场交底，工作班成员确认工作负责人布置的工作任务、人员分工、安全措施和注意事项并签名：<u>赵一、赵二、</u>
<u>赵三</u>

<u>工前会召开完毕，工作班成员确认知晓工作负责人交代的相关事项后方能签字</u>

11. 人员变更

11.1 工作人员变动：

新增人员姓名	日	时	分	工作负责人签名	离去人员姓名	日	时	分	工作负责人签名

11.2 工作负责人变动：

原工作负责人_____离去，变更_____为工作负责人

变动时间：_____年___月___日___时___分

工作票签发人：_____并已通知工作许可人_____

原工作负责人签名确认：_____新工作负责人签名确认：_____

交接时间：_____年___月___日___时___分

12. 每日开工和收工时间（使用一天的工作票不必填写）

收工时间				工作负责人	工作许可人	开工时间				工作许可人	工作负责人
月	日	时	分			月	日	时	分		

13. 工作票延期：

有效期延长到：_____年___月___日___时___分

延期原因：_____

工作负责人签名：_____ 工作许可人签名：_____

14. 工作终结

14.1 全部工作已结束，工作班现场所装设接地线共 <u>2</u> 组已全部拆除，工作班人员已全部撤离现场，材料、工具已清理完毕，杆塔、设备上已无遗留物。

14.2 工作终结报告

许可单位	报告方式	终结报告时间	工作负责人	工作许可人
用户		___年__月__日__时__分		
		___年__月__日__时__分		
设备运维单位		___年__月__日__时__分		
		___年__月__日__时__分		
调控中心	网络终结	<u>2023</u>年<u>06</u>月<u>11</u>日<u>11</u>时<u>20</u>分	王一	张一
		___年__月__日__时__分		

15. 备注：

15.1 指定专责监护人：<u>赵一</u> 负责监护 <u>赵二</u>在 10kV 百崎线 #061 杆工作时，其人身及工具与 10kV 白沙线 #12 杆至 #13 杆高压线路保持 1m 以上安全距离。 <u>专责监护人需明确被监护人及监护范围</u>

（地点及具体工作）

15.2 监督负责人：_____

15.3 其他事项：_____

16. 评价情况：

经检查本票为_____票，存在_____问题，已向_____指出。

检查人：_____ _____年___月___日

二、配电第二种工作票

（一）案例：更换三相四线带互感器电能表

根据表计轮换计划，××市××供电所外勤一班网格人员张三将于 2023 年 06 月 16 日对 10kV××配电室（公用变压器）28AA 低压进线柜计量单元内三相四线带互感器电能表（表号 0123456789）进行更换，现场表计安装高度离地约 2m。2023 年 06 月 15 日，张三作为工作负责人在系统上办理配电第二种工作票，计划工作时间为 2023 年 06 月 16 日 09 时 00 分至 2023 年 06 月 16 日 12 时 00 分，2023 年 06 月 15 日 15 时 00 分王五签发了工作票。2023 年 06 月 16 日，张三与工作班成员李四和工作许可人黄二到达工作地点，09 时 10 分，黄二现场许可了工作票，工作结束后，张三于 11 时 00 分与黄二现场办理工作终结。

（二）配电第二种工作票范例

××供电公司

配电第二种工作票

系统生成连续编号，手写应按照编号规则连续编号

编号：×××××××××××

1. 部门：<u>　××供电所　</u>工作班组：<u>　外勤一班　</u>工作负责人：<u>　张三　</u>

2. 工作班成员：<u>　　　　李四　　　　　　</u>共<u>　1　</u>人　　　　　不包括负责人

3. 工作线路或设备名称：<u>　10kV××配电室 28AA 低压进线柜计量单元　</u>

按照命编规范填写线路名称及设备双重名称

4. 工作任务：

工作地点或设备［注明变（配）电站、线路名称、设备双重名称及起止杆号］	工作内容
10kV××配电室 28AA 低压进线柜计量单元	更换三相四线电能表一只（旧电能表号：0123456789）

5. 计划工作时间：自 <u>2023</u> 年 <u>06</u> 月 <u>16</u> 日 <u>09</u> 时 <u>00</u> 分至 <u>2023</u> 年 <u>06</u> 月 <u>16</u> 日 <u>12</u> 时 <u>00</u> 分　　　写两位数

6. 工作条件（停电或不停电、邻近带电及保留带电线路、设备名称、必要时可附页绘图说明）：<u>　不停电　</u>

7. 安全措施及注意事项：（1）工作中严禁电流二次回路开路。（2）工作中应戴安全帽、绝缘手套，穿着棉长袖工作服、绝缘鞋，工作负责人应穿红马甲。（3）与带电设备保持足够的安全距离。（4）工作时应使用合格的安全工器具，工器具裸露部分应进行绝缘包扎，防止误碰其他运行中设备的二次回路。（5）工作时应使用绝缘梯，上下梯子应有人扶持，梯子应放在干燥的绝缘物上。（6）工作中应使用合格照明工具，确保工作场所有充足的照明。（7）在作业地点处装设围栏，在上柜处悬挂"在此工作"标示牌。

根据作业内容和作业条件制定相应安全措施

工作票签发人（施工单位）：<u>　　　</u>年<u>　</u>月<u>　</u>日<u>　</u>时<u>　</u>分

工作票签发人（运维单位）：<u>王五　</u>2023 年 06 月 15 日 15 时 00 分

工作负责人：<u>张三　</u>　　需办理工作许可的配电第二种工作票，应至少在工作前一天送达设备运维管理单位

8. 工作许可

许可单位	许可方式	许可工作时间	工作许可人	工作负责人
设备运维单位	现场许可	2023 年 06 月 16 日 09 时 10 分	黄二	张三
		年　月　日　时　分		

续表

用户		年　月　日　时　分		
		年　月　日　时　分		

9. 现场交底，工作班成员确认工作负责人布置的工作任务、人员分工、安全措施和注意事项并签名：__李四__

10. 工作人员变动

工前会召开完毕，工作班成员确认知晓工作负责人交代的相关事项后方能签字

增添人员姓名	日	时	分	工作负责人签名	离去人员姓名	日	时	分	工作负责人签名

11. 工作负责人变动

原工作负责人_____离去，变更_____为工作负责人。

变动时间：_____年____月____日____时____分

工作签发人：_____

原工作负责人签名确认：_____ 新工作负责人签名确认：_____

交接时间：_____年____月____日____时____分

12. 工作票延期：有效期延长到：_____年____月____日____时____分

工作负责人签名：_____ 工作许可人签名：_____

13. 工作终结

13.1 全部工作已经结束，工作班人员已全部撤离现场，材料工具已清理完毕，杆塔、设备上已无遗留物。

13.2 工作终结报告

许可单位	报告方式	终结报告时间		工作负责人	工作许可人
用户		年　月　日　时　分			
		年　月　日　时　分			
设备运维单位	当面报告	2023 年 06 月 16 日 11 时 00 分		张三	黄二
		年　月　日　时　分			

14. 备注

14.1 指定专责监护人：_____负责监护_____

_____（地点及具体工作）

14.2 监督负责人：_____

14.3 其他事项：_____

15. 评价情况：

经检查本票为_____票，存在_____

_____问题，已向_____指出。

检查人：_____　　　　_____年___月___日

三、配电故障紧急抢修单

（一）案例：抢修更换 10kV 柱式绝缘子

2023 年 06 月 12 日 08 时 20 分，××市××镇供电所外勤一班工作人员张三在手机 APP 上接到 110kV××变电站 10kV 东街线线路接地短路故障单后和张四开展故障巡视，巡

视发现 10kV 东街线 #15 杆 B 相柱式绝缘子因遭雷击击穿，造成线路接地短路故障。张三和张四在进行现场勘察后绘制勘察图（见图 1-1-2）并与配调确定转电及故障隔离方案。同时张四作为抢修负责人于 06 月 12 日 10 时 10 分在手机 APP 开具了配电故障紧急抢修单并提交给配调张七，张七签收抢修单后于 06 月 12 日 10 时 20 分通过手机 APP 网络许可张四开始抢修工作，06 月 12 日 13 时 20 分抢修工作完成，张四通过手机 APP 向配调张七办理工作终结。

此次抢修任务张三作为抢修任务布置人，安排张四开展抢修相关组织工作，工作班成员分别为张二、张五、张六。

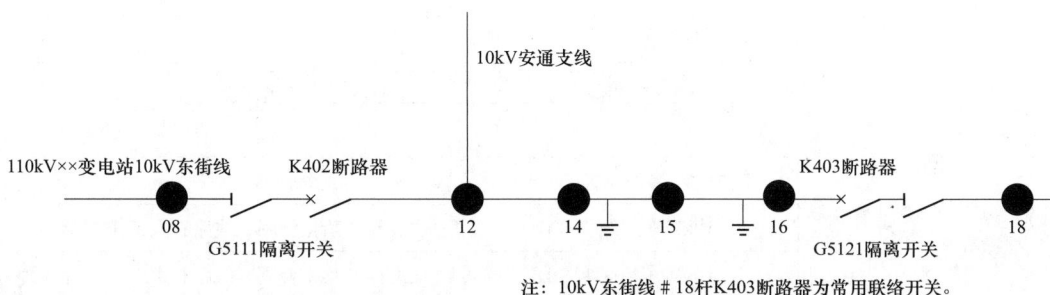

图 1-1-2　故障抢修勘察图

（二）配电故障紧急抢修单填写范例

××供电公司

配电故障紧急抢修单

系统生成连续编号，手写应按照编号规则连续编号

编号：×××××××××××××

1. 部门：　××镇供电所　工作班组：　外勤一班　抢修工作负责人：　张四
2. 抢修工作人员（不包括抢修工作负责人）：　张二、张五、张六　共 3 人　　不包括负责人
3. 抢修线路（电缆）或设备名称（多回线路应注明双重称号）　　按照命编规范填写线路名称及设备双重名称
　　110kV××变电站 10kV 东街线 #9 杆至 #17 杆
4. 抢修工作任务

工作地点或设备［注明变（配）电站、线路名称、设备双重名称及起止杆号］	工作内容
10kV 东街线 #15 杆	更换 B 相柱式绝缘子

5. 安全措施（必要时可附页绘图说明）

5.1　应转为检修状态的线路、设备名称，应断开断路器（开关）、隔离开关（刀闸）、熔丝、保护压板，应合接地开关，应挂接地线		
5.1.1　应断开的厂站房内设备名称或应转为检修的线路名称	厂站房名称（含用户）	设备双重名称（或转为检修的线路双重名称）

续表

5.1.2　应断开线路上的设备名称	线路名称及杆号	设备名称及编号
	10kV 东街线 #08 杆	K402 断路器、G5111 隔离开关
	10kV 东街线 #18 杆	K403 断路器、G5121 隔离开关

5.1.3　应配合停电的线路名称	线路名称及杆号	设备名称及编号

5.1.4　应装设的接地线	线路、设备电压等级、名称和杆号（注明方向）	接地线编号	
		高压	低压
	10kV 东街线 #14 杆靠大号侧	#	
	10kV 东街线 #16 杆靠小号侧	#	
	接地线编号根据现场装设实际填写，接地线的装设需注明方向		

5.1.5　应装绝缘隔板、遮栏，应挂标示牌	装设位置	绝缘隔板、遮栏、标示牌等
	10kV 东街线 #08 杆	悬挂"禁止合闸，线路有人工作！"标示牌
	10kV 东街线 #18 杆	悬挂"禁止合闸，线路有人工作！"标示牌

5.2　抢修地点保留带电部分或注意事项：　10kV 东街线 #08 杆及往小号侧线路带电、10kV 东街线 #18 杆及往大号侧线路带电。

6. 上述 1～5 项由抢修工作负责人 张四 根据抢修任务布置人 张三 的指令，并根据现场勘察情况填写。

7. 现场补充安全措施：（1）人员在杆上作业时，作业点下方应按坠落半径设围栏或其他保护措施。（2）作业人员应规范着装，正确使用合格工器具。（3）高处作业应正确使用登高工具和工作绳，严禁上下抛掷物品。（4）工作前应核对工作线路及杆号，防止误登带电杆塔。

8. 许可抢修时间

许可方式	许可工作的时间	工作许可人	工作负责人
网络许可	2023 年 06 月 12 日 10 时 20 分	张七	张四
	＿＿年＿月＿日＿时＿分		
	＿＿年＿月＿日＿时＿分		

9. 抢修工作终结：

9.1　现场抢修工作已结束，抢修工作班人员已全部撤离，现场已清理完毕，所挂接地线共 2 组已经拆除。现场设备状况及保留安全措施：＿＿＿＿＿＿＿＿＿＿＿＿＿＿＿＿＿＿＿＿＿＿＿＿＿＿＿＿＿＿＿＿＿＿＿＿

9.2　抢修工作终结报告

终结报告方式	终结报告时间	工作负责人	工作许可人
网络终结	2023 年 06 月 12 日 13 时 20 分	张四	张七
	＿＿年＿月＿日＿时＿分		
	＿＿年＿月＿日＿时＿分		

10. 备注：

10.1　指定专责监护人：＿＿＿＿＿＿＿＿负责监护＿＿＿＿＿＿＿＿＿＿＿＿＿＿＿＿＿＿＿＿＿＿＿＿＿＿＿＿＿

_____ (地点及具体工作)

10.2 监督负责人：_____

10.3 其他事项：_____

11. 评价情况：

经检查本单为_____单，存在_____

问题，已向_____指出。

检查人：_____ _____年___月___日

四、低压工作票

（一）案例：停电更换低压线路电杆

根据年度检修计划，需停电更换 220kV×× 变电站 10kV 碧玉线考试支线 #01 杆考试配电变压器 0.4kV 线路 A4 杆。2023 年 05 月 11 日，×× 市 ×× 镇供电所外勤一班网格人员张三开展了现场勘察，勘察结果如下：工作地段处于道路边，人口、车辆较为密集，该台区全线为绝缘导线，勘察图如图 1-1-3 所示。

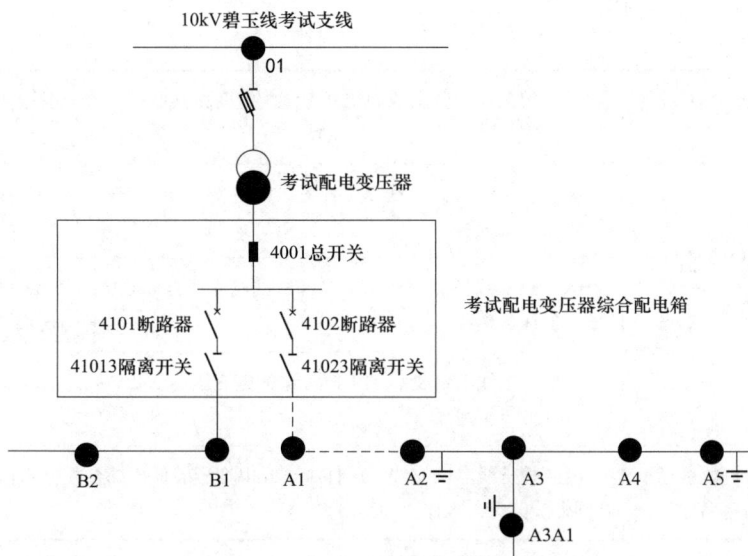

图 1-1-3 低压停电作业现场勘察图

勘察结束后张三在系统上办理了停电计划及停电申请，计划工作时间为 2023 年 06 月 11 日 12 时 00 分至 2023 年 06 月 11 日 18 时 00 分。2023 年 06 月 10 日，张三作为工作负责人在系统上开具了低压工作票，工作班成员包括同班组人员李一、李二、李三、李四、李五。2023 年 06 月 10 日 10 时 35 分，其班组长王五签发了工作票。2023 年 06 月 11 日 12 时 10 分，张三通过电话向所在班组人员蔡七办理了工作许可；工作结束后，张三于 17 时 42 分通过电话向所在班组人员蔡七办理了工作终结。

（二）低压工作票填写范例

××供电公司

低压工作票

系统生成连续编号，手写应按照编号规则连续编号

编号：×××××××××

1. 部门：__××镇供电所__ 工作班组：__外勤一班__ 工作负责人：__张三__

不包括负责人

2. 工作班人员：__李一、李二、李三、李四、李五__ 共 _5_ 人

3. 工作线路（电缆）或设备名称（多回线路应注明双重称号及方位）：_____

　　__220kV××变电站 10kV 碧玉线考试支线 #01 杆考试配电变压器 0.4kV 线路 A4 杆__

_____

按照命编规范填写线路名称及设备双重名称

4. 工作任务：

工作地点或设备［注明变（配）电站、线路名称、设备双重名称及起止杆号］	工作内容
10kV 碧玉线考试支线 #01 杆考试配电变压器 0.4kV 线路 A4 杆	电杆更换

5. 计划工作时间：自 _2023_ 年 _06_ 月 _11_ 日 _12_ 时 _00_ 分至 _2023_ 年 _06_ 月 _11_ 日 _18_ 时 _00_ 分

写两位数

6. 安全措施（必要时可附页绘图说明）

6.1　应采取的安全措施

6.1.1	应停电的设备名称及编号（含解开的支线、接户线）	10kV 碧玉线考试支线 #01 杆考试配电变压器低压综合配电箱 4102 断路器、41023 隔离开关
6.1.2	应装设的接地线	10kV 碧玉线考试支线 #01 杆考试配电变压器 0.4kV 线路 A2 杆大号侧装设一组 #（　）低压接地线
		10kV 碧玉线考试支线 #01 杆考试配电变压器 0.4kV 线路 A5 杆大号侧装设一组 #（　）低压接地线
		10kV 碧玉线考试支线 #01 杆考试配电变压器 0.4kV 线路 A3A1 杆小号侧装设一组 #（　）低压接地线
6.1.3	应装设的安全栅栏、标示牌和应加锁的设备名称	10kV 碧玉线考试支线 #01 杆考试配电变压器低压综合配电箱箱门把上悬挂"禁止合闸，线路有人工作！"标示牌

接地线编号根据现场实际填写

6.2　保留的带电部位：__10kV 碧玉线考试支线 #01 杆考试配电变压器低压综合配电箱 4102 断路器电源侧带电__。

6.3　其他安全措施和注意事项：（1）工作人员应规范着装，正确使用合格安全工器具。（2）作业地点道路两侧装设"电力施工，车辆慢行"警示牌。（3）应做好防倒杆措施并安排专人负责现场指挥，以免行人误入。（4）高处作业时应正确使用登高工具及工作绳，不得上下抛掷物品。（5）10kV 碧玉线考试支线 #01 杆考试配电变压器 0.4kV 线路 A4 杆下方应装设围栏。

根据勘察结果及现场作业条件制定相应安全措施

工作票签发人（施工单位）签名：_____ ____年___月___日___时____分

双签发时填写

工作票签发人（运行单位）签名：__王五__ _2023_ 年 _06_ 月 _10_ 日 _10_ 时 _35_ 分

工作负责人签名：__张三__

需办理工作许可的低压工作票，应至少在工作前一天送达设备运维管理单位

7. 工作许可

7.1 现场补充的安全措施：

_____

_____

_____

7.2 确认本工作票安全措施正确完备，许可工作开始：

工作许可人签名： 蔡七   工作负责人签名： 张三

许可方式： 电话许可   许可时间： 2023 年 06 月 11 日 12 时 10 分

8. 现场交底，工作班成员确认工作负责人布置的工作任务、人员分工、安全措施和注意事项并签名：

    李一、李二、李三、李四、李五

_____

_____ 工前会召开完毕，工作班成员确认知晓工作负责人交代的相关事项后方能签字

9. 工作终结：

全部工作已结束，工作班现场所装设接地线共 3 组已全部拆除、工作班人员已全部撤离现场、杆塔、设备上已无遗留物。

工作负责人签名： 张三   工作许可人签名： 蔡七   报告方式： 电话报告，并复诵无误

工作终结时间 2023 年 06 月 11 日 17 时 42 分

10.1 指定专责监护人：_____ 负责监护：_____

_____

（地点及具体工作）

是否设置专责监护人取决于工作地段是否有触电危险，是否有复杂作业环节容易造成事故。专责监护人需明确其监护的人员及监护范围，不得兼做其他工作。

10.2 监督负责人：_____

10.3 其他事项：_____

_____

_____

11. 评价情况：

经检查本票为_____票，存在_____

_____问题，已向_____指出。

检查人：_____ _____年___月___日

五、工作任务派工单

（一）案例：测量配电变压器接地电阻

根据年度检修计划，××市××镇供电所外勤一班网格人员张三计划于2023年06月16日09时00分至11时00分对10kV前黄线#12杆前黄一配电变压器进行接地电阻测量。2023年06月15日，张三在系统上开具了工作任务派工单，工作班成员为同班组人员李四，派工单经其班组长王五审核后派发。

（二）工作任务派工单填写范例

××供电公司

现场工作任务派工单

> 系统生成连续编号，手写应按照编号规则连续编号

任务派发人：王五　　| 派发人、负责人不为同一人 |　　编号：×××××××××

班组：	××镇供电所外勤一班	任务负责人：	张三
成员：	李四	共 1 人	不包括负责人
计划工作时间：	自 2023 年 06 月 16 日 09 时 00 分至 2023 年 06 月 16 日 11 时 00 分		写两位数
工作地点：	10kV 前黄线 #12 杆前黄一配电变压器	按照命编规范填写线路名称及设备双重名称	
工作任务：	10kV 前黄线 #12 杆前黄一配电变压器接地电阻测量		
作业类型：	☐ 低压停电作业　☐ 低压带电作业　☑ 维护性作业　☐ 其他 ☐ 电能表（终端）新装、更换　☐ 表箱新装　☐ 换箱作业 ☐ 低压用户申校及计量采集装置消缺	正确选择作业类型	

安全措施和注意事项：

☑ 1. 注意交通安全，在路（街）边或车（人）流量较大的环境作业，应使用围（遮）栏或路锥并设警示标示牌；

☑ 2. 防止触电，注意与带电设备保持足够的安全距离；

☑ 3. 使用梯子应有人监护，监护人负责扶持梯子，作业人员不得站在超出梯子限高标志的位置；

☑ 4. 防范狗、蛇、马蜂等小动物的伤害；　　| 根据工作存在的危险点制定相应的安全措施 |

☑ 5. 测量工作时不得少于两人，监护人应由有经验的人员担任；

☑ 6. 防止电击伤害，测量时应戴绝缘手套，停止摇动前禁止触碰仪表接线柱或被测设备；

☑ 7. 测量前应查看接地方式及接地极是否带电；

☑ 8. 按照接地电阻表使用说明书正确使用仪表；

☑ 9. 拆除、恢复接地极时必须戴绝缘手套；

☑ 10. 现场补充安全措施（说明：以下部分需要工作负责人根据每个作业点的现场环境、作业条件、特殊风险点等情况手工填写，填写时应标注出该条补充措施适用的具体作业地点名称和工作任务）：＿＿＿＿＿＿＿＿

＿＿＿＿＿＿＿＿＿＿＿＿＿＿＿＿＿＿＿＿＿＿＿＿＿＿＿＿＿＿＿＿＿＿＿。

> 工作负责人根据设备运行环境、现场作业环境、条件等对可能影响作业安全等因素提出针对性防范措施，如防疫、防暑、增设警示牌等

我对工作负责人交代的工作任务和安全措施及注意事项已明白无误。

工作班成员签名：李四　　| 工前会召开完毕，工作班成员确认知晓工作负责人交代的相关事项后方能签字 |

任务二　工前会、工后会

📖 【任务目标】

（1）掌握工前会、工后会的流程及内容，能够规范组织开展。

（2）熟悉安全工器具的分类，掌握安全工器具的检查与使用。

（3）了解现场作业人员应具备的基本条件及不符合作业的气象条件。

📖 【任务描述】

开工前召开工前会，对工作班成员的着装、精神状态以及所携带的工器具进行检查；对

工作任务的内容、分工进行交底，告知工作班成员工作存在的危险点和预控措施，对工作的技术要点、工艺要求进行交代。工作完成后召开工后会，对工作完成情况、安全工作落实情况进行评价。

【知识准备】

一、作业人员基本要求

（1）经医师鉴定，无妨碍工作的病症（体格检查每两年至少一次），参加高处作业的人员，应每年进行一次体检。

（2）正确使用防护用品。进入作业现场应正确佩戴安全帽，现场作业人员还应穿全棉长袖工作服、绝缘鞋。

（3）作业前，应做好安全风险辨识。作业人员应被告知其作业现场和工作岗位存在的危险因素、防范措施及紧急处理措施。

（4）熟悉工作内容、工作流程，掌握安全措施，明确工作中的危险点，并在工作票上履行交底签名确认手续。

（5）正确使用施工机具、安全工器具和劳动防护用品。

二、不符合作业条件的天气情况

（1）雷电时，禁止巡线。

（2）雷电时，不应就地倒闸操作和更换熔丝。

（3）雷电时，不应在线路杆塔上作业。

（4）雷电时，不应测量绝缘电阻及高压侧核相。

（5）风力超过 5 级时，不应砍剪高出或接近带电线路的树木。

三、安全工器具

安全工器具系指为防止触电、灼烫、高处坠落、中毒和窒息、火灾、淹溺、机械伤害等事故或职业危害，保障工作人员人身安全的个体防护装备、绝缘安全工器具、登高工器具、安全围栏（网）和标示牌等专用工具和器具。

（一）安全工器具分类

安全工器具分为个体防护装备、绝缘安全工器具、登高工器具、安全围栏（网）和标示牌四大类。

1. 个体防护装备

个体防护装备是指保护人体避免受到急性伤害而使用的安全用具，供电所常用的个人防护装备包括安全帽、防护眼镜、安全带、安全绳、速差自控器、个人保安线。

（1）安全帽对人头部受坠落物及其他特定因素引起的伤害起防护作用，由帽壳、帽衬、下颏带及附件等组成。

（2）防护眼镜是在进行检修工作、维护电气设备时，保护工作人员不受电弧灼伤以及防止异物落入眼内的防护用具。

（3）安全带是防止高处作业人员发生坠落或发生坠落后将作业人员安全悬挂的个体防护装备，供电所一般使用的是围杆作业安全带。围杆作业安全带是通过围绕在固定构造物上的绳或带将人体绑定在固定构造物附近，使作业人员双手可以进行其他操作的安全带。

（4）安全绳是连接安全带系带与挂点的绳（带、钢丝绳等），供电所一般使用的是围杆作业用安全绳。

（5）速差自控器是一种安装在挂点上、装有一种可收缩长度的绳（带、钢丝绳）、串联在安全带系带和挂点之间、在坠落发生时因速度变化引发制动作用的装置。

（6）个人保安线是用于防止感应电压危害的个人用接地装置。

2. 绝缘安全工器具

供电所常用的绝缘安全工器具分为基本绝缘安全工器具和辅助绝缘安全工器具。

（1）基本绝缘安全工器具。基本绝缘安全工器具是指能直接操作带电装置、接触或可能接触带电体的工器具，供电所常用的包括电容型验电器、携带型短路接地线、绝缘杆、核相器等。

1）电容型验电器是通过检测流过验电器对地杂散电容中的电流来指示电压是否存在的装置。

2）携带型短路接地线是用于防止设备、线路突然来电，消除感应电压，放尽剩余电荷的临时接地装置。

3）绝缘杆是由绝缘材料制成，用于短时间对带电设备进行操作或测量的杆类绝缘工具，包括绝缘操作杆、测高杆等。

4）核相器是用于鉴别待连接设备、电气回路是否相位相同的装置。包括有线核相器和无线核相器。

（2）辅助绝缘安全工器具。辅助绝缘安全工器具是指绝缘强度不是承受设备或线路的工作电压，只是用于加强基本绝缘安全工器具的保安作用，用以防止接触电压、跨步电压、泄漏电流电弧对操作人员伤害的工具。供电所常用的包括辅助型绝缘手套和辅助型绝缘靴（鞋），不能用辅助绝缘安全工器具直接接触高压设备带电部分。

1）辅助型绝缘手套是由特种橡胶制成、起电气辅助绝缘作用的手套。

2）辅助型绝缘靴（鞋）是由特种橡胶制成、用于人体与地面辅助绝缘的靴（鞋）子。

3. 登高工器具

登高工器具是用于登高作业、临时性高处作业的工具，供电所常用的包括脚扣、登高板、梯子等。

（1）脚扣是用钢或合金材料制作的攀登电杆的工具。

（2）登高板是由脚踏板、吊绳及挂钩组成的攀登电杆的工具。

（3）梯子是包含踏档或踏板，可供人上下的装置，一般分为竹（木）梯、铝合金梯及复合材料梯。

4. 安全围栏（网）和标示牌

安全围栏（网）包括用各种材料做成的安全围栏、安全围网和红布幔，标示牌包括各种安全警告牌、设备标示牌、锥形交通标、警示带等。供电所常用安全警告牌包括"禁止合闸，有人工作！""禁止合闸，线路有人工作！""在此工作！""止步、高压危险""电力施工车辆慢行"等。

（二）安全工器具使用要求

1. 安全帽

（1）任何人员进入生产、施工现场必须正确佩戴安全帽。针对不同的生产场所，根据安全帽产品说明选择适用的安全帽。

（2）安全帽戴好后，应将帽箍扣调整到合适的位置，锁紧下颚带，防止工作中前倾后仰或其他原因造成滑落。

（3）受过一次强冲击或做过试验的安全帽不能继续使用，应予以报废。

（4）高压近电报警安全帽使用前应检查其音响部分是否良好，但不得作为无电的依据。

2. 防护眼镜

（1）防护眼镜的选择要正确。要根据工作性质、工作场合选择相应的防护眼镜。

（2）防护眼镜的宽窄和大小要恰好适合使用者。如果大小不合适，防护眼镜滑落到鼻尖上，就起不到防护作用。

（3）防护眼镜应按出厂时标明的遮光编号或使用说明书使用。

（4）透明防护眼镜佩戴前应用干净的布擦拭镜片，以保证足够的透光度。

（5）戴好防护眼镜后应收紧防护眼镜镜腿（带），避免造成滑落。

3. 安全带

（1）围杆作业安全带一般使用期限为3年，如发生坠落事故，则应由专人进行检查，如有影响性能的损伤，则应立即更换。

（2）应正确选用安全带，其功能应符合现场作业要求。

（3）安全带穿戴好后应仔细检查连接扣或调节扣，确保各处绳扣连接牢固。

（4）2m及以上的高处作业应使用安全带。

（5）在坝顶、陡坡、屋顶、悬崖、杆塔、吊桥以及其他危险的边沿进行工作，临空一面应装设安全网或防护栏杆，否则，作业人员应使用安全带。

（6）在没有脚手架或者在没有栏杆的脚手架上工作，高度超过1.5m时，应使用安全带。

（7）在电焊作业或其他有火花、熔融源等场所使用的安全带或安全绳应有隔热防磨套。

（8）安全带的挂钩或绳子应挂在结实牢固的构件或专为挂安全带用的钢丝绳上，并应采用高挂低用的方式。

（9）高处作业人员在转移作业位置时不准失去安全保护。

（10）禁止将安全带系在移动或不牢固的物件上，如隔离开关（刀闸）支柱绝缘子、瓷横担、未经固定的转动横担、线路支柱绝缘子、避雷器支柱绝缘子等。

（11）登杆前，应进行围杆带和后备绳的试拉，无异常方可继续使用。

4. 安全绳

（1）安全绳应是整根，不应私自接长使用。

（2）在具有高温、腐蚀等场合使用的安全绳，应穿入整根具有耐高温、抗腐蚀的保护套或采用钢丝绳式安全绳。

（3）安全绳应通过连接扣连接，在使用过程中不应打结。

（4）安全绳（包括未展开的缓冲器）不应超过2m，有2根安全绳（包括未展开的缓冲器）的安全带，其单根有效长度不应大于1.2m。

5. 速差自控器

（1）使用时应认真查看速差自控器的防护范围及悬挂要求。

（2）速差自控器应系在牢固的物体上，禁止系挂在移动或不牢固的物件上。不得系在棱角锋利处。速差自控器拴挂时严禁低挂高用。

（3）速差自控器应连接在人体前胸或后背的安全带挂点上，移动时应缓慢，禁止跳跃。

（4）禁止将速差自控器锁止后悬挂在安全绳（带）上作业。

（5）使用时不需添加任何润滑剂。

（6）使用速差自控器时，钢丝绳拉出后工作完毕，收回器内过程中严禁松手。

6. 个人保安线

（1）个人保安线仅作为预防感应电使用，不得以此代替工作接地线。只有在工作接地线挂好后，方可在工作相上挂个人保安线。

（2）工作地段如有邻近、平行、交叉跨越及同杆塔架设线路，为防止停电检修线路上感应电压伤人，在需要接触或接近导线工作时，应使用个人保安线。

（3）个人保安线应在杆塔上接触或接近导线的作业开始前挂接，作业结束脱离导线后拆除。

（4）装设时，应先接接地端，后接导线端，且接触良好，连接可靠。拆个人保安线的顺序与此相反。个人保安线由作业人员负责自行装、拆。

（5）在杆塔或横担接地通道良好的条件下，个人保安线接地端允许接在杆塔或横担上。

7. 电容型验电器

（1）验电器的规格必须符合被操作设备的电压等级，使用验电器时，应轻拿轻放。

（2）操作前，验电器杆表面应用清洁的干布擦拭干净，使表面干燥、清洁。并在有电设备上进行试验，确认验电器良好；无法在有电设备上进行试验时可用高压发生器等确认验电器良好。

（3）操作时，应戴绝缘手套，穿绝缘靴。使用抽拉式电容型验电器时，绝缘杆应完全拉开。人体应与带电设备保持足够的安全距离，操作者的手握部位不得越过护环，以保持有效的绝缘长度。

（4）非雨雪型电容型验电器不得在雷、雨、雪等恶劣天气时使用。

（5）使用操作前，应自检一次，声光报警信号应无异常。

8. 携带型短路接地线

（1）接地线的截面应满足装设地点短路电流的要求，长度应满足工作现场需要。

（2）经验明确无电压后，应立即装设接地线并使三相短路（直流线路两极分别直接接地），利用铁塔接地或与杆塔接地装置电气上直接相连的横担接地时，允许每相分别接地，对于无接地引下线的杆塔，可采用临时接地体。

（3）装设接地线时，应先接接地端，后接导线端，接地线应接触良好、连接可靠，拆除接地线的顺序与此相反，人体不准碰触未接地的导线。

（4）装、拆接地线均应使用满足安全长度要求的绝缘棒或专用的绝缘绳。

（5）禁止使用其他导线作接地线或短路线，禁止用缠绕的方法进行接地或短路。

（6）设备检修时模拟盘上所挂接地线的数量、位置和接地线编号，应与工作票和操作票所列内容一致，与现场所装设的接地线一致。

9. 绝缘操作杆

（1）绝缘操作杆的规格必须符合被操作设备的电压等级，切不可任意取用。

（2）操作前，绝缘操作杆表面应用清洁的干布擦拭干净，使表面干燥、清洁。

（3）操作时，人体应与带电设备保持足够的安全距离，操作者的手握部位不得越过护环，以保持有效的绝缘长度，并注意防止绝缘操作杆被人体或设备短接。

（4）为防止因受潮而产生较大的泄漏电流，危及操作人员的安全，在使用绝缘操作杆拉合隔离开关或经传动机构拉合隔离开关和断路器时，均应戴绝缘手套。

（5）雨天在户外操作电气设备时，绝缘操作杆的绝缘部分应有防雨罩，防雨罩的上口应与绝缘部分紧密结合，无渗漏现象，以便阻断流下的雨水，使其不致形成连续的水流柱而大大降低湿闪电压。

10. 核相器

（1）核相器的规格必须符合被操作设备的电压等级，使用核相器时，应轻拿轻放。

（2）操作前，核相器杆表面应用清洁的干布擦拭干净，使表面干燥、清洁。

（3）操作时，人体应与带电设备保持足够的安全距离，操作者的手握部位不得越过护手环，以保持有效的绝缘长度。

11. 辅助型绝缘手套

（1）辅助型绝缘手套应根据使用电压的高低、不同防护条件来选择。

（2）作业时，应将上衣袖口套入绝缘手套筒口内。

（3）按照有关要求进行设备验电、倒闸操作、装拆接地线等工作时应戴绝缘手套。

12. 辅助型绝缘靴（鞋）

（1）辅助型绝缘靴（鞋）应根据使用电压的高低、不同防护条件来选择。

（2）穿用电绝缘皮鞋和电绝缘布面胶鞋时，其工作环境应能保持鞋面干燥。在各类高压电气设备上工作时，使用电绝缘鞋，可配合基本安全用具触及带电部分，并要防护跨步电压所引起的电击伤害。在潮湿及有蒸汽、冷凝液体、导电灰尘或易发生危险的场所，尤其应注意配备合适的电绝缘鞋，应按标准规定的使用范围正确使用。

（3）穿用绝缘靴时，应将裤管套入靴筒内。

（4）穿用电绝缘鞋时，应避免接触锐器、高温、腐蚀性和酸碱油类物质，防止电绝缘鞋受到损伤而影响电绝缘性能。防穿刺型、耐油型及防砸型绝缘鞋除外。

13. 脚扣

（1）登杆前，应在杆根处进行一次冲击试验，无异常方可继续使用。

（2）应将脚扣脚带系牢，登杆过程中应根据杆径粗细随时调整脚扣尺寸。

（3）特殊天气使用脚扣时，应采取防滑措施。

（4）严禁从高处向下扔摔脚扣。

14. 登高板

（1）登杆前在杆根处对登高板进行冲击试验，判断登高板是否有变形和损伤。

（2）登高板的挂钩钩口应朝上，严禁反向。

15. 梯子

（1）梯子应能承受作业人员及其所携带的工具、材料攀登时的总重量。

（2）梯子不得接长或垫高使用。如需接长时，应用铁卡子或绳索切实卡住或绑牢并加设支撑。

（3）梯子应放置稳固，梯脚要有防滑装置。使用前，应先进行试登，确认可靠后方可使用。有人员在梯子上工作时，梯子应有人扶持和监护。

（4）梯子与地面的夹角应为60°左右，工作人员必须在距梯顶1m以下的梯磴上工作。

（5）人字梯应具有坚固的铰链和限制开度的拉链。

（6）靠在管子上、导线上使用梯子时，其上端需用挂钩挂住或用绳索绑牢。

（7）在通道上使用梯子时，应设监护人或设置临时围栏。梯子不准放在门前使用，必要时采取防止门突然开启的措施。

（8）严禁人在梯子上时移动梯子，严禁上下抛递工具、材料。

（9）在高压室内应使用绝缘材料的梯子，禁止使用金属梯子。搬动梯子时，应放倒两人搬运，并与带电部分保持安全距离。

【任务实施】

现场开始作业前，应召开工前会。工前会由工作负责人对工作班成员进行"三检查"（检查工作人员着装、检查个人安全防护用品及工器具、检查工作人员精神状态）、"三交底"（工作任务交底、安全交底、技术交底）。作业人员应熟悉工作内容、工作流程，掌握安全措施，明确工作中的危险点，清楚作业的技术要点和工艺要求，并在工作票上履行交底签名确认手续。

工作结束后，应召开工后会。工后会以讲评的方式总结、检查工作任务和安全工作，并提出整改和后续处理意见。

一、工前会

（一）检查工作人员着装

（1）进入作业现场应正确佩戴安全帽，安全帽帽箍扣调整到合适的位置，系紧下颚带，防止工作中前倾后仰或其他原因造成滑落；女工作人员的辫子、长发宜盘起放入安全帽内。

（2）现场作业人员应穿全棉长袖工作服，工作服应完好无破损，不应有可能被转动机器绞住的部分，衣服的领口、袖口必须扣好。

（3）现场作业人员应穿绝缘鞋或绝缘靴，不得穿拖鞋、凉鞋、高跟鞋进入工作现场，绝缘鞋外观应完好且鞋带紧系。

（二）检查工作人员精神状态

工作前，工作负责人应检查工作人员的身体状况和精神状态，作业人员不应有妨碍工作的病症，精神状态良好。

（三）检查个人安全防护用品及工器具

安全工器具使用前应检查合格证和外观。合格证应粘贴在不妨碍绝缘性能、使用性能且醒目的部位。

1. 安全帽

（1）永久标识和产品说明等标识清晰完整，安全帽的帽壳、帽衬（帽箍、吸汗带、缓冲垫及衬带）、帽箍扣、下颏带等组件完好、无缺失。

（2）帽壳内外表面应平整光滑，无划痕、裂缝和孔洞，无灼伤、冲击痕迹。

（3）帽衬与帽壳连接牢固，后箍、锁紧卡等开闭调节灵活，卡位牢固。

（4）使用期从产品制造完成之日起计算，不得超过安全帽永久标识的强制报废期限，合格证在有效期内。

2. 防护眼镜

（1）防护眼镜的标识清晰完整，并位于透镜表面不影响使用功能处。

（2）防护眼镜表面光滑，无气泡、杂质，以免影响工作人员的视线。

（3）镜架平滑，不可造成擦伤或有压迫感；同时，镜片与镜架衔接要牢固。

3. 安全带

（1）安全带的商标、合格证和检验证等标识清晰完整，各部件完整，无缺失、无伤残破损。

（2）腰带、围杆带、肩带、腿带等带体无灼伤、脆性断裂及霉变，表面不应有明显磨损及切口；围杆绳、安全绳无灼伤、脆性断裂、断股及霉变，各股松紧一致，绳子应无扭结；护腰带接触腰的部分应垫有柔软材料，边缘圆滑无角。

（3）织带折头连接应使用缝线，不应使用铆钉、胶粘、热合等工艺，缝线颜色与织带应有区分。

（4）金属配件表面光洁，无裂纹、无严重锈蚀和目测可见的变形，配件边缘应呈圆弧形；金属环类零件不允许使用焊接，不应留有开口。

（5）金属挂钩等连接器应有保险装置，应在两个及以上明确的动作下才能打开，且操作灵活。钩体和钩舌的咬口必须完整，两者不得偏斜。各调节装置应灵活可靠。

4. 安全绳

（1）安全绳的产品名称、标准号、制造厂名及厂址、生产日期（年、月）及有效期、总长度、产品作业类别、产品合格标志、法律法规要求标注的其他内容等永久标识清晰完整。

（2）安全绳应光滑、干燥，无霉变、断股、磨损、灼伤、缺口等缺陷。所有部件应顺滑，无材料或制造缺陷，无尖角锋利边缘。护套（如有）完整，不应破损。

（3）织带式安全绳的织带应加锁边线，末端无散丝；纤维绳式安全绳的绳头无散丝；钢丝绳式安全绳的钢丝应捻制均匀、紧密、不松散，中间无接头；链式安全绳下端环、连接环和中间环的各环间转动灵活，链条形状一致。

5. 电容型验电器

（1）电容型验电器的额定电压或额定电压范围、额定频率（或频率范围）、生产厂名和商标、出厂编号、生产年份、适用气候类型（C、N或W）、检验日期及带电作业用（双三角）符号等标识清晰完整。

（2）验电器的各部件，包括手柄、护手环、绝缘元件、限度标记（在绝缘杆上标注的一种醒目标志，向使用者指明应防止标志以下部分插入带电设备或接触带电体）和接触电极、指示器和绝缘杆等均应无明显损伤。

（3）绝缘杆应清洁、光滑，绝缘部分应无气泡、皱纹、裂纹、划痕、硬伤、绝缘层脱落、严重的机械或电灼伤痕。伸缩型绝缘杆各节配合合理，拉伸后不应自动回缩。

（4）指示器应密封完好，表面应光滑、平整。

（5）手柄与绝缘杆、绝缘杆与指示器的连接应紧密牢固。

（6）自检三次，指示器均应有视觉和听觉信号出现。

6. 携带型短路接地线

（1）接地线的厂家名称或商标、产品的型号或类别、接地线横截面积（mm^2）、生产年份及带电作业用（双三角）符号等标识清晰完整。

（2）10kV接地线的多股软铜线截面积不得小于$25mm^2$，其他要求同个人保安接地线。

（3）接地操作杆的要求同绝缘杆。

（4）线夹完整、无损坏，与操作杆连接牢固，有防止松动、滑动和转动的措施。应操作方便，安装后应有自锁功能。线夹与电力设备及接地体的接触面无毛刺，紧固力应不致损坏设备导线或固定接地点。

7. 绝缘杆

（1）绝缘杆的型号规格、制造厂名、制造日期、电压等级及带电作业用（双三角）符号等标识清晰完整。

（2）绝缘杆的接头不管是固定式的还是拆卸式的，连接都应紧密牢固，无松动、锈蚀和断裂等现象。

（3）绝缘杆应光滑，绝缘部分应无气泡、皱纹、裂纹、绝缘层脱落、严重的机械或电灼伤痕，玻璃纤维布与树脂间黏接完好、不得开胶。

（4）手持部分护套与操作杆连接紧密、无破损，不产生相对滑动或转动。

8. 核相器

（1）核相器的标称电压或标称电压范围、标称频率或标称频率范围、能使用的等级（A、B、C或D）、生产厂名称、型号、出厂编号、指明户内或户外型、适应气候类别（C、N或W）、生产日期、警示标记、供电方式及带电作业用（双三角）符号等标识清晰完整。

（2）核相器的各部件，包括手柄、手护环、绝缘元件、电阻元件、限位标记和接触电极、连接引线、接地引线、指示器、转接器和绝缘杆等均应无明显损伤。指示器表面应光滑、平整，绝缘杆内外表面应清洁、光滑，无划痕及硬伤。连接线绝缘层应无破损、老化现象，导线无扭结现象。

（3）各部件连接应牢固可靠，指示器应密封完好。

9. 辅助型绝缘手套

（1）辅助型绝缘手套的电压等级、制造厂名、制造年月等标识清晰完整。

（2）手套应质地柔软良好，内外表面均应平滑、完好无损，无划痕、裂缝、折缝和孔洞。

（3）用卷曲法或充气法检查手套有无漏气现象。

10. 辅助型绝缘靴（鞋）

（1）辅助型绝缘靴（鞋）的鞋帮或鞋底上的鞋号、生产年月、标准号、电绝缘字样（或英文EH）、闪电标记、耐电压数值、制造商名称、产品名称、电绝缘性能出厂检验合格印章等标识清晰完整。

（2）绝缘靴（鞋）应无破损，宜采用平跟，鞋底应有防滑花纹，鞋底（跟）磨损不超过1/2。鞋底不应出现防滑齿磨平、外底磨露出绝缘层等现象。

11. 脚扣

（1）标识清晰完整，金属母材及焊缝无任何裂纹和目测可见的变形，表面光洁，边缘呈圆弧形。

（2）围杆钩在扣体内滑动灵活、可靠、无卡阻现象；保险装置可靠，防止围杆钩在扣体内脱落。

（3）小爪连接牢固，活动灵活。

（4）橡胶防滑块与小爪钢板、围杆钩连接牢固，覆盖完整，无破损。

（5）脚带完好，止脱扣良好，无霉变、裂缝或严重变形。

12. 登高板

（1）标识清晰完整，钩子不得有裂纹、变形和严重锈蚀，心形环完整、下部有插花，绳索无断股、霉变或严重磨损。

（2）踏板窄面上不应有节子，踏板宽面上节子的直径不应大于 6mm，干燥细裂纹长不应大于 150mm，深不应大于 10mm。踏板无严重磨损，有防滑花纹。

（3）绳扣接头每绳股连续插花应不少于 4 道，绳扣与踏板间应套接紧密。

13．梯子

（1）型号或名称及额定载荷、梯子长度、最高站立平面高度、制造者或销售者名称（或标识）、制造年月、执行标准及基本危险警示标志（复合材料梯的电压等级）应清晰明显。应有节子，宽面上允许有实心的或不透的、直径小于 13mm 的节子，节子外缘距梯梁边缘应大于 13mm，两相邻节子外缘距离不应小于 0.9m。踏板窄面上不应有节子，踏板宽面上节子的直径不应大于 6mm，踏棍上不应有直径大于 3mm 的节子。干燥细裂纹长不应大于 150mm，深不应大于 10mm。梯梁和踏棍（板）连接的受剪切面及其附近不应有裂缝，其他部位的裂缝长不应大于 50mm。

（2）踏棍（板）与梯梁连接牢固，整梯无松散，各部件无变形，梯脚防滑良好，梯子竖立后平稳，无目测可见的侧向倾斜。

（3）升降梯升降灵活，锁紧装置可靠。铝合金折梯铰链牢固，开闭灵活，无松动。

（4）折梯限制开度装置完整牢固。延伸式梯子操作用绳无断股、打结等现象，升降灵活，锁位准确可靠。

（5）竹、木梯无虫蛀、腐蚀等现象。

（6）单梯在距梯顶 1m 处应设限高标志。

（四）工作任务交底

作业前，工作人员应被告知工作票所列工作的起止时间、任务分工、作业地点及作业内容。

（五）安全交底

作业前，应做好安全风险辨识。作业人员应被告知其作业现场和工作岗位存在的危险因素、防范措施及紧急处理措施。

（六）技术交底

作业前，应向作业人员明确工作的技术质量要求、工作特点、施工方法和工艺要求。

二、工后会

简明扼要对当天工作任务的完成和执行安全工作规程的情况进行小结，在肯定好的方面的同时也提出存在的问题和不足。

对人员安排、作业（操作）方法、安全事项提出改进意见，对工作中的不安全因素、现象提出防范措施；对工作完成后需后续跟踪、处理的事项进行安排、布置。

模块二 配 电 巡 视

【模块描述】

本模块主要包括配电线路、配电站房、配电设备的简单介绍，日常巡视工作的开展、巡视内容和缺陷分类，同时介绍了红外测温仪的使用、接地电阻测量的方法。

核心知识点包括配电主要设备基本原理、主要结构组成和技术参数；巡视作业危险点及防范措施；巡视检查的主要工作内容和技术要求；配电线路及设备缺陷分类。

关键技能项包括 10kV 线路和设备巡视、0.4kV 线路和设备巡视、配电站房巡视、配电设备接地电阻测量、红外测温仪使用。

【模块目标】

通过本模块学习，应达到以下目标：

（一）知识目标

了解配电设备的基本工作原理、主要结构组成和技术参数；熟悉设备巡视作业危险点及防范措施；掌握设备巡视检查的主要工作内容和技术要求；理解设备异常分析及判定方法。

（二）技能目标

能够根据 Q/GDW 1519—2014《配电网运维规程》、Q/GDW 10370—2016《配电网技术导则》、Q/GDW 10742—2016《配电网施工检修工艺规范》、Q/GDW 10738—2020《配电网规划设计技术导则》等规程和制度，按照规范流程对配电网设备进行巡视检查。能够根据设备各种异常状态进行缺陷分类定级，后续按规定要求进行状态评价，闭环消缺。

（三）素质目标

帮助学员提升配电线路及设备巡视作业过程中的安全风险防范意识，严格按照规范流程及管理规定进行巡视作业，培养细心守规的工作习惯。

任务一 10kV 线路和设备巡视

【任务目标】

（1）了解 10kV 线路和设备的基本工作原理。

（2）熟悉巡视作业危险点及防范措施。

（3）掌握巡视检查的主要工作内容，发现线路和设备存在的各种缺陷，并按照要求填写线路设备巡视记录。

【任务描述】

本项操作任务是手工填写现场工作任务派工单和巡视卡，根据 Q/GDW 1519—2014《配电网运维规程》等规程标准，在 40min 内独立完成指定线路和设备的现场巡视检查工作，发现线路和设备存在的各种缺陷，并按照要求填写线路设备巡视记录。

【知识准备】

一、10kV 架空线路和设备巡视

（一）电力线路保护区

架空电力线路保护区指导线边线向外侧水平延伸并垂直于地面所形成的两平行面内的区域，10kV 电力线路导线边线延伸距离为 5m；电力电缆线路保护区指地下电缆为电缆线路地面标桩两侧各 0.75m 所形成的两平行线内的区域。

《福建省电力设施建设保护和供用电秩序维护条例》第二十二条第一、二、三款规定"禁止在法定的电力线路保护区内实施下列行为：在架空电力线路保护区内从事影响导线对地安全距离的填埋、铺垫，堆放、悬挂易漂浮的物体，垂钓，以及危及电力设施安全的野外用火；在架空电力线路保护区内堆放、储存易燃、易爆物品；在电力电缆线路保护区内钻探、打桩、挖掘或者超电缆盖板限荷碾压。"

1. 线路走廊通道管理

运维单位应及时掌握通道内地理环境、特殊气候特点、地下管网等情况，以及线路（电缆）跨（穿）越铁路、公路、河流、电力线等详细分布状况，确保设备运行安全。运维单位应加强电力设施保护宣传，建立线路、电缆通道安全联防、联控机制，加强对联防护线员的业务培训，建立异常情况汇报及考核制度。运维单位应定期开展树线矛盾、火灾隐患、通道侵占等专项整治工作，主要包括：

（1）定期排查外破多发区、人员密集区、施工场地、鱼塘、跨越重要公路和航道的区段等重点区域的警示牌、警示标识是否齐全，安全告知是否到位。

（2）定期排查重要线路保护区内施工情况，检查安全责任书签订情况，对保护区内的违章建房应及时向政府主管部门报告。线房矛盾如图 1-2-1 所示。

（3）对电缆通道保护范围内存在的违建、挖掘、非开挖施工等进行现场监督，及时采取保护措施，制止可能存在的损害。杆基旁开挖

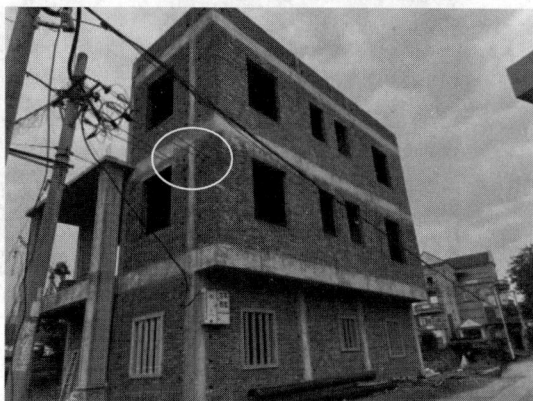

图 1-2-1　线房矛盾

如图 1-2-2 所示。

（4）结合季节性特点，开展影响线路安全运行的树（竹）修剪工作，如图 1-2-3 所示。应加强配电网通道的准入管理，严禁未经批准擅自搭挂和占用通道资源。

2. 通道巡视

（1）线路保护区内无易燃、易爆物品和腐蚀性液（气）体；无存在可能被风刮起危及线路安全的物体（如金属薄膜、广告牌、风筝等）。拆除杆上鸟窝如图 1-2-4 所示。

（2）防护区内导线与树、竹的距离符合规定，无蔓藤类植物附生威胁安全，如图 1-2-5 所示。

图 1-2-2 杆基旁开挖

图 1-2-3 线路走廊树障

图 1-2-4 拆除杆上鸟窝

图 1-2-5 线路走廊树障

（3）线路巡视、检修时使用的道路、桥梁完好，不存在江河泛滥及山洪、泥石流对线路产生不良影响。

3. 防外力破坏

运维单位应积极开展配电网防护宣传，按季节性、地域性特点有针对性地开展配电网防外力破坏工作，及时清除架空线路设备上的抛扔物、电缆通道及工井上的占压物等。严格审批施工电源接入方案并与施工单位签订保护协议书，明确双方职责，施工前应对施工单位进行交底；劝阻、制止未经同意在线路保护范围内的施工行为。

在线路（电缆）经过的人员密集区、施工作业区、跨（穿）越重要公路和航道的区段，设立明显警示标志，必要时安装移动视频监视系统；在易发生施工机械、超高车辆碰线的区段设立限高警示牌，对易遭碰撞的杆塔设置防撞墩并涂刷醒目标志漆，及时制止挖掘、取土（挖沙、采石等）、非开挖施工等可能危及线路（电缆）运行安全的行为。

参考资料：10kV 配电设备巡视检查项目及技术要求

（二）巡视内容

1. 杆塔（基础）

杆塔无倾斜、位移，转角杆不向内角倾斜，终端杆不向导线侧倾斜；杆塔无被水淹、水冲的可能，防洪设施无损坏、坍塌；杆塔位置合适、无被车撞的可能，保护设施完好，警示标志清晰；杆塔标志如杆号牌、相位牌、警告牌、3m 线标记等齐全、清晰明显、规范统一、位置合适、安装牢固；杆塔周围无藤蔓类攀缘植物和其他附着物，无危及安全的鸟巢、风筝及杂物等；无未经批准同杆搭挂设施或非同一电源的低压配电线路。杆塔基础无损坏、下沉、上拔，周围土壤无挖掘或沉陷，国网典型设计中对直线水泥单杆的埋深要求见表 1-2-1。

表 1-2-1 国网典型设计中对直线水泥单杆的埋深要求

线路电杆埋深标准（m）			
杆长	10	12	15
埋深	1.7	1.9	2.5

混凝土杆无严重裂纹、铁锈水，保护层不脱落、疏松、钢筋外露，混凝土杆无纵向裂纹，横向裂纹不超过 1/3 周长；焊接杆焊接处应无裂纹，无严重锈蚀；铁塔（钢杆）不应严重锈蚀；混凝土基础无裂纹、疏松、露筋。

2. 铁件、金具

铁横担与金具无严重锈蚀、变形、磨损、起皮或出现严重麻点，锈蚀表面积不应超过1/2；横担上下倾斜、左右偏斜不应大于横担长度的 2%；螺栓紧固，无缺螺母、销子，开口销及弹簧销无锈蚀、断裂、脱落等现象；线夹、连接器上无锈蚀或过热现象，连接线夹弹簧垫齐全，螺栓紧固。横担锈蚀如图 1-2-6 所示。

3. 拉线

拉线不应设在妨碍交通（行人、车辆）或易被车撞的地方，无法避免时应设有明显警示标志或采取其他保护措施，无妨碍交通现象。跨越道路的水平拉线，对路边缘的垂直距离不应小于 6m；跨越电车行车线的水平拉线，对路面的垂直距离不应小于 9m。

穿越带电导线的拉线应加设拉线绝缘子，对地距离符合要求；拉线无断股、松弛、严重锈蚀和张力分配不匀的现象，拉线的受力角度适当，当一基电杆上装设多条拉线时，各条拉线的受力一致；拉线的抱箍、拉线棒、UT 形线夹、楔形线夹等金具铁件无变形、锈蚀、松动或丢失现象；顶（撑）杆、拉线桩、保护桩（墩）等无损坏、开裂等现象。拉线棒无严重锈蚀、变形、损伤及上拔现象，拉线基础牢固，周围土壤无突起、沉陷、缺土等现象。

4. 导线

导线无断股、损伤、烧伤、腐蚀的痕迹，绑扎线无脱落、开裂，连接线夹螺栓应紧固、无跑线现象，三相弛度平衡，无过紧、过松现象，一般档距内弛度相差不超过 50mm；导线连接部位良好，无过热变色和严重腐蚀，连接线夹完整、无缺失；跳（档）线、引线无损伤、断股、弯扭；架空绝缘导线无过热、变形、起泡现象。跳线线芯散股如图 1-2-7 所示。

图 1-2-6 横担锈蚀   图 1-2-7 跳线线芯散股

导线的线间距离，过引线、引下线与邻相的过引线、引下线、导线之间的净空距离以及导线与拉线、电杆或构件的距离符合规定；导线上无抛扔物。

5. 绝缘子

瓷绝缘子无损伤、裂纹和闪络痕迹，合成绝缘子的绝缘介质无龟裂、破损、脱落；绝缘子钢脚无弯曲，铁件无严重锈蚀，针式绝缘子无歪斜；在同一绝缘等级内，绝缘子装设保持一致；支柱绝缘子绑扎线无松弛和开断现象；与绝缘导线直接接触的金具绝缘罩齐全、无开裂，无发热变色、变形，接地环设置满足要求。悬式瓷绝缘子破损如图 1-2-8 所示。

6. 柱上开关设备

根据开关设备在线路中安装的位置、用途，一般分为柱上分段开关、柱上联络开关、用户分界开关等；根据灭弧介质，又可分为真空断路器、SF_6断路器。一般 10kV 架空线路用于用户分界及故障隔离时可选用负荷型分界开关。10kV 架空线路对供电可靠性要求较高时或用户内部 10kV 架空线路较长时，用于用户分界及故障隔离宜选用断路器型分界开关。

图 1-2-8　悬式瓷绝缘子破损

巡视要求：开关的命名、编号，分、合和储能位置指示，警示标志等完好、正确、清晰；气体绝缘开关的压力指示在允许范围内，油绝缘开关油位正常；各个电气连接点连接可靠，铜铝过渡可靠，无锈蚀、过热和烧损现象；熔丝管无弯曲、变形；操动机构无锈蚀现象；外壳无渗、漏油和锈蚀现象；套管无破损、裂纹和严重污染或放电闪络的痕迹；开关固定牢固，支架无歪斜、松动，引线连接点和接地良好，线间和对地距离满足要求。

7. 变压器

10kV 配电变压器根据电磁感应定律，将一次侧输入的 50Hz、10kV 三相交流电变为二次侧的 0.4kV 同频率交流电，再通过低压配电系统输送到用户侧使用。室内常采用干式变压器；油浸式变压器常用在户外，基本以油浸式为主，变压器绕组和铁芯放在油箱中，箱内充满变压器油，变压器油用于绝缘与冷却。

目前 10kV 配电变压器常采用中性点直接接地的运行方式。三相配电变压器的联结组标号有 Dyn11、Yyn0，常采用 Dyn11。铁芯材料常用低损耗优质冷轧硅钢片或非晶合金带材。柱上三相油浸式变压器容量宜不超过 400kVA，独立建筑配电室内的单台油浸式变压器容量宜不大于 800kVA，单台干式变压器容量宜不大于 800kVA，并采取减振、降噪、屏蔽等措施。按冷却方式分类。

巡视要求：检查名称牌、警示标志是否完好，高低压出线连接点接触是否良好，有无过热变色、烧熔现象。观察套管是否清洁，有无裂纹、击穿、烧损和严重污秽；变压器油色、油面是否正常，有无异声、异味；箱体密封圈有无老化、开裂，缝隙有无渗、漏油现象；呼吸器是否正常，硅胶有无变色现象；变压器台架高度是否符合规定，有无锈蚀、倾斜、下沉。

8. 接地装置

铁塔、钢管塔及其他需接地的杆塔接地装置良好；接地引下线连接正常，接地装置完整、正常。

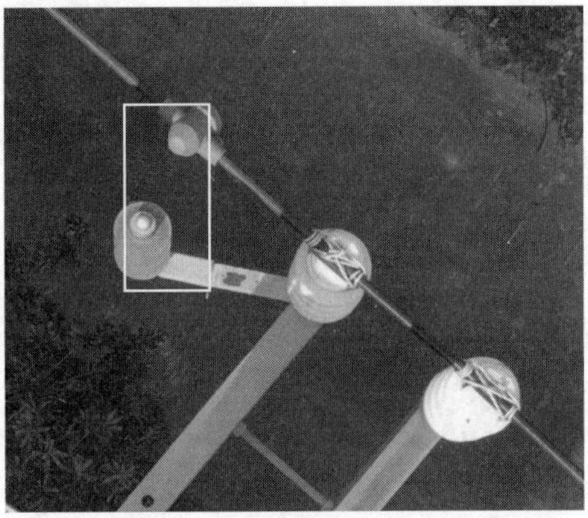

图 1-2-9　避雷器电极偏移

9. 附件

防鸟器、防雷金具、故障指示器等工作正常；铝包带、预绞丝无滑动、断股或烧伤，防振锤无移位、脱落、偏斜。避雷器电极偏移如图 1-2-9 所示。

二、无人机巡检

目前配电网架空线路运检模式以人工巡检为主，缺陷隐患的发现、故障的查找主要依靠人工，劳动强度高、主观影响大、整体巡视效率低。多旋翼无人机目前已在配电网中开展应用，主要以杆塔具体部位的故障查找、小范围精细化巡视为主，可实现电网安全排查，提高配电网智能化巡检水平。

无人机巡检遵照标准化作业流程开展作业，巡检导线、杆塔、横担及金具、绝缘子、防雷设施、接地装置、拉线、顶杆、拉线柱、接户线等重要设备。发现缺陷故障点时，从俯视、仰视、平视等多个角度，顺线路方向和垂直线路方向以及距离设备 10m 处进行航拍，拍摄过程宜由远及近、由高及低、由内及外、先俯后仰。可根据现场情况设置定点、定距、定时拍照，包含杆塔大小号侧通道图片各一张，杆塔全貌一张，杆塔设备俯视图片一张，杆上设备左右两侧图片各一张。

无人机巡检采集的全部图像及视频资料宜统一保存在专用电脑指定的硬盘中，保存期限为 3 年。采集的图像、视频、规划航线数据及相关证明资料定期整理和归档，尽可能做到当天采集当天整理，整理分析发现缺陷后，对缺陷部位进行标记。避雷器上端腐蚀如图 1-2-10 所示。

图 1-2-10　避雷器上端腐蚀

三、巡视规定

1. 配电网与变电之间运维责任分界点

电缆出线以变电站 10（20）kV 出线开关柜内电缆终端为分界点，电缆终端（含连接螺栓）及电缆属配电网运维；架空线路出线以门型架耐张线夹外侧 1m 为分界点。

2. 配电网设备定期巡视周期

定期巡视的周期见表 1-2-2。根据设备状态评价结果，对该设备的定期巡视周期可进行动态调整，最多可延长一个定期巡视周期，架空线路通道与电缆线路通道的定期巡视周期不得延长；重负荷和三级污秽及以上地区线路应每年至少进行一次夜间巡视，其余视情况确定

（线路污秽分级标准按当地电网污区图确定）；重要线路和故障多发线路应每年至少进行一次监察性巡视。

表 1-2-2　　　　　　　　　　　　定 期 巡 视 周 期

序号	巡视对象	周期
1	架空线路通道	市区：一个月
		郊区及农村：一个季度
2	电缆线路通道	一个月
3	架空线路、柱上开关设备	市区：一个月
	柱上变压器、柱上电容器	郊区及农村：一个季度
4	电力电缆线路	一个季度
5	中压开关站、环网单元	一个季度
6	配电室、箱式变电站	一个季度
7	防雷与接地装置	与主设备相同
8	配电终端、直流电源	与主设备相同

四、10kV 线路及设备缺陷分类

配电网设备缺陷等级划分为危急缺陷、严重缺陷、一般缺陷三类，根据缺陷严重程度，危急缺陷消除时间不得超过 24h，严重缺陷应在 30 天内消除，一般缺陷应结合检修计划予以消除，并处于可控状态。

（1）危急缺陷：严重威胁设备的安全运行，不及时处理，随时有可能导致事故的发生，必须尽快消除或采取必要的安全技术措施进行处理的缺陷。发现危急缺陷后，应迅速向班组长、上级运维管理部门运维专责及分管领导报告，并立即采取临时安全措施；对危及设备和人身安全的缺陷，应立即采取可行的隔离措施，根据现场情况取得相关部门协助，并留守现场直到抢修人员到达。危急缺陷应在 24h 内消除或采取必要的安全技术措施进行临时处理。紧急处理完毕后，1 个工作日内将缺陷处理情况补录到运检管理系统中。

（2）严重缺陷：设备处于异常状态，可能发展为事故，但设备仍可在一定时间内继续运行，须加强监视并进行检修处理的缺陷。发现严重缺陷后，应在 1 个工作日内将缺陷信息录入 PMS 系统提交班组长审核，并立即通知班组长，班组长应立即对缺陷进行审核并向上级运维管理部门运维专责汇报，在 30 天内采取措施安排处理消除，防止事故发生，消除前应加强监视。

（3）一般缺陷：设备本身及周围环境出现不正常情况，一般不威胁设备的安全运行，可列入年、季度检修计划或日常维护工作中处理的缺陷。发现一般缺陷后，应在 3 个工作日内将缺陷信息录入 PMS 系统提交班长审核，班组长审核后交上级运维管理部门运维专责审核，

运维专责核对并评价缺陷等级后，按照状态检修原则纳入检修周期进行消缺安排，可列入年、季度检修计划或日常维护工作中消除。不需要停电处理的一般缺陷应在3个月内消除。

开展10kV线路和设备巡视工作时，常见缺陷等级见表1-2-3。

表1-2-3 缺 陷 等 级

设备类别	设备部件	缺陷部位	缺陷内容	缺陷程度	参考缺陷等级
架空线路	杆塔	杆塔本体	倾斜	轻度：混凝土杆本体倾斜度（包括挠度）为1.5%～2%，50m以下高度铁塔塔身倾斜度为1%～1.5%，50m及以上高度铁塔塔身倾斜度为0.5%～1%	轻度：一般缺陷
				中度：混凝土杆本体倾斜度（包括挠度）为2%～3%，50m以下高度铁塔塔身倾斜度为1.5%～2%，50m及以上高度铁塔塔身倾斜度为1%～1.5%	中度：严重缺陷
				重度：混凝土杆本体倾斜度（包括挠度）不小于3%，50m以下高度铁塔塔身倾斜度不小于2%，50m及以上高度铁塔塔身倾斜度不小于1.5%，钢管杆倾斜度不小于1%	重度：危急缺陷
			纵向、横向裂纹	轻微：混凝土杆杆身横向裂纹宽度不大于0.25mm或横向裂纹长度不大于1/10周长	轻微：一般缺陷
				轻度：混凝土杆杆身横向裂纹宽度为0.25～0.4mm或横向裂纹长度为周长的1/10～1/6	轻度：一般缺陷
				中度：混凝土杆杆身横向裂纹宽度为0.4～0.5mm或横向裂纹长度为周长的1/6～1/3	中度：严重缺陷
				重度：混凝土杆杆身有纵向裂纹，横向裂纹宽度超过0.5mm或横向裂纹长度超过周长的1/3	重度：危急缺陷
			锈蚀	轻度：杆塔镀锌层脱落、开裂，塔材中度锈蚀	轻度：一般缺陷
				中度：杆塔镀锌层脱落、开裂，塔材严重锈蚀	中度：严重缺陷
			道路边的杆塔未设防护设施	轻微：道路边的杆塔防护设施设置不规范	轻微：一般缺陷
				轻度：道路边的杆塔应设防护设施而未设置	轻度：一般缺陷
			塔材缺失	轻度：角钢塔一般斜材缺失	轻度：一般缺陷
				中度：角钢塔承力部件缺失	中度：严重缺陷
				重度：混凝土杆表面风化、露筋，角钢塔主材缺失，随时可能发生倒杆塔危险	重度：危急缺陷
			异物	轻度：杆塔本体有异物	轻度：一般缺陷
			低压同杆	轻度：低压同杆弱电线路未经批准搭挂	轻度：一般缺陷
				中度：同杆低压线路与高压不同电源	中度：严重缺陷
		基础	埋深不足	轻微：埋深不足标准要求的98%	轻微：一般缺陷
				轻度：埋深不足标准要求的95%	轻度：一般缺陷
				中度：埋深不足标准要求的80%	中度：严重缺陷
				重度：埋深不足标准要求的65%	重度：危急缺陷

续表

设备类别	设备部件	缺陷部位	缺陷内容	缺陷程度	参考缺陷等级
架空线路	杆塔	基础	杆塔基础有沉降	轻度：杆塔基础有沉降，沉降值大于等于5cm且小于15cm	轻度：一般缺陷
				中度：杆塔基础有沉降，沉降值大于等于15cm且小于25cm	中度：严重缺陷
				重度：杆塔基础有沉降，沉降值不小于25cm，引起钢管杆倾斜度不小于1%	重度：危急缺陷
			保护设施损坏	轻度：杆塔保护设施损坏	轻度：一般缺陷
	导线	导线	弧垂不满足运行要求	轻微：导线弧垂不满足运行要求，实际弧垂测量值大于等于设计值的105%且小于110%	轻微：一般缺陷
				轻度：导线弧垂不满足运行要求，实际弧垂测量值大于等于设计值的110%且小于等于120%	轻度：一般缺陷
				中度：导线弧垂不满足运行要求，实际弧垂达到设计值的120%以上或过紧在95%设计值以下	中度：严重缺陷
			断股	轻度：19股导线中1～2股、35～37股导线中1～4股损伤深度超过该股导线的1/2；绝缘导线线芯在同一截面内损伤面积小于线芯导电部分截面的10%	轻度：一般缺陷
				中度：7股导线中1股、19股导线中3～4股、35～37股导线中5～6股损伤深度超过该股导线的1/2；绝缘导线线芯在同一截面内损伤面积达到线芯导电部分截面的10%～17%	中度：严重缺陷
				重度：7股导线中2股、19股导线中5股、35～37股导线中7股损伤深度超过该股导线的1/2；钢芯铝绞线钢芯断1股者；绝缘导线线芯在同一截面内损伤面积超过线芯导电部分截面的17%	重度：危急缺陷
			散股现象	轻度：导线一耐张段出现散股现象一处	轻度：一般缺陷
				中度：导线有散股现象，一耐张段出现3处及以上散股	中度：严重缺陷
			绝缘层破损	轻度：架空绝缘线绝缘层破损，一耐张段出现2处绝缘破损、脱落现象	轻度：一般缺陷
				中度：架空绝缘线绝缘层破损，一耐张段出现3～4处绝缘破损、脱落现象或出现大面积绝缘破损、脱落	中度：严重缺陷
			温度异常	轻度：导线连接处实测温度大于75℃且小于等于80℃或相间温差大于10K且小于等于30K	轻度：一般缺陷
				中度：导线连接处实测温度大于80℃且小于等于90℃或相间温差大于30K且小于等于40K	中度：严重缺陷
				重度：导线连接处实测温度大于90℃或相间温差大于40K	重度：危急缺陷
			锈蚀	轻度：导线中度锈蚀	轻度：一般缺陷
				中度：导线严重锈蚀	中度：严重缺陷

续表

设备类别	设备部件	缺陷部位	缺陷内容	缺陷程度	参考缺陷等级
架空线路	导线	导线	导线上有异物	轻度：导线有小异物不会影响安全运行	轻度：一般缺陷
				重度：导线上挂有大异物将会引起相间短路等故障	重度：危急缺陷
			水平距离不符合运规要求	重度：导线水平距离不符合 Q/GDW 1519—2014《配电网运维规程》要求	重度：危急缺陷
			交跨距离不符合运规要求	重度：导线交叉跨越距离不符合 Q/GDW 1519—2014《配电网运维规程》要求	重度：危急缺陷
			温度过高退火	轻度：温度过高退火	轻度：一般缺陷
			绝缘护套损坏	轻度：绝缘护套脱落、损坏、开裂	轻度：一般缺陷
	绝缘子	绝缘子	污秽	轻度：表面污秽较严重，但表面无明显放电	轻度：一般缺陷
				中度：有明显放电	中度：严重缺陷
				重度：表面有严重放电痕迹	重度：危急缺陷
			破损	中度：釉面剥落面积不大于 100mm^2	中度：严重缺陷
				中度：合成绝缘子伞裙有裂纹	中度：严重缺陷
				重度：有裂缝，釉面剥落面积大于 100mm^2	重度：危急缺陷
			固定不牢固	轻度：固定不牢固，轻度倾斜	轻度：一般缺陷
				中度：固定不牢固，中度倾斜	中度：严重缺陷
				重度：固定不牢固，严重倾斜	重度：危急缺陷
	铁件、金具	线夹	温度异常	轻度：线夹电气连接处实测温度大于 75℃ 且小于等于 80℃ 或相间温差大于 10K 且小于等于 30K	轻度：一般缺陷
				中度：线夹电气连接处实测温度大于 80℃ 且小于等于 90℃ 或相间温差大于 30K 且小于等于 40K	中度：严重缺陷
				重度：线夹电气连接处实测温度大于 90℃ 或相间温差大于 40K	重度：危急缺陷
			松动	轻度：线夹连接不牢靠，略有松动	轻度：一般缺陷
				轻度：绝缘罩脱落	轻度：一般缺陷
				中度：线夹有较大松动	中度：严重缺陷
				重度：线夹主件已有脱落等现象	重度：危急缺陷
			锈蚀	轻度：轻度锈蚀	轻度：一般缺陷
				中度：严重锈蚀（起皮和严重麻点，锈蚀面积超过 1/2）	中度：严重缺陷
			金具附件不完整	重度：金具的保险销子脱落、弹簧销脱出或生锈失效、挂环断裂；金具串钉移位、脱出，挂环断裂、变形	重度：危急缺陷
		横担	横担弯曲、倾斜	轻度：横担上下倾斜，左右偏歪不足横担长度的 2%	轻度：一般缺陷
				中度：横担上下倾斜，左右偏歪大于横担长度的 2%	中度：严重缺陷
				重度：横担弯曲、倾斜、严重变形	重度：危急缺陷
			锈蚀	中度：严重锈蚀（起皮和严重麻点，锈蚀面积超过 1/2）	中度：严重缺陷

续表

设备类别	设备部件	缺陷部位	缺陷内容	缺陷程度	参考缺陷等级
架空线路	铁件、金具	横担	松动、主件脱落	轻度：横担连接不牢靠，略有松动	轻度：一般缺陷
				中度：横担有较大松动	中度：严重缺陷
				重度：横担主件（如抱箍、连铁、撑铁等）脱落	重度：危急缺陷
	拉线	钢绞线	锈蚀	轻度：中度锈蚀	轻度：一般缺陷
				中度：严重锈蚀	中度：严重缺陷
			松弛	轻微：轻微松弛未发生杆子倾斜	轻微：一般缺陷
				轻度：中度松弛	轻度：一般缺陷
				中度：明显松弛，电杆发生倾斜	中度：严重缺陷
			损伤	轻度：断股小于7%截面，摩擦或撞击	轻度：一般缺陷
				中度：断股7%~17%截面	中度：严重缺陷
				重度：断股大于17%截面	重度：危急缺陷
			拉线防护设施不满足要求	轻度：道路边的拉线防护设施设置不规范	轻度：一般缺陷
				中度：拉线绝缘子未按规定设置	中度：严重缺陷
				中度：道路边的拉线应设防护设施（护坡、反光管等）而未设置	中度：严重缺陷
			拉线金具不齐全	中度：拉线金具不齐全	中度：严重缺陷
			水平拉线对地距离不能满足要求	重度：水平拉线对地距离不能满足要求	重度：危急缺陷
		基础	埋深不足	轻微：埋深不足标准要求的98%	轻微：一般缺陷
				轻度：埋深不足标准要求的95%	轻度：一般缺陷
				中度：埋深不足标准要求的80%	中度：严重缺陷
				重度：埋深不足标准要求的65%	重度：危急缺陷
			基础有沉降	轻度：杆塔基础有沉降，沉降值大于等于5cm且小于15cm	轻度：一般缺陷
				中度：杆塔基础有沉降，沉降值大于等于15cm且小于25cm	中度：严重缺陷
				重度：杆塔基础有沉降，沉降值大于等于25cm	重度：危急缺陷
		拉线金具	锈蚀	轻度：中度锈蚀	轻度：一般缺陷
				中度：严重锈蚀	中度：严重缺陷
	通道	通道	距建筑物距离不够	重度：导线对交叉跨越物安全距离不满足 Q/GDW 1519—2014《配电网运维规程》规定的要求	重度：危急缺陷

43

续表

设备类别	设备部件	缺陷部位	缺陷内容	缺陷程度	参考缺陷等级
架空线路	通道	通道	距树木距离不够	轻度：线路通道保护区内树木与导线距离，在最大风偏情况下水平距离：架空裸导线为 2.5～3m，绝缘线为 1.5～2m。在最大弧垂情况下垂直距离：架空裸导线为 2～2.5m，绝缘线为 1～1.5m	轻度：一般缺陷
				轻度：线路通道保护区内树木与导线距离，在最大风偏情况下水平距离：架空裸导线为 2～2.5m，绝缘线为 1～1.5m。在最大弧垂情况下垂直距离：架空裸导线为 1.5～2m，绝缘线为 0.8～1m	中度：严重缺陷
				重度：线路通道保护区内树木与导线距离，在最大风偏情况下水平距离：架空裸导线不大于 2m，绝缘线不大于 1m。在最大弧垂情况下垂直距离：架空裸导线不大于 1.5m，绝缘线不大于 0.8m	重度：危急缺陷
			杂物堆积	轻度：通道内有违章建筑、堆积物	轻度：一般缺陷
	接地装置	接地引下线	线径不足	中度：线径不满足要求	中度：严重缺陷
			锈蚀	轻微：轻度锈蚀（小于截面直径或厚度的 10%）	轻微：一般缺陷
				轻度：轻度锈蚀（大于截面直径或厚度的 10%，小于截面直径或厚度的 20%）	轻度：一般缺陷
				中度：中度锈蚀（大于截面直径或厚度的 20%，小于截面直径或厚度的 30%）	中度：严重缺陷
				重度：严重锈蚀（大于截面直径或厚度的 30%）	重度：危急缺陷
			连接不良	轻度：无明显接地	轻度：一般缺陷
				中度：连接松动、接地不良	中度：严重缺陷
				重度：出现断开、断裂	重度：危急缺陷
		接地体	接地电阻不合格	轻度：接地电阻值不符合设计规定	轻度：一般缺陷
			埋深不足	中度：埋深不足（耕地埋深小于 0.8m，非耕地埋深小于 0.6m）	中度：严重缺陷
	附件	标识	安装位置偏移	轻度：设备标识、警示标识安装位置偏移	轻度：一般缺陷
			无标识或缺少标识	轻度：无标识或缺少标识	轻度：一般缺陷
			标识错误	中度：设备标识、警示标识错误	中度：严重缺陷
		防雷金具、故障指示器	防雷金具、故障指示器安装不牢靠	轻度：防雷金具、故障指示器位移	轻度：一般缺陷

设备类别	设备部件	缺陷部位	缺陷内容	缺陷程度	参考缺陷等级
柱上真空开关	套管	套管	破损	轻度：略有破损	轻度：一般缺陷
				中度：外壳有裂纹（撕裂）或破损	中度：严重缺陷
				重度：严重破损	重度：危急缺陷
			污秽	轻度：污秽较为严重，但表面无明显放电	轻度：一般缺陷
				中度：有明显放电	中度：严重缺陷
				重度：表面有严重放电痕迹	重度：危急缺陷
	开关本体	开关本体	锈蚀	轻度：中度锈蚀	轻度：一般缺陷
				中度：严重锈蚀	中度：严重缺陷
			污秽	轻度：污秽较为严重	轻度：一般缺陷
			绝缘电阻不合格	轻度：20℃时绝缘电阻值小于500MΩ	轻度：一般缺陷
				中度：20℃时绝缘电阻值小于400MΩ	中度：严重缺陷
				重度：20℃时绝缘电阻值小于300MΩ	重度：危急缺陷
			主回路直流电阻不合格	轻度：主回路直流电阻试验数据与初始值相差不小于20%	轻度：一般缺陷
				中度：主回路直流电阻试验数据与初始值相差不小于100%	中度：严重缺陷
			导电接头及引线温度异常	轻度：电气连接处实测温度大于75℃且小于等于80℃或相间温差大于10K且小于等于30K	轻度：一般缺陷
				中度：电气连接处实测温度大于80℃且小于等于90℃或相间温差大于30K且小于等于40K	中度：严重缺陷
				重度：电气连接处实测温度大于90℃或相间温差大于40K	重度：危急缺陷
	隔离开关	隔离开关	温度异常	轻度：电气连接处实测温度大于75℃且小于等于80℃或相间温差大于10K且小于等于30K	轻度：一般缺陷
				中度：电气连接处实测温度大于80℃且小于等于90℃或相间温差大于30K且小于等于40K	中度：严重缺陷
				重度：电气连接处实测温度大于90℃或相间温差大于40K	重度：危急缺陷
			卡涩	轻度：轻微卡涩	轻度：一般缺陷
				中度：严重卡涩	中度：严重缺陷
			破损	轻度：略有破损	轻度：一般缺陷
				中度：外壳有裂纹（撕裂）或破损	中度：严重缺陷
				重度：严重破损	重度：危急缺陷
			锈蚀	轻度：中度锈蚀	轻度：一般缺陷
				中度：严重锈蚀	中度：严重缺陷

设备类别	设备部件	缺陷部位	缺陷内容	缺陷程度	参考缺陷等级
柱上真空开关	隔离开关	隔离开关	污秽	轻度：污秽较为严重，但表面无明显放电	轻度：一般缺陷
				中度：有明显放电	中度：严重缺陷
				重度：表面有严重放电痕迹	重度：危急缺陷
	操动机构	机构本体	卡涩	轻度：轻微卡涩	轻度：一般缺陷
				中度：严重卡涩	中度：严重缺陷
			无法储能	中度：无法储能	中度：严重缺陷
			操作不正确	中度：1次操作不正确	中度：严重缺陷
				重度：连续2次及以上操作不成功	重度：危急缺陷
			锈蚀	轻度：中度锈蚀	轻度：一般缺陷
				中度：严重锈蚀	中度：严重缺陷
		分合闸指示器	指示不正确	中度：指示不正确	中度：严重缺陷
	接地	接地引下线	线径不足	中度：线径不满足要求	中度：严重缺陷
			锈蚀	轻微：轻度锈蚀（小于截面直径或厚度的10%）	轻微：一般缺陷
				轻度：轻度锈蚀（大于截面直径或厚度的10%，小于截面直径或厚度的20%）	轻度：一般缺陷
				中度：中度锈蚀（大于截面直径或厚度的20%，小于截面直径或厚度的30%）	中度：严重缺陷
				重度：严重锈蚀（大于截面直径或厚度的30%）	重度：危急缺陷
			连接不良	轻度：无明显接地	轻度：一般缺陷
				中度：连接松动、接地不良	中度：严重缺陷
				重度：出现断开、断裂	重度：危急缺陷
		接地体	接地电阻不合格	轻度：接地电阻值大于10Ω	轻度：一般缺陷
			埋深不足	中度：埋深不足（耕地埋深小于0.8m，非耕地埋深小于0.6m）	中度：严重缺陷
	标识	标识	安装位置偏移	轻度：设备标识、警示标识安装位置偏移	轻度：一般缺陷
			无标识或缺少标识	轻度：无标识或缺少标识	轻度：一般缺陷
			标识错误	中度：设备标识、警示标识错误	中度：严重缺陷
	互感器	互感器	破损	轻度：外壳和套管略有破损	轻度：一般缺陷
	电压互感器	电压互感器	破损	中度：外壳和套管有裂纹（撕裂）或破损	中度：严重缺陷
				重度：外壳和套管有严重破损	重度：危急缺陷
			绝缘电阻不合格	重度：20℃时一次绝缘电阻值小于1000MΩ，二次绝缘电阻值小于1MΩ	重度：危急缺陷

续表

设备类别	设备部件	缺陷部位	缺陷内容	缺陷程度	参考缺陷等级
柱上SF$_6$开关	套管	套管	破损	轻度：略有破损、缺失	轻度：一般缺陷
				中度：有破损、缺失	中度：严重缺陷
				重度：严重破损、缺失	重度：危急缺陷
			污秽	轻度：污秽较严重	轻度：一般缺陷
				中度：有明显放电	中度：严重缺陷
				重度：有严重放电	重度：危急缺陷
	开关本体	本体	锈蚀	轻度：中度锈蚀	轻度：一般缺陷
				中度：严重锈蚀	中度：严重缺陷
			SF$_6$气体仪表指示异常	中度：气压表在告警区域范围	中度：严重缺陷
				重度：气压表在闭锁区域范围	重度：危急缺陷
			污秽	轻度：污秽较严重	轻度：一般缺陷
				中度：有明显放电	中度：严重缺陷
				重度：表面有严重放电痕迹	重度：危急缺陷
			绝缘电阻不合格	轻度：20℃时绝缘电阻值小于500MΩ	轻度：一般缺陷
				中度：20℃时绝缘电阻值小于400MΩ	中度：严重缺陷
				重度：20℃时绝缘电阻值小于300MΩ	重度：危急缺陷
			主回路直流电阻不合格	轻度：主回路直流电阻实验数据与初始值相差不小于20%	轻度：一般缺陷
				中度：主回路直流电阻实验数据与初始值相差不小于100%	中度：严重缺陷
			导电接头及引线温度异常	轻度：电气连接处实测温度大于75℃且小于等于80℃或相间温差大于10K且小于等于30K	轻度：一般缺陷
				中度：电气连接处实测温度大于80℃且小于等于90℃或相间温差大于30K且小于等于40K	中度：严重缺陷
				重度：电气连接处实测温度大于90℃或相间温差大于40K	重度：危急缺陷
	隔离开关	隔离开关	温度异常	轻度：电气连接处实测温度大于75℃且小于等于80℃或相间温差大于10K且小于等于30K	轻度：一般缺陷
				中度：电气连接处实测温度大于80℃且小于等于90℃或相间温差大于30K且小于等于40K	中度：严重缺陷
				重度：电气连接处实测温度大于90℃或相间温差大于40K	重度：危急缺陷
			卡涩	轻度：轻微卡涩	轻度：一般缺陷
				中度：严重卡涩	中度：严重缺陷
			破损	轻度：略有破损	轻度：一般缺陷
				中度：外壳有裂纹（撕裂）或破损	中度：严重缺陷
				重度：严重破损	重度：危急缺陷

47

设备类别	设备部件	缺陷部位	缺陷内容	缺陷程度	参考缺陷等级
柱上SF₆开关	隔离开关	隔离开关	锈蚀	轻度：中度锈蚀	轻度：一般缺陷
				中度：严重锈蚀	中度：严重缺陷
			污秽	轻度：污秽较为严重，但表面无明显放电	轻度：一般缺陷
				中度：有明显放电	中度：严重缺陷
				重度：表面有严重放电痕迹	重度：危急缺陷
	操动机构	机构本体	卡涩	轻度：轻微卡涩	轻度：一般缺陷
				中度：严重卡涩	中度：严重缺陷
			无法储能	中度：无法储能	中度：严重缺陷
			操作不正确	中度：1次操作不正确	中度：严重缺陷
				重度：连续2次及以上操作不成功	重度：危急缺陷
			锈蚀	轻度：中度锈蚀	轻度：一般缺陷
				中度：严重锈蚀	中度：严重缺陷
		分合闸指示器	指示不正确	中度：指示不正确	中度：严重缺陷
	接地	接地引下线	线径不足	中度：线径不满足要求	中度：严重缺陷
			锈蚀	轻微：轻度锈蚀（小于截面直径或厚度的10%）	轻微：一般缺陷
				轻度：轻度锈蚀（大于截面直径或厚度的10%，小于截面直径或厚度的20%）	轻度：一般缺陷
				中度：中度锈蚀（大于截面直径或厚度的20%，小于截面直径或厚度的30%）	中度：严重缺陷
				重度：严重锈蚀（大于截面直径或厚度的30%）	重度：危急缺陷
	接地	接地引下线	连接不良	轻度：无明显接地	轻度：一般缺陷
				中度：连接松动、接地不良	中度：严重缺陷
				重度：出现断开、断裂	重度：危急缺陷
		接地体	接地电阻不合格	轻度：接地电阻值大于10Ω	轻度：一般缺陷
			埋深不足	中度：埋深不足（耕地埋深小于0.8m，非耕地埋深小于0.6m）	中度：严重缺陷
	标识	标识	安装位置偏移	轻度：设备标识、警示标识安装位置偏移	轻度：一般缺陷
			无标识或缺少标识	轻度：无标识或缺少标识	轻度：一般缺陷
			标识错误	中度：设备标识、警示标识错误	中度：严重缺陷
	互感器	互感器	破损	轻度：外壳和套管略有破损	轻度：一般缺陷
				中度：外壳和套管有裂纹（撕裂）或破损	中度：严重缺陷
				重度：外壳和套管有严重破损	重度：危急缺陷
			绝缘电阻不合格	重度：绝缘电阻折算到20℃时一次侧小于1000MΩ，二次侧小于1MΩ	重度：危急缺陷

续表

设备类别	设备部件	缺陷部位	缺陷内容	缺陷程度	参考缺陷等级
柱上隔离开关	支柱绝缘子	支柱绝缘子	破损	轻度：略有破损	轻度：一般缺陷
				中度：外壳有裂纹（撕裂）或破损	中度：严重缺陷
				重度：严重破损	重度：危急缺陷
			污秽	轻度：污秽较为严重，但表面无明显放电	轻度：一般缺陷
				中度：有明显放电	中度：严重缺陷
				重度：表面有严重放电痕迹	重度：危急缺陷
	隔离开关本体	隔离开关本体	温度异常	轻度：电气连接处实测温度大于 75℃ 且小于等于 80℃ 或相间温差大于 10K 且小于等于 30K	轻度：一般缺陷
				中度：电气连接处实测温度大于 80℃ 且小于等于 90℃ 或相间温差大于 30K 且小于等于 40K	中度：严重缺陷
				重度：电气连接处实测温度大于 90℃ 或相间温差大于 40K	重度：危急缺陷
			卡涩	轻度：轻微卡涩	轻度：一般缺陷
				中度：严重卡涩	中度：严重缺陷
			锈蚀	轻度：中度锈蚀	轻度：一般缺陷
				中度：严重锈蚀	中度：严重缺陷
	操动机构	机构本体	卡涩	轻度：轻微卡涩	轻度：一般缺陷
				中度：严重卡涩	中度：严重缺陷
			锈蚀	轻度：中度锈蚀	轻度：一般缺陷
				中度：严重锈蚀	中度：严重缺陷
	接地	接地引下线	线径不足	中度：线径不满足要求	中度：严重缺陷
			锈蚀	轻微：轻度锈蚀（小于截面直径或厚度的 10%）	轻微：一般缺陷
				轻度：轻度锈蚀（大于截面直径或厚度的 10%，小于截面直径或厚度的 20%）	轻度：一般缺陷
				中度：中度锈蚀（大于截面直径或厚度的 20%，小于截面直径或厚度的 30%）	中度：严重缺陷
				重度：严重锈蚀（大于截面直径或厚度的 30%）	重度：危急缺陷
			连接不良	轻度：无明显接地	轻度：一般缺陷
				中度：连接松动、接地不良	中度：严重缺陷
				重度：出现断开、断裂	重度：危急缺陷
		接地体	接地电阻不合格	轻度：接地电阻值大于 10Ω	轻度：一般缺陷
			埋深不足	中度：埋深不足（耕地埋深小于 0.8m，非耕地埋深小于 0.6m）	中度：严重缺陷

续表

设备类别	设备部件	缺陷部位	缺陷内容	缺陷程度	参考缺陷等级
柱上隔离开关	标识	标识	安装位置偏移	轻度：设备标识、警示标识安装位置偏移	轻度：一般缺陷
			无标识或缺少标识	轻度：无标识或缺少标识	轻度：一般缺陷
			标识错误	中度：设备标识、警示标识错误	中度：严重缺陷
跌落式熔断器	本体及引线	本体及引线	破损	轻度：绝缘罩损坏	轻度：一般缺陷
				轻度：略有破损	轻度：一般缺陷
				中度：外壳有裂纹（撕裂）或破损	中度：严重缺陷
				重度：严重破损	重度：危急缺陷
			污秽	轻度：污秽较为严重，但表面无明显放电	轻度：一般缺陷
				中度：有明显放电	中度：严重缺陷
				重度：表面有严重放电痕迹	重度：危急缺陷
			弹动	轻微：操作有弹动但能正常操作	轻微：一般缺陷
				轻度：操作有较强弹动但能正常操作	轻度：一般缺陷
				中度：操作有剧烈弹动但能正常操作	中度：严重缺陷
				重度：操作有剧烈弹动已不能正常操作	重度：危急缺陷
			故障次数超标	重度：熔断器故障跌落次数超厂家规定值	重度：危急缺陷
			锈蚀	轻度：中度锈蚀	轻度：一般缺陷
				中度：严重锈蚀	中度：严重缺陷
			松动	轻度：固定松动，支架位移、有异物	轻度：一般缺陷
			温度异常	轻度：电气连接处实测温度大于75℃且小于等于80℃或相间温差大于10K且小于等于30K	轻度：一般缺陷
				中度：电气连接处实测温度大于80℃且小于等于90℃或相间温差大于30K且小于等于40K	中度：严重缺陷
				重度：电气连接处实测温度大于90℃或相间温差大于40K	重度：危急缺陷
金属氧化物避雷器	本体及引线	本体	温度异常	中度：电气连接处相间温差异常	中度：严重缺陷
			破损	轻度：略有破损	轻度：一般缺陷
				中度：外壳有裂纹（撕裂）或破损	中度：严重缺陷
				重度：严重破损	重度：危急缺陷
			污秽	轻度：污秽较为严重，但表面无明显放电	轻度：一般缺陷
				中度：有明显放电	中度：严重缺陷
				重度：表面有严重放电痕迹	重度：危急缺陷
			松动	轻度：松动	轻度：一般缺陷
				中度：本体或引线脱落	中度：严重缺陷

续表

设备类别	设备部件	缺陷部位	缺陷内容	缺陷程度	参考缺陷等级
金属氧化物避雷器	本体及引线	接地引下线	线径不足	中度：线径不满足要求	中度：严重缺陷
			锈蚀	轻微：轻度锈蚀（小于截面直径或厚度的10%）	轻微：一般缺陷
				轻度：轻度锈蚀（大于截面直径或厚度的10%，小于截面直径或厚度的20%）	轻度：一般缺陷
				中度：中度锈蚀（大于截面直径或厚度的20%，小于截面直径或厚度的30%）	中度：严重缺陷
				重度：严重锈蚀（大于截面直径或厚度的30%）	重度：危急缺陷
			连接不良	轻度：无明显接地	轻度：一般缺陷
				中度：连接松动、接地不良	中度：严重缺陷
				重度：出现断开、断裂	重度：危急缺陷
		接地体	接地电阻不合格	轻度：接地电阻值大于10Ω	轻度：一般缺陷
			埋深不足	中度：埋深不足（耕地埋深小于0.8m，非耕地埋深小于0.6m）	中度：严重缺陷

【任务实施】

1. 编制日作业计划

2. 办理工作票

正确填写现场任务派工单，编制标准化作业卡。

3. 规范着装

正确穿戴劳动防护用品。正确佩戴安全帽；着全棉长袖工作服，扣齐衣、袖口扣；戴手套；穿绝缘鞋。

4. 工器具与仪器仪表

工器具与仪器仪表主要包括施工机具、专用工具、常用工器具、防护器具、仪器仪表、电源设施及消防器材等，见表1-2-4。

参考资料：10kV及以下配电巡视标准化作业指导书

表1-2-4   工 器 具 与 仪 器 仪 表

序号	名称	型号及规格	单位	数量	备注
1	个人用具		套	1	活动扳手、常规工具等
2	工具袋		只	1	药品等
3	柴刀		把	1	
4	巡视记录本、笔		本	1	

续表

序号	名称	型号及规格	单位	数量	备注
5	巡视线路图		张	1	配电网一次接线图：10kV 配电网接线图及设备的相应资料
6	望远镜	双筒	架	1	
7	照相机		台	1	
8	照明器具		套	2	夜间 / 光线不足场所
9	红外测温仪		台	1	根据实际

5. 工前会

召开工前会，交代工作任务清楚、分工明确、告知危险点，确认天气条件满足作业要求；确认人员精神状态良好。

危险点 1：防触电

防范措施：正确核对线路名称、杆号无误；严禁超出作业范围作业；巡视时应与带电设备保持规定的安全距离（10kV 及以下应大于 0.7m）；禁止使用金属梯子；单人巡视时，禁止攀登电杆和铁塔。夜间巡视应有照明工具，暑天和大雪天巡视必要时由两人进行。

危险点 2：防小动物攻击

防范措施：作业中应观察周边环境，以防狗、毒蛇、马蜂等动物攻击。可备用棍棒，防备狗突然窜出，巡线时带一树棍，边走边打草，打草惊蛇，避免被蛇咬伤；留意脚下沟渠、坑道、红蚂蚁巢穴，以防踩空、摔倒、扭伤脚踝等。野外测温、巡视时应备木棒，防备蛇咬、狗及其他小动物咬伤，发现蜂窝时不要触碰，携带治疗蜂蜇、蛇咬的药品。在酷暑天气巡视时，必须携带巡视水壶、防止中暑药物和蛇药，并采取遮阳措施。

危险点 3：防意外伤害

防范措施：过沟、崖等地形复杂地区时，应加强自我保护意识防止摔倒；山区必须由两人进行，山区测温应配备必要的防护工具和药品；巡视通道旁车流量大时，应注意来往车辆、沟渠、边坡、工井等，两人一组做到互相提醒；巡视工作中不得穿过不明深浅的水域和薄冰。

危险点 4：接地故障时处理不当，造成人身伤害

防范措施：高压设备发生故障接地时，应由两人进行巡视，巡视时应穿绝缘靴，室内不得接近故障点 4m 以内，室外不得接近故障点 8m 以内。高压设备发生接地故障时，接触设备外壳和构架必须戴绝缘手套；发生设备缺陷及异常时，应及时汇报再采取相应措施，不得擅自处理；发现设备缺陷及异常时，严禁单人进行处理；巡线时沿线路外侧行走，大风时沿

上风侧行走。

危险点 5：巡视时测量工作不当，造成人身伤害

防范措施：巡视时需进行测量工作，至少应由两人进行，一人操作，一人监护。测量工作过程中与带电设备应保持足够的安全距离，且必须有足够的照明；测量时应戴好绝缘手套等防护用品，并做好防止相间短路措施；测量点位置较高时，作业人员应选择牢固的绝缘操作凳，并做好监护工作；在带电设备周围禁止使用钢卷尺、皮卷尺和线尺（夹有金属丝）进行测量；巡视时测量工作只允许在 0.4kV 及以下开展。

6. 工作过程

对 10kV 右线后龙线 #1 杆开展巡视，以无人机巡视的 6 张图分析，重点是对线路通道的巡视，杆塔和基础的巡视，横担、金具及绝缘子的巡视检查，拉线的巡视，导线的巡视，柱上开关和负荷开关的巡视，隔离负荷开关、隔离开关、跌落式熔断器的巡视，配电变压器的巡视，柱上电容器的巡视，防雷和接地装置的巡视。

视频：10kV 及以下线路和设备巡视

视频：10kV 线路和设备巡视

（1）大、小号侧通道如图 1-2-11、图 1-2-12 所示。

杂树，满足安全距离，关注长势

景观树，满足安全距离；保护区内施工，留意杆下取土、开挖

图 1-2-11　小号侧走廊图　　　　图 1-2-12　大号侧走廊图

（2）杆塔全貌如图 1-2-13 所示，局部如图 1-2-14、图 1-2-15 所示。

（3）杆塔设备俯视如图 1-2-16 所示。

（4）杆上设备左、右两侧及其局部图如图 1-2-17～如图 1-2-20 所示。

7. 缺陷录入

根据巡视发现的缺陷，按照 Q/GDW 745—2012《配电网设备缺陷分类标准》进行缺陷记录、分类，录入 PMS 系统跟踪管控。

视频：PMS2.0 系统应用（巡视及缺陷流程）

图 1-2-13　杆塔全貌

隔离开关、断路器
绝缘罩缺失

图 1-2-14　局部图 1

图 1-2-15　局部图 2

左线绝缘罩缺失；B相
楔形线夹处线芯散股

图 1-2-16　杆塔设备俯视图

图 1-2-17　杆上设备左侧

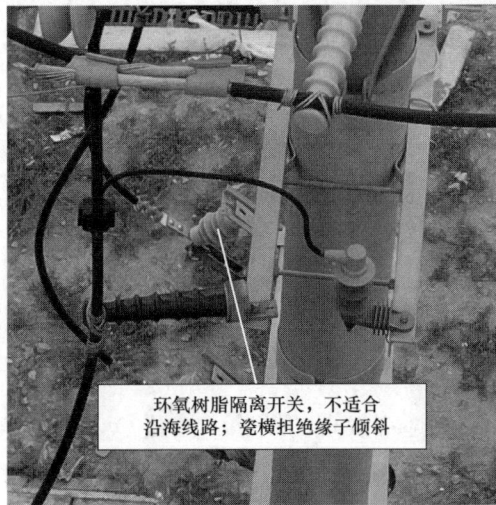

环氧树脂隔离开关，不适合
沿海线路；瓷横担绝缘子倾斜

图 1-2-18　左侧局部图 1

图 1-2-19　杆上设备右侧

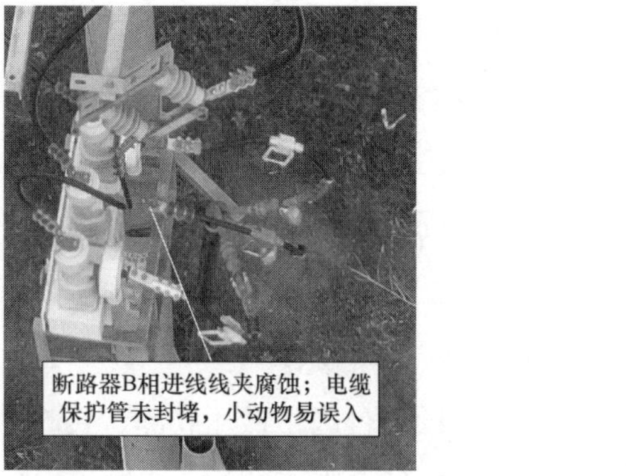

图 1-2-20　右侧局部图 2

任务二　0.4kV 线路和设备巡视

【任务目标】

（1）了解 0.4kV 线路和设备基本工作原理。

（2）熟悉巡视作业危险点及防范措施。

（3）掌握巡视检查的主要工作内容，发现线路和设备存在的各种缺陷，并按照要求填写线路设备巡视纪录。

【任务描述】

本任务是根据 Q/GDW 1519—2014《配电网运维规程》巡视要求，正确填写现场工作任务派工单和巡视卡，在 40min 内独立完成指定线路和设备的现场巡视工作，准确发现线路和设备存在的各种缺陷，并按照要求填写线路设备巡视纪录。

【知识准备】

一、0.4kV 线路和设备巡视

1. 综合配电箱

综合配电箱是由低压开关设备、低压电容器、计量装置及相关控制、测量、信号、保护等元件组成，具有负荷分配、计量、测量、控制、保护、无功补偿等功能的一种低压配电装置，如图 1-2-21 所示。目前常采用悬吊式，悬吊横担距离地面 3.4m，低压电缆出线采用滴水弯工艺从柜体侧面引出。

400kVA 容量配电变压器的综合配电箱常采用：共补（3×10+3×20）kvar，分补（10+20）kvar。

图 1-2-21　柱上变压器低压综合
配电箱正面图

无功补偿容量根据配电变压器容量和负荷性质通过计算确定，一般按照变压器容量的 10%～30% 进行配置。根据负荷情况调整，常采用无功自动投切，在负荷侧进行集中补偿，保证用户侧电压稳定。

综合配电箱的出线开关为塑壳断路器（或带剩余电流动作保护器），断路器为智能断路器，配置 RS-485 接口，能够提供开关状态、电压、电流等信息，满足自动化信息采集。

2. 低压台区

低压台区由低压线路、接户线、表箱组成。低压台区运维应日常跟踪台区运行情况，重点关注低电压、过电压、三相不平衡等异常，根据台区运行情况，及时安排特巡、消缺工作。

参考资料：低压配电网施工工艺规范手册

10kV 线路供电半径，原则上规划 A+、A、B 类供电区域供电半径不宜超过 3km，C 类不宜超过 5km，D 类不宜超过 15km，E 类供电区域供电半径应根据需要经计算确定；低压线路供电半径，原则上 A+、A 类供电区域供电半径不宜超过 150m，B 类不宜超过 250m，C 类不宜超过 400m，D 类不宜超过 500m，E 类供电区域供电半径应根据需要经计算确定。

（1）低压线路。低压架空线路采用绝缘导线，一般区域采用铝芯交联聚乙烯绝缘导线，沿海及严重化工污秽区域可采用铜芯交联聚乙烯绝缘导线，线路导线截面的选择见表 1-2-5；低压电缆线路一般采用交联聚乙烯绝缘电缆，在潮湿、含有化学腐蚀或易受水浸泡环境下宜选用聚乙烯类材料的内护层，有白蚁的场所应选用金属铠装或防蚁外护层，有鼠害的场所宜选用金属铠装或硬质护层，电缆进入建筑或集中敷设应选用 C 级及以上阻燃电缆。

表 1-2-5 线路导线截面推荐表（铝芯）

规划供电区域	主干线导线截面积（mm²）	分支线导线截面积（mm²）
A+、A、B、C	≥120	≥70
D、E	≥70	≥35

注 若采用铜芯或铝合金线路，应对线路截面积进行核算。

为避免末端用户因低压供电线径小、距离长引起低电压（<198V），低压主干线、分支线截面配置见表 1-2-6。

表 1-2-6 低压主干线、分支线截面积配置

配电变压器容量（kVA）	低压主干线截面积（mm²）	低压分支线截面积（mm²）
400	185	70
200	120	50
100	50	50

台区低压架空线路（三相四线制）的中性线一般靠近水泥杆或建筑物侧。线路相位排列面向杆号大号侧，一般从左到右宜按 A、B、N、C 或 A、N、B、C 排列，如图 1-2-22 所示。

（2）接户线。接户线指配电线路与用户建筑物外第一支持点之间的一段线路。接户线设计推荐采用架空绝缘导线（JKLYJ 型）和交联聚乙烯绝缘聚乙烯护套电缆（YJLV/YJV 型），如图 1-2-23 所示。考虑聚氯乙烯绝缘导线 BLV、BV 在运行一定时限时导线容易出现绝缘皮开裂，造成相间短路或人身安全事故，接户线不宜用聚氯乙烯绝缘导线 BLV、BV。

图 1-2-22　低压架空线路

图 1-2-23　220V 架空电缆接入表箱

接户线截面积应根据允许载流量选择，每户用电容量可按城镇不低于 8kW、一般乡村不低于 4kW 确定。选择接户线截面积时应留有裕度，以备可预见的户数增加。选择时应满足表 1-2-7 的要求。

表 1-2-7　　　　　　　　　　　接户线截面积

导线敷设方式	导线型号	电能表箱表位数量				
		1	2	4	6	9
		导线规格（mm²）				
绝缘塑料线	BLV	2×16	2×35	4×35	4×35	4×35
架空绝缘导线	JKLYJ		2×35	4×35	4×35	4×35
集束导线	BS-JKLYJ	2×16	2×35	4×35	4×35	4×35
电缆	YJLV			4×35	4×35	4×35

（3）表箱。目前表箱有非金属和金属两种，零散用户一般为独立式单表位计量箱。现场具备接地条件时要采用金属表箱，不具备接地条件时用非金属表箱，沿海地区（潮湿、盐雾等易腐蚀、易生锈恶劣环境）推荐选用不锈钢材质表箱。

表箱对地距离为 1.8～2m（指箱体底部位置对地距离），金属表箱要可靠接地。小区竖井内集装表箱箱体最高观察窗中心线距安装处地面不高于1.8m。墙面安装时，箱体下沿距安装处地面不宜低于0.8m。安装在地下建筑（如车库、人防工程等）时，不宜低于1.0m。金属多位集装计量箱图（出线PVC套管保护）如图1-2-24所示。

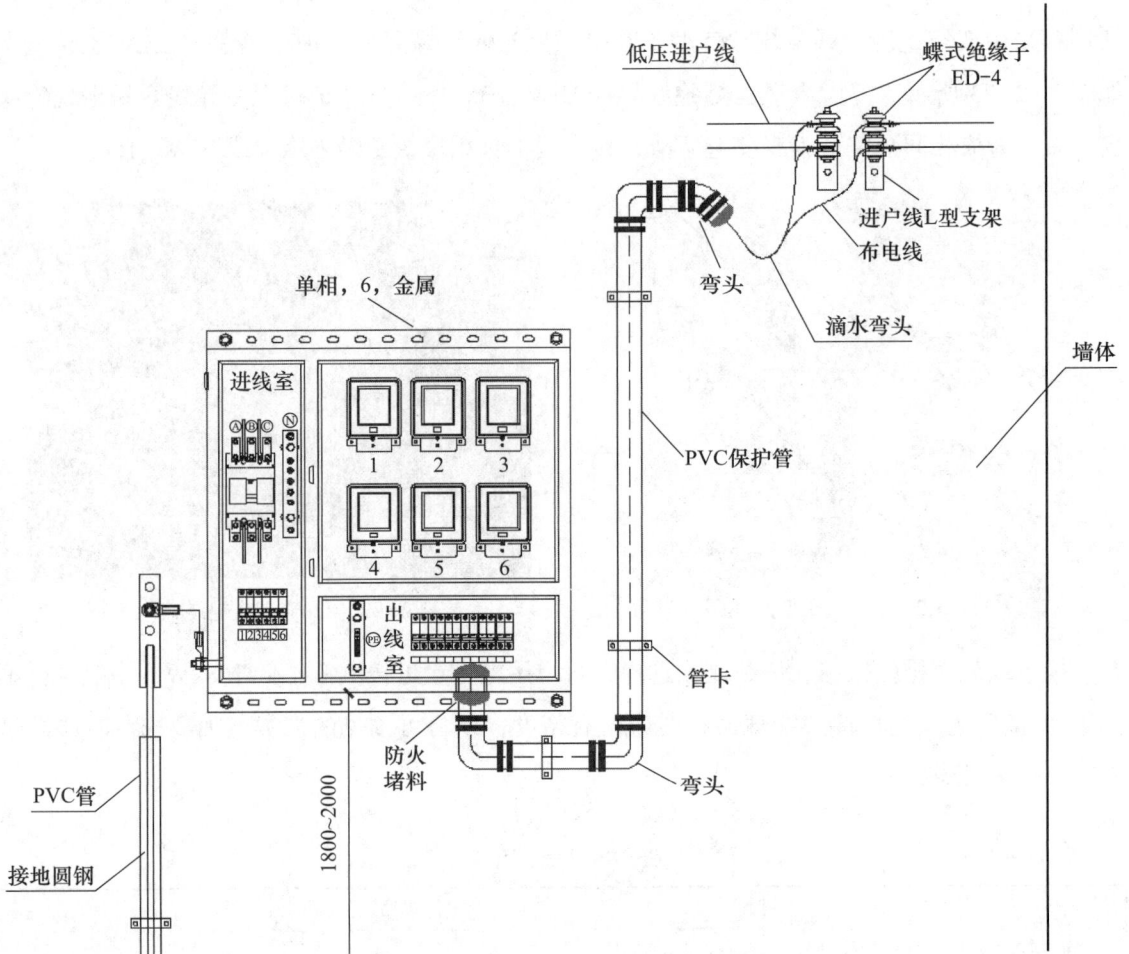

图1-2-24 金属多位集装计量箱图（出线PVC套管保护）

二、配电网巡视

根据配电网设备、设施运行状况和气候、环境变化情况及上级运维管理部门的要求，运维人员安排巡视作业计划，开展标准化巡视工作。

1. 运维责任分界点

根据Q/GDW 1519—2014《配电网运维规程》，低压配电线路按供用电合同中所确立的供电公司维护部分，以表箱为配电运维分界点，表箱前所辖线路属配电网运维。380/220V用户的合同分界点为电能表出线靠近负荷侧2cm，间接式用户（带互感器）为互感器一次接线靠近负荷侧2cm。

视频：0.4kV
配电巡视相关
规程、标准、
规范

2. 巡视周期

台区日常巡视每季度不少于 1 次。

3. 巡视分类

（1）定期巡视：由配电网运维人员进行，以掌握配电网设备、设施的运行状况、运行环境变化情况为目的，及时发现缺陷和威胁配电网安全运行情况的巡视。

（2）特殊巡视：在有外力破坏可能、恶劣气象条件（如大风、暴雨、覆冰、高温等）、重要保电任务、设备带缺陷运行或其他特殊情况下由运维单位组织对设备进行的全部或部分巡视。

（3）夜间巡视：在负荷高峰或雾天的夜间由运维单位组织进行，主要检查连接点有无过热、打火现象，绝缘子表面有无闪络等的巡视。

（4）故障巡视：由运维单位组织进行，以查明线路发生故障的地点和原因为目的的巡视。

（5）监察巡视：由管理人员组织进行的巡视工作，了解线路及设备状况，检查、指导巡视人员的工作。

4. 巡视内容

根据不同工作任务，针对性对综合配电箱、杆塔、拉线、绝缘子、横担和金具、架空导线、接地装置、电力电缆、低压电缆分接箱、接户线等部位进行巡视。

（1）变压器低压侧。检查铭牌、标志标识、低压套管、绝缘护套是否完好；低压侧引线连接牢固；各处连接点有无锈蚀、过热和烧损现象；各螺栓部件是否完整、无松动；配电变压器运行环境、基础良好。

（2）综合配电箱。检查标示牌、铭牌、箱（柜）门锁、箱内封堵、隔离开关（刀闸）的操动机构是完好；接地装置、导线连接部分、设备接头接触良好；隔离开关（刀闸）的名称编号信号、位置指示器指示正常；电容器外壳有无鼓肚、锈蚀，有无渗、漏油。

（3）低压电缆分接箱。检查箱体名称、铭牌、电缆标志等应齐全、清晰、正确；基础无损坏、下沉；电缆孔洞封堵严密；壳体无锈蚀，箱内无进水，电缆搭头接触良好，箱内无异常声音或气味。

（4）接户线。检查接户线无破损，连接可靠，对地及交叉跨越距离符合要求；绝缘子完好，固定牢固；钢绞线无腐蚀、断股且钢绞线接地良好。

（5）杆塔、拉线、绝缘子、横担、金具、架空导线、接地装置等巡视内容与"任务一 10kV 线路和设备巡视"内容一致，不再赘述。

三、低压线路及设备缺陷分类

配电网设备缺陷等级划分与"任务一 10kV 线路和设备巡视"一致，不再赘述。

开展 0.4kV 线路和设备巡视工作时，常见缺陷分类与"任务一 10kV 线路和设备巡视"一致，不再赘述。

四、安全隐患、风险概念

安全隐患，是指在生产经营活动中，违反国家和电力行业安全生产法律法规、规程标准及公司安全生产规章制度，或因其他因素可能导致安全事故（事件）发生的物的不安全状态、人的不安全行为、场所的不安全因素和安全管理方面的缺失等。

隐患排查治理应坚持"谁主管、谁负责"和"全面排查、分级管理、闭环管控"的原则，坚持"全覆盖、勤排查、早发现、快治理"的工作目标。根据隐患的危害程度，隐患分为重大隐患、较大隐患、一般隐患三个等级，见表 1-2-8。

表 1-2-8   隐 患 分 级 对 应 表

序号	文件制度	分级对应					
1	《电力安全事故应急处置和调查处理条例》国务院 599 号令（安全事件等级）	特别重大事故	重大事故	较大事故	一般事故	—	
2	《关于进一步加强电力安全风险分级管控和隐患排查治理工作的通知》（国家能源局〔2021〕641 号）	特别重大隐患（可能造成特别重大电力事故）	重大隐患（可能造成重大电力事故）	较大隐患（可能造成较大电力事故）	一般隐患（可能造成一般电力事故）	较小隐患（可能造成电力安全事件）	
3	《国网公司安全事故调查规程》（以电网事故事件为例）	特别重大电网事故（一级电网事件）	重大电网事故（二级电网事件）	较大电网事故（三级电网事件）	一般电网事故（四级电网事件）	5～6 级电网事件	7～8 级电网事件
4	《国网公司隐患排查治理管理办法》	重大隐患				较大隐患	一般隐患

安全风险是安全事故（事件）发生的可能性及其引发的后果的组合，具有普遍性，存在于生产经营全过程，风险失控必然导致事故（事件）发生。

安全风险管控遵循"全面评估、先降后控、预防为主、分级管控"的工作原则；安全隐患排查治理遵循"全覆盖、勤排查、早发现、快治理"的工作原则；并依托"闽电安全"系统实施日常化、常态化、全过程管理。根据造成危害的可能性和危害严重程度两方面因素，风险分为特别重大、重大、较大、一般、较小五级，见表 1-2-9。

表 1-2-9　　　　　　　　　　　　　　风 险 分 级 对 应 表

序号	文件制度	分级对应					
1	《关于进一步加强电力安全风险分级管控和隐患排查治理工作的通知》（国家能源局〔2021〕641号）	特别重大风险（可能造成特别重大电力事故）	重大风险（可能造成重大电力事故）	较大风险（可能造成较大电力事故）	一般风险（可能造成一般电力事故）	较小风险（可能造成电力安全事件）	
2	《国网公司安全事故调查规程》（以电网事故事件为例）	特别重大电网事故（一级电网事件）	重大电网事故（二级电网事件）	较大电网事故（三级电网事件）	一般电网事故（四级电网事件）	5~6级电网事件	7~8级电网事件
3	《国家电网有限公司安全生产风险管控管理办法》（安监一〔2022〕20号）	重大风险				较大风险	一般风险

【任务实施】

1. 编制日作业计划

2. 办理工作票

正确填写现场任务派工单，编制标准化作业卡。

3. 规范着装

正确穿戴劳动防护用品。正确佩戴安全帽；着全棉长袖工作服，扣齐衣、袖口扣；戴手套；穿绝缘鞋。

4. 工器具与仪器仪表

工器具与仪器仪表主要包括施工机具、专用工具、常用工器具、防护器具、仪器仪表、电源设施及消防器材等，见表 1-2-10。

表 1-2-10　　　　　　　　　　　　工 器 具 与 仪 器 仪 表

序号	名称	型号及规格	单位	数量	备注
1	个人用具		套	1	活动扳手、常规工具等
2	工具袋		只	1	药品等
3	柴刀		把	1	
4	巡视记录本、笔、		本	1	
5	巡视线路图		张	1	台区接线图及设备的相应资料
6	望远镜	双筒	架	1	
7	照相机		台	1	
8	照明器具		套	2	夜间/光线不足场所
9	红外测温仪		台		根据实际

5. 工前会

召开工前会，交代工作任务清楚、明确分工、告知危险点，确认天气条件能够满足巡视、测量要求；确认人员精神状态良好。

危险点 1：防触电

防范措施：正确核对线路名称、杆号无误；严禁超出作业范围作业；触碰柜门前应验明确无电压；禁止使用金属梯子；单人巡视时，禁止攀登电杆和铁塔。夜间巡视应有照明工具，暑天和大雪天巡视必要时由两人进行。

危险点 2：防小动物攻击

防范措施：作业中应观察周边环境，以防狗、毒蛇、马蜂等动物攻击。可备用棍棒，防备狗突然窜出，巡线时带一树棍，边走边打草，打草惊蛇，避免被蛇咬伤；留意脚下沟渠、坑道、红蚂蚁巢穴，以防踩空、摔倒、扭伤脚踝等。野外测温检查时应备木棒，防备蛇咬、狗及其他小动物咬伤，发现蜂窝时不要触碰，携带治疗蜂蜇、蛇咬的药品。在酷暑天气巡视时，必须携带巡视水壶、防止中暑药物和蛇药，并采取遮阳措施。

危险点 3：防意外伤害

防范措施：过沟、崖等地形复杂地区时，应加强自我保护意识防止摔倒；山区必须由两人进行，山区测温应配备必要的防护工具和药品；巡视通道旁车流量大时，应注意来往车辆、沟渠、边坡、工井等，两人一组做到互相提醒；巡视工作中不得穿过不明深浅的水域和薄冰。

视频：低压配电典型作业系列微课 - 线路及设备巡视作业

视频：0.4kV 及以下线路和设备（低压综合配电箱）巡视

危险点 4：巡视时测量工作不当，造成人身伤害

防范措施：巡视时需进行测量工作，至少应由两人进行，一人操作，一人监护。测量工作过程中与带电设备应保持足够的安全距离，且必须有足够的照明；测量时应戴好绝缘手套等防护用品，并做好防止相间短路措施；测量点位置较高时，作业人员应选择牢固的绝缘操作凳，并做好监护工作；在带电设备周围禁止使用钢卷尺、皮卷尺和线尺（夹有金属丝）进行测量；巡视时测量工作只允许在 0.4kV 及以下开展。

6. 工作过程

重点巡视范围：线路通道、杆塔和基础、变压器低压侧、综合配电箱（配电柜）、拉线、绝缘子、横担和金具、架空导线、接地装置、电力电缆、低压电缆分接箱、接户线。

（1）架空线路巡视如图 1-2-25 所示。

（2）杆塔和基础检查如图 1-2-26 所示。

（3）低压电缆分接箱、电力电缆检查如图 1-2-27 所示。

图 1-2-25　架空线路巡视　　　图 1-2-26　杆塔和基础检查　　　图 1-2-27　低压电缆分接箱、
电力电缆检查

（4）线路通道检查如图 1-2-28 所示。

（5）变压器台架检查如图 1-2-29 所示。

图 1-2-28　线路通道检查　　　　　　图 1-2-29　变压器台架检查

任务三　配电站房巡视

📖【任务目标】

（1）了解 10kV 配电站房类型、设备基本工作原理、TEV 检测法。

（2）熟悉站房巡视的标准和相关的规程规定。

（3）掌握站房巡视流程、步骤，正确使用仪器发现设备缺陷。

【任务描述】

本项操作任务是手工填写现场工作任务派工单和巡视卡，根据 Q/GDW 1519—2014《配电网运维规程》等规程标准，在 40min 内完成指定站房的现场巡视检查工作，发现存在的各种缺陷，并按照要求填写站房巡视纪录。

【知识准备】

运维单位应结合配电站房设备、设施运行状况和气候、环境变化情况编制计划，合理安排巡视工作。

一、开关柜局部放电带电检测技术

电力设备绝缘介质在足够强的电场作用下局部范围内发生的放电称为局部放电。这种放电以仅造成导体间的绝缘局部短接而不形成导电通道为限。局部放电可能发生在固体绝缘的空穴中、液体绝缘的气泡中、具有不同特性的绝缘层之间，以及金属（或半导电）电极的尖锐边缘处。任何形式的非贯通性放电都是局部放电，主要类型包括固体绝缘内部局部缺陷、尖端电晕放电、悬浮电位放电、沿面脏污。

基于对发生局部放电时产生的各种电光声热等现象，相应出现了电检测法和光测法、声测法、红外热测法等非电量检测方法。当前在生产实践中应用比较成熟的检测方法主要有暂态地电波（TEV）检测法、超声波检测法。目前很多厂家的测试仪结合了两种测试方法，即地电波与超声波双功能。

1. TEV 检测法

通过放电产生的电磁波经金属箱体的接缝处或气体绝缘开关的衬垫传播出去，同时产生一个暂态电压，通过设备的金属箱体外表面传到地下，简称 TEV。TEV 检测法所面临的主要问题就是干扰问题，由于开关柜的运行环境千差万别，因此，在现场测试会面临多种电磁干扰。TEV 测试部位如图 1-2-30 所示。

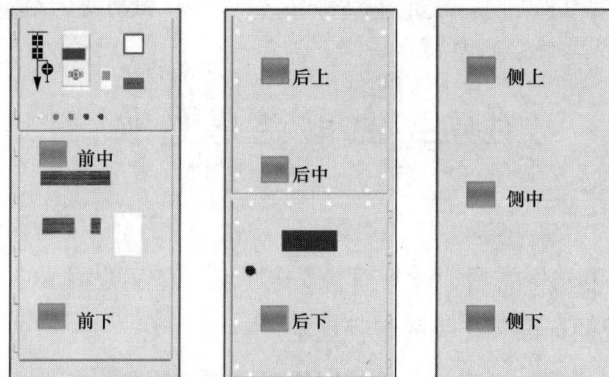

图 1-2-30　TEV 测试部位

2. 超声波检测法

电力设备在放电过程中会产生声波，超声波是指振动频率大于 20kHz 以上的，人在自然环境下无法听到和感受到的声波。从局部放电的机理可知，局部放电的初期是微弱的辉光放电，放电释放的能量很小，放电后期出现强烈的电弧放电，此时释放的能量很大，可见局部放电的发展过程中放电所释放的能量是从小到大变化的，所以声能也是从小到大变化的。根据放电释放的能量与声能之间的关系，用超声波信号声压的变化代表局部放电所释放能量的变化，通过测量超声波信号的声压，可以推测出放电的强弱，这就是超声波信号检测局部放电的基本原理。要使用超声波检测法，必须是局部放电点发射出来的超声波信号能够无阻碍地在空气中传播。也就是说，对于那种全封闭、没有任何气隙的高压设备，就很难检测到它们内部的局部放电信号。

TEV 检测法与超声波检测法的具体差异主要有：超声波检测法与 TEV 检测法对不同缺陷的敏感程度不同；TEV 检测法的检测频带较宽，适合于频率、放电能量较高的局部放电的检测。现场检测中，超声波检测法所受干扰较小；TEV 检测法所受干扰较大，特别是变电站中的干扰尤为明显，应注意排除干扰的影响。

二、配电站房巡视

配电站（配电室）设有中压进线（可有少量出线）、配电变压器和低压配电装置，带有低压负荷的户内配电场所；开关站用于接受电力并分配电力的供配电设施，一般两进多出。

1. 巡视类型

（1）定期巡视：巡视站房建筑物及附属设施、高低压盘柜、室内配电变压器、户外箱式变电站、环网柜等。每季度开展一次，以掌握配电站房设备、设施的运行状况、运行环境变化情况为目的，及时发现缺陷和威胁配电站房安全运行的情况。巡视时应由有电力线路工作经验的人担任。新人员不得一人单独巡视；单人巡视时，禁止打开配电设备柜门、箱盖检查；严禁超越巡视作业内容、范围进行其他作业。

（2）故障巡视：由运维单位组织运维及抢修人员开展，以查明站房发生故障的地点和原因为目的的巡视。故障巡线应始终认为设备带电，即使明知该设备已停运，也应认为随时有恢复送电的可能。发现设备有接地现象时室内禁止接近故障点 4m，室外禁止接近故障点 8m，并迅速报告领导及调度，等候处理。

（3）特殊巡视：在有外力破坏可能、恶劣气象条件（如台风、暴雨、高温、站房设备过负荷等）、重要保电任务、设备带缺陷运行或其他特殊情况下开展。

（4）监察巡视：为了解站房及设备状况，检查、指导巡视人员的工作，各级管理人员应根据站房数量对运维人员巡视质量进行一定比例的抽查；对重要站房进行监察巡视，每季度应不少于一次。

2. 巡视周期

每季度应对配电站房（开关站、配电站、配电室、环网柜、箱式变电站、电缆分支箱）设备进行全面巡视检查工作。

在负荷较大季节的高峰负荷时间内、在特殊气候及特殊时期时对配电站房（开关站、配电站、配电室、环网柜、箱式变电站、电缆分支箱）设备进行全面夜巡或特巡。

带电检测宜随巡视同步开展。新投运设备应在投运后 3 个月内完成一次巡视及带电检测，并做好设备运行信息收集。开关柜红外测温宜一个季度开展一次；开关柜局部放电检测特别重要设备半年一次，重要设备 1 年一次，一般设备 2 年一次。

遇到设备存在未及时消除的缺陷或隐患、设备过载、灾害应急、恶劣天气、保供电等情况时，各单位运维管理部门应根据具体情况适当增加巡视次数。

3. 站房环境巡视

（1）门窗、标识、接地检查。站房门锁完好，防火门上醒目位置应悬挂（张贴）"防火重点部位"警示牌及"禁止烟火""未经许可不得入内""必须戴安全帽""注意通风"4 张安全警示标识牌；门窗无锈蚀、破损；配电室室内通风、照明等站用电开关标识清楚、齐备；接地装置良好，无严重锈蚀、损坏。

（2）防水、通道检查。站房周围无威胁安全的堆积物，门口畅通，不影响检修车辆通行；门、窗、钢网无损坏；房屋、设备基础无下沉、开裂，屋顶无漏水、积水现象。站房内天花板或墙体无渗水痕迹、门窗无进水痕迹、电缆沟内无积水等。

（3）通风、照明、除湿检查。室内清洁，温度正常，无异声、异味；风机正常启动，处于良好状态；应急照明能正常工作，普通照明齐备；设备无凝露，加热器或除湿装置可正常启动，柜内驱潮装置可正常启动，冷凝水能正常排出。

（4）防火、防小动物检查。电缆盖板无破损、缺失，进出电缆沟防火包（墙）完好无损，烟雾报警、轴流风机、干粉灭火器等消防设备正常；防小动物设施完好，与外界相通孔洞均封堵；灭火器配备齐全，在有效期内，气压在合格范围。

4. 设备巡视

（1）站房内高、低压电气接线图与现场一致；开关柜铭牌、柜内剖面图、保护压板及仪表常用位置标志齐全、清晰；设备双重名称正确。

（2）开关柜上带电显示器、分合闸指示、远方/就地切换正常工作且与实际相符；保护面板正常无黑屏；柜内照明完好；SF_6 开关气体压力正常；无放电声、异味；开关防误闭锁完好；箱（柜门）门紧固良好、无缺漏螺栓。

（3）变压器柜应注意温控器是否完好，减震装置正常运行；补偿柜应留意电容器外壳是否鼓包，是否渗、漏油；直流屏应注意蓄电池外壳有无渗漏、变形。

（4）红外热成像检测开关柜外表面无明显温升（驱潮装置加热器热源除外）；超声波局部放电检测结果若存在超过30dB或等值的放电情况，应尽快申请停电处理；存在10～30dB，结合停电处理，不应延迟检修周期；存在10dB以下，结合停电处理。

（5）故障巡视时通过保护面板调出保护装置动作报文。

三、配电站房设备缺陷等级、分类

配电站房设备缺陷等级划分与"任务一 10kV线路和设备巡视"一致，不再赘述。

根据巡视发现的异常情况，可分为构筑物及外壳缺陷、开关柜缺陷、配电变压器缺陷、配电自动化终端缺陷、二次保护装置缺陷，缺陷分类见表1-2-11。

表1-2-11 配电站房设备缺陷分类

设备类别	设备部件	缺陷部位	缺陷内容	缺陷程度	参考缺陷等级
金属氧化物避雷器	本体及引线	本体	温度异常	中度：电气连接处相间温差异常	中度：严重缺陷
			破损	轻度：略有破损	轻度：一般缺陷
				中度：外壳有裂纹（撕裂）或破损	中度：严重缺陷
				重度：严重破损	重度：危急缺陷
			污秽	轻度：污秽较为严重，但表面无明显放电	轻度：一般缺陷
				中度：有明显放电	中度：严重缺陷
				重度：表面有严重放电痕迹	重度：危急缺陷
			松动	轻度：松动	轻度：一般缺陷
				中度：本体或引线脱落	中度：严重缺陷
		接地引下线	线径不足	中度：线径不满足要求	中度：严重缺陷
			锈蚀	轻微：轻度锈蚀（小于截面直径或厚度的10%）	轻微：一般缺陷
				轻度：轻度锈蚀（大于截面直径或厚度的10%，小于截面直径或厚度的20%）	轻度：一般缺陷
				中度：中度锈蚀（大于截面直径或厚度的20%，小于截面直径或厚度的30%）	中度：严重缺陷
				重度：严重锈蚀（大于截面直径或厚度的30%）	重度：危急缺陷
			连接不良	轻度：无明显接地	轻度：一般缺陷
				中度：连接松动、接地不良	中度：严重缺陷
				重度：出现断开、断裂	重度：危急缺陷
		接地体	接地电阻不合格	轻度：接地电阻值大于10Ω	轻度：一般缺陷

续表

设备类别	设备部件	缺陷部位	缺陷内容	缺陷程度	参考缺陷等级
金属氧化物避雷器	本体及引线	接地体	埋深不足	中度：埋深不足（耕地埋深小于0.8m，非耕地埋深小于0.6m）	中度：严重缺陷
电容器	套管	套管	破损	轻度：略有破损	轻度：一般缺陷
				中度：外壳有裂纹（撕裂）或破损	中度：严重缺陷
				重度：严重破损	重度：危急缺陷
			污秽	轻度：污秽较为严重，但表面无明显放电	轻度：一般缺陷
				中度：有明显放电	中度：严重缺陷
				重度：表面有严重放电痕迹	重度：危急缺陷
			绝缘电阻不合格	重度：20℃时绝缘电阻小于2000MΩ	重度：危急缺陷
			温度异常	轻度：电气连接处实测温度大于75℃且小于等于80℃或相间温差大于10K且小于等于30K	轻度：一般缺陷
				中度：电气连接处实测温度大于80℃且小于等于90℃或相间温差大于30K且小于等于40K	中度：严重缺陷
				重度：电气连接处实测温度大于90℃或相间温差大于40K	重度：危急缺陷
	电容器本体	本体	渗漏	轻度：略有渗漏、鼓肚	轻度：一般缺陷
				重度：渗漏、鼓肚严重	重度：危急缺陷
			有异声	中度：有异声	中度：严重缺陷
			本体温度异常	轻度：实测温度大于45℃且小于等于50℃	轻度：一般缺陷
				中度：实测温度大于50℃且小于等于55℃	中度：严重缺陷
				重度：实测温度大于55℃	重度：危急缺陷
			电容量超标	重度：电容值偏差超出厂值或交接值 −5%～+5% 范围（警示值）	重度：危急缺陷
			锈蚀	轻度：中度锈蚀	轻度：一般缺陷
				中度：严重锈蚀	中度：严重缺陷
	熔断器	熔断器	温度异常	轻度：电气连接处实测温度大于75℃且小于等于80℃或相间温差大于10K且小于等于30K	轻度：一般缺陷
				中度：电气连接处实测温度大于80℃且小于等于90℃或相间温差大于30K且小于等于40K	中度：严重缺陷
				重度：电气连接处实测温度大于90℃或相间温差大于40K	重度：危急缺陷
			破损	轻度：略有破损、缺失	轻度：一般缺陷
				中度：有破损、缺失	中度：严重缺陷
				重度：严重破损、缺失	重度：危急缺陷

续表

设备类别	设备部件	缺陷部位	缺陷内容	缺陷程度	参考缺陷等级
电容器	熔断器	熔断器	污秽	轻度：污秽较严重	轻度：一般缺陷
				中度：污秽严重，雾天（阴雨天）有明显放电	中度：严重缺陷
				重度：有严重放电	重度：危急缺陷
	控制机构	控制机构	锈蚀	轻度：中度锈蚀	轻度：一般缺陷
				中度：严重锈蚀	中度：严重缺陷
			显示错误	轻度：个别显示错误	轻度：一般缺陷
				中度：有 3 个及以上显示错误	中度：严重缺陷
			操作不正确	中度：1 次操作不正确	中度：严重缺陷
				重度：2～3 次操作不正确	重度：危急缺陷
	接地	接地引下线	线径不足	中度：线径不满足要求	中度：严重缺陷
			锈蚀	轻微：轻度锈蚀（小于截面直径或厚度的 10%）	轻微：一般缺陷
				轻度：轻度锈蚀（大于截面直径或厚度的 10%，小于截面直径或厚度的 20%）	轻度：一般缺陷
				中度：中度锈蚀（大于截面直径或厚度的 20%，小于截面直径或厚度的 30%）	中度：严重缺陷
				重度：严重锈蚀（大于截面直径或厚度的 30%）	重度：危急缺陷
			连接不良	轻度：无明显接地	轻度：一般缺陷
				中度：连接松动、接地不良	中度：严重缺陷
				重度：出现断开、断裂	重度：危急缺陷
		接地体	接地电阻不合格	轻度：接地电阻值大于 10Ω	轻度：一般缺陷
			埋深不足	中度：埋深不足（耕地埋深小于 0.8m，非耕地埋深小于 0.6m）	中度：严重缺陷
	标识	标识	安装位置偏移	轻度：设备标识、警示标识安装位置偏移	轻度：一般缺陷
			无标识或缺少标识	轻度：无标识或缺少标识	轻度：一般缺陷
			标识错误	中度：设备标识、警示标识错误	中度：严重缺陷
高压计量箱	绕组及套管	绕组及套管	温度异常	轻度：电气连接处实测温度大于 75℃且小于等于 80℃或相间温差大于 10K 且小于等于 30K	轻度：一般缺陷
				中度：电气连接处实测温度大于 80℃且小于等于 90℃或相间温差大于 30K 小于等于 40K	中度：严重缺陷
				重度：电气连接处实测温度大于 90℃或相间温差大于 40K	重度：危急缺陷
			绝缘电阻不合格	中度：20℃时二次绝缘电阻值小于 1MΩ	中度：严重缺陷
				重度：20℃时一次绝缘电阻值小于 1000MΩ	重度：危急缺陷

续表

设备类别	设备部件	缺陷部位	缺陷内容	缺陷程度	参考缺陷等级
高压计量箱	绕组及套管	绕组及套管	破损	轻度：略有破损	轻度：一般缺陷
				中度：外壳有裂纹（撕裂）或破损	中度：严重缺陷
				重度：严重破损	重度：危急缺陷
			污秽	轻度：污秽较为严重，但表面无明显放电	轻度：一般缺陷
				中度：有明显放电	中度：严重缺陷
				重度：表面有严重放电痕迹	重度：危急缺陷
	油箱（外壳）	油箱（外壳）	锈蚀	轻度：中度锈蚀	轻度：一般缺陷
				中度：严重锈蚀	中度：严重缺陷
			渗油	轻微：轻微渗油	轻微：一般缺陷
				轻度：明显渗油	轻度：一般缺陷
				中度：严重渗油	中度：严重缺陷
				重度：漏油（滴油）	重度：危急缺陷
	接地	接地引下线	线径不足	中度：线径不满足要求	中度：严重缺陷
			锈蚀	轻微：轻度锈蚀（小于截面直径或厚度的10%）	轻微：一般缺陷
				轻度：轻度锈蚀（大于截面直径或厚度的10%，小于截面直径或厚度的20%）	轻度：一般缺陷
				中度：中度锈蚀（大于截面直径或厚度的20%，小于截面直径或厚度的30%）	中度：严重缺陷
				重度：严重锈蚀（大于截面直径或厚度的30%）	重度：危急缺陷
			连接不良	轻度：无明显接地	轻度：一般缺陷
				中度：连接松动、接地不良	中度：严重缺陷
				重度：出现断开、断裂	重度：危急缺陷
		接地体	接地电阻不合格	轻度：接地电阻值大于10Ω	轻度：一般缺陷
			埋深不足	中度：埋深不足（耕地埋深小于0.8m，非耕地埋深小于0.6m）	中度：严重缺陷
	标识	标识	安装位置偏移	轻度：设备标识、警示标识安装位置偏移	轻度：一般缺陷
			无标识或缺少标识	轻度：无标识或缺少标识	轻度：一般缺陷
			标识错误	中度：设备标识、警示标识错误	中度：严重缺陷
配电变压器	绕组及套管	高、低压套管	破损	轻度：略有破损	轻度：一般缺陷
				中度：外壳有裂纹（撕裂）或破损	中度：严重缺陷
				重度：严重破损	重度：危急缺陷
			污秽	轻度：污秽较严重（户内、户外变压器）	轻度：一般缺陷
				中度：污秽严重，雾天（阴雨天）有明显放电（户外变压器）；有明显放电痕迹（户内变压器）	中度：严重缺陷

续表

设备类别	设备部件	缺陷部位	缺陷内容	缺陷程度	参考缺陷等级
配电变压器	绕组及套管	高、低压套管	污秽	重度：有严重放电痕迹（户外变压器）；有严重放电痕迹（户内变压器）	重度：危急缺陷
			绕组直流电阻不合格	重度：1.6MVA 以上的配电变压器相间直流电阻大于三相平均值的 2% 或线间直流电阻大于三相平均值的 1%；1.6MVA 及以下的配电变压器相间直流电阻大于三相平均值的 4% 或线间直流电阻大于三相平均值的 2%	重度：危急缺陷
			绝缘电阻不合格	轻微：绕组及套管的绝缘电阻与初始值相比降低 10%～20%	轻微：一般缺陷
				轻度：绕组及套管的绝缘电阻与初始值相比降低 20%～30%	轻度：一般缺陷
				中度：绕组及套管的绝缘电阻与初始值相比降低 30% 及以上	中度：严重缺陷
		导线接头及外部连接	松动	重度：线夹与设备连接平面出现缝隙，螺栓明显脱出，引线随时可能脱出	重度：危急缺陷
			损坏	重度：线夹破损断裂严重，有脱落的可能，对引线无法形成紧固作用	重度：危急缺陷
			断股	轻度：截面积损失低于 7%	轻度：一般缺陷
				中度：截面积损失达 7% 以上，但小于 25%	中度：严重缺陷
				重度：截面积损失达 25% 以上	重度：危急缺陷
			温度异常	轻度：电气连接处实测温度大于 75℃ 且小于等于 80℃ 或相间温差大于 10K 且小于等于 30K	轻度：一般缺陷
				中度：电气连接处实测温度大于 80℃ 且小于等于 90℃ 或相间温差大于 30K 且小于等于 40K	中度：严重缺陷
				重度：电气连接处实测温度大于 90℃ 或相间温差大于 40K	重度：危急缺陷
		高、低压绕组	声音异常	中度：声响异常	中度：严重缺陷
			三相不平衡	轻度：Yyn0 接线不平衡率为 15%～30%；Dyn11 接线不平衡率为 25%～40%	轻度：一般缺陷
				中度：Yyn0 接线三相不平衡率大于 30%；Dyn11 接线三相不平衡率大于 40%	中度：严重缺陷
	分接开关	分接开关	器身温度过高	轻度：干式变压器器身温度超出厂家允许值的 10%	轻度：一般缺陷
				中度：干式变压器器身温度超出厂家允许值的 20%	中度：严重缺陷
			卡涩	中度：机构卡涩，无法操作	中度：严重缺陷
	冷却系统	温控装置	故障	中度：温控装置无法启动	中度：严重缺陷
		风机	故障	中度：风机无法启动	中度：严重缺陷

设备类别	设备部件	缺陷部位	缺陷内容	缺陷程度	参考缺陷等级
配电变压器	油箱	油箱本体	渗油	轻微：轻微渗油	轻微：一般缺陷
				轻度：明显渗油	轻度：一般缺陷
				中度：严重渗油	中度：严重缺陷
				重度：漏油（滴油）	重度：危急缺陷
			温度过高	中度：配电变压器上层油温超过 95℃ 或温升超过 55K	中度：严重缺陷
			锈蚀	轻度：明显锈斑	轻度：一般缺陷
				中度：严重锈蚀	中度：严重缺陷
		油位计	油位显示异常	轻度：油位低于正常油位的下限，油位可见	轻度：一般缺陷
				重度：油位不可见	重度：危急缺陷
			油位显示模糊	轻度：油位计指示不清晰	轻度：一般缺陷
			油位计破损	重度：油位计破损	重度：严重缺陷
		呼吸器	硅胶变色	轻度：硅胶潮解变色部分超过总量的 2/3 或硅胶自上而下变色	轻度：一般缺陷
				中度：硅胶潮解全部变色	中度：严重缺陷
			硅胶筒玻璃破损	中度：硅胶筒玻璃破损	中度：严重缺陷
		波纹连接管	变形、破损	中度：波纹连接管变形	中度：严重缺陷
				重度：波纹连接管破损	重度：危急缺陷
	非电量保护	温度计	指示不准确或显示模糊	中度：温度计指示不准确或显示模糊	中度：严重缺陷
			破损	中度：温度计破损	中度：严重缺陷
		气体继电器	有气体且轻瓦斯发信号	中度：气体继电器中有气体	中度：严重缺陷
		压力释放阀	破损	重度：防爆膜破损	重度：危急缺陷
		电气监测装置	电气监测装置故障	中度：电气监测装置故障	中度：严重缺陷
	接地	接地引下线	线径不足	中度：线径不满足要求	中度：严重缺陷
			锈蚀	轻微：轻度锈蚀（小于截面直径或厚度的 10%）	轻微：一般缺陷
				轻度：轻度锈蚀（大于截面直径或厚度的 10%，小于截面直径或厚度的 20%）	轻度：一般缺陷
				中度：中度锈蚀（大于截面直径或厚度的 20%，小于截面直径或厚度的 30%）	中度：严重缺陷
				重度：严重锈蚀（大于截面直径或厚度的 30%）	重度：危急缺陷

续表

设备类别	设备部件	缺陷部位	缺陷内容	缺陷程度	参考缺陷等级
配电变压器	接地	接地引下线	连接不良	轻度：无明显接地	轻度：一般缺陷
				中度：连接松动、接地不良	中度：严重缺陷
				重度：出现断开、断裂	重度：危急缺陷
		接地体	锈蚀	轻度：轻度锈蚀（大于截面直径或厚度的10%，小于截面直径或厚度的20%）	轻度：一般缺陷
				中度：中度锈蚀（大于截面直径或厚度的20%，小于截面直径或厚度的30%）	中度：严重缺陷
				重度：严重锈蚀（大于截面直径或厚度的30%）	重度：危急缺陷
			埋深不足	中度：埋深不足（耕地埋深小于0.8m，非耕地埋深小于0.6m）	中度：严重缺陷
			接地电阻不合格	中度：接地电阻不合格（容量100kVA及以上配电变压器接地电阻值大于4Ω，容量100kVA以下配电变压器接地电阻值大于10Ω）	中度：严重缺陷
	绝缘油	绝缘油	颜色不正常	轻度：颜色较深	轻度：一般缺陷
			耐压试验不合格	重度：耐压试验不合格，小于25kV	重度：危急缺陷
	标识	标识	安装位置偏移	轻度：设备标识、警示标识安装位置偏移	轻度：一般缺陷
			无标识或缺少标识	轻度：无标识或缺少标识	轻度：一般缺陷
			标识错误	中度：设备标识、警示标识错误	中度：严重缺陷
开关柜	本体	开关	污秽	轻度：污秽较严重，表面无明显放电	轻度：一般缺陷
				中度：有明显放电	中度：严重缺陷
				重度：表面有严重放电痕迹	重度：危急缺陷
			表面完好无破损	轻度：略有破损	轻度：一般缺陷
				中度：外壳有裂纹（撕裂）或破损	中度：严重缺陷
				重度：严重破损	重度：危急缺陷
			分、合闸位置不正确	中度：位置指示有偏差	中度：严重缺陷
				重度：位置指示相反，或无指示	重度：危急缺陷
			设备异响	中度：存在异常放电声音	中度：严重缺陷
				重度：存在严重放电声音	重度：危急缺陷
			带电检测数据异常	中度：带电检测局部放电测试数据异常	中度：严重缺陷
			压力释放通道失效	中度：压力释放通道失效	中度：严重缺陷
			温度异常	轻度：电气连接处实测温度大于75℃且小于等于80℃或相间温差大于10K且小于等于30K	轻度：一般缺陷

续表

设备类别	设备部件	缺陷部位	缺陷内容	缺陷程度	参考缺陷等级
开关柜	本体	开关	温度异常	中度：电气连接处实测温度大于80℃且小于等于90℃或相间温差大于30K且小于等于40K	中度：严重缺陷
				重度：电气连接处实测温度大于90℃或相间温差大于40K	重度：危急缺陷
			SF$_6$气压表指示异常	中度：气压表在告警区域范围	中度：严重缺陷
				重度：气压表在闭锁区域范围	重度：危急缺陷
			绝缘电阻不合格	轻度：20℃时绝缘电阻值小于500MΩ	轻度：一般缺陷
				中度：20℃时绝缘电阻值小于400MΩ	中度：严重缺陷
				重度：20℃时绝缘电阻值小于300MΩ	重度：危急缺陷
			主回路直流电阻不合	轻微：主回路直流电阻试验数据与初始值相差不小于30%	轻微：一般缺陷
				轻度：主回路直流电阻试验数据与初始值相差不小于50%	轻度：一般缺陷
				中度：主回路直流电阻试验数据与初始值相差不小于100%	中度：严重缺陷
	附件	互感器	污秽	轻度：污秽较严重，表面无明显放电	轻度：一般缺陷
				中度：有明显放电	中度：严重缺陷
				重度：表面有严重放电痕迹	重度：危急缺陷
			绝缘电阻不合格	重度：20℃时一次绝缘电阻值小于1000MΩ，二次绝缘电阻值小于1MΩ	重度：危急缺陷
			破损	轻度：略有破损	轻度：一般缺陷
				中度：外壳有裂纹（撕裂）或破损	中度：严重缺陷
				重度；严重破损	重度：危急缺陷
		避雷器	污秽	轻度：污秽较为严重，但表面无明显放电	轻度：一般缺陷
				重度：表面有严重放电痕迹	重度：危急缺陷
			接线方式不符合运行要求	中度：接线方式不符合运行要求且未做警示标识	中度：严重缺陷
			绝缘电阻不合格	重度：20℃时一次绝缘电阻值小于1000MΩ	重度：危急缺陷
			破损	轻度：略有破损	轻度：一般缺陷
				中度：外壳有裂纹（撕裂）或破损	中度：严重缺陷
				重度：严重破损	重度：危急缺陷
		加热器	运行异常	中度：运行异常	中度：严重缺陷
		温湿度控制器	运行异常	中度：运行异常	中度：严重缺陷

设备类别	设备部件	缺陷部位	缺陷内容	缺陷程度	参考缺陷等级
开关柜	附件	故障指示器	运行异常	中度：无法运行	中度：严重缺陷
		熔断器	破损	轻度：略有破损	轻度：一般缺陷
				中度：外壳有裂纹（撕裂）或破损	中度：严重缺陷
				重度：严重破损	重度：危急缺陷
		绝缘子	污秽	轻度：污秽较为严重，但表面无明显放电	轻度：一般缺陷
				中度：有明显放电	中度：严重缺陷
				重度：表面有严重放电痕迹	重度：危急缺陷
			破损	轻度：略有破损	轻度：一般缺陷
				中度：外壳有裂纹（撕裂）或破损	中度：严重缺陷
				重度：严重破损	重度：危急缺陷
		母线	绝缘电阻不合格	重度：20℃时一次绝缘电阻值小于1000MΩ	重度：危急缺陷
	操动系统及控制回路	操作机构	机构老化、卡位	轻度：卡涩	轻度：一般缺陷
				中度：发生拒动、误动	中度：严重缺陷
		分合闸线圈	损毁	重度：无法正常运行	重度：危急缺陷
		辅助开关	操作不正常	轻度：卡涩、接触不良	轻度：一般缺陷
				轻度：曾发生切换不到位，原因不明	轻度：一般缺陷
	辅助部件	二次回路	脱线、断线	重度：脱线、断线	重度：危急缺陷
			绝缘电阻不合格	中度：机构控制或辅助回路绝缘电阻小于1MΩ	中度：严重缺陷
		端子	裂纹	中度：有破损、缺失	中度：严重缺陷
		联跳功能	回路中三相不一致	中度：回路中三相不一致	中度：严重缺陷
			熔丝联跳装置不能满足跳闸要求	重度：熔丝联跳装置不能使负荷开关跳闸	重度：危急缺陷
		五防装置	装置功能不完善	轻度：装置功能不完善	轻度：一般缺陷
			装置故障	中度：装置故障	中度：严重缺陷
		带电显示器	显示异常	中度：显示异常	中度：严重缺陷
		仪表	仪表指示失灵	轻度：1处仪表指示失灵	轻度：一般缺陷
				中度：2处以上仪表指示失灵	中度：严重缺陷

设备类别	设备部件	缺陷部位	缺陷内容	缺陷程度	参考缺陷等级
开关柜	辅助部件	接地引下线	线径不足	中度：线径不满足要求	中度：严重缺陷
			锈蚀	轻微：轻度锈蚀（小于截面直径或厚度的10%）	轻微：一般缺陷
				轻度：轻度锈蚀（大于截面直径或厚度的10%，小于截面直径或厚度的20%）	轻度：一般缺陷
				中度：中度锈蚀（大于截面直径或厚度的20%，小于截面直径或厚度的30%）	中度：严重缺陷
				重度：严重锈蚀（大于截面直径或厚度的30%）	重度：危急缺陷
			连接不良	轻度：无明显接地	轻度：一般缺陷
				中度：连接松动、接地不良	中度：严重缺陷
				重度：出现断开、断裂	重度：危急缺陷
		接地体	接地电阻不合格	轻度：接地电阻大于 4Ω	轻度：一般缺陷
			埋深不足	中度：埋深不足	中度：严重缺陷
	标识	标识	安装位置偏移	轻度：设备标识、警示标识安装位置偏移	轻度：一般缺陷
			无标识或缺少标识	轻度：无标识或缺少标识	轻度：一般缺陷
			标识错误	中度：设备标识、警示标识错误	中度：严重缺陷
电缆线路	电缆本体	电缆本体	埋深不足	中度：埋深量不能满足设计要求且没有任何保护措施	中度：严重缺陷
			主绝缘电阻不合格	轻度：耐压试验前后，主绝缘电阻值下降，仍可以长期运行	轻度：一般缺陷
				中度：耐压试验前后，主绝缘电阻值下降，可短期维持运行	中度：严重缺陷
				重度：耐压试验前后，主绝缘电阻值严重下降，无法继续运行	重度：危急缺陷
			破损、变形	轻微：电缆外护套轻微破损、变形	轻微：一般缺陷
				轻度：电缆外护套明显破损、变形	轻度：一般缺陷
				中度：电缆外护套严重破损、变形	中度：严重缺陷
			防火阻燃	轻度：部分交叉处未设置防火隔板	轻度：一般缺陷
				中度：交叉处未设置防火隔板	中度：严重缺陷
	电缆终端	电缆终端	温度异常	轻度：电气连接处实测温度大于75℃且小于等于80℃或相间温差大于10K且小于等于30K	轻度：一般缺陷
				中度：电气连接处实测温度大于80℃且小于等于90℃或相间温差大于30K且小于等于40K	中度：严重缺陷
				重度：电气连接处实测温度大于90℃或相间温差大于40K	重度：危急缺陷

续表

设备类别	设备部件	缺陷部位	缺陷内容	缺陷程度	参考缺陷等级
电缆线路	电缆终端	电缆终端	破损	轻度：略有破损	轻度：一般缺陷
				中度：外壳有裂纹（撕裂）或破损	中度：严重缺陷
				重度：严重破损	重度：危急缺陷
			污秽	轻度：污秽较为严重，但表面无明显放电	轻度：一般缺陷
				中度：有明显放电	中度：严重缺陷
				重度：表面有严重放电痕迹	重度：危急缺陷
			防火阻燃	轻度：防火阻燃措施不完善	轻度：一般缺陷
				中度：无防火阻燃及防小动物措施	中度：严重缺陷
	电缆中间接头	电缆中间接头	破损	轻度：略有破损	轻度：一般缺陷
				中度：外壳有裂纹（撕裂）或破损	中度：严重缺陷
				重度：严重破损	重度：危急缺陷
			锈蚀	轻度：锌层（银层）损失，内部开始腐蚀	轻度：一般缺陷
				中度：腐蚀进展很快，表面出现腐蚀物沉积，受力部位截面积明显变小	中度：严重缺陷
			浸水	轻度：被污水浸泡、杂物堆压，水深不超过 1m	轻度：一般缺陷
				中度：被污水浸泡、杂物堆压，水深超过 1m	中度：严重缺陷
			温度异常	中度：相间温差异常	中度：严重缺陷
			防火阻燃	轻度：防火阻燃措施不完善	轻度：一般缺陷
				中度：无防火措施	中度：严重缺陷
	接地系统	接地引下线	线径不足	中度：线径不满足要求	中度：严重缺陷
			锈蚀	轻微：轻度锈蚀（小于截面直径或厚度的10%）	轻微：一般缺陷
				轻度：轻度锈蚀（大于截面直径或厚度的10%，小于截面直径或厚度的20%）	轻度：一般缺陷
				中度：中度锈蚀（大于截面直径或厚度的20%，小于截面直径或厚度的30%）	中度：严重缺陷
				重度：严重锈蚀（大于截面直径或厚度的30%）	重度：危急缺陷
			连接不良	轻度：无明显接地	轻度：一般缺陷
				中度：连接松动、接地不良	中度：严重缺陷
				重度：出现断开、断裂	重度：危急缺陷
		接地体	接地电阻不合格	轻度：接地电阻值大于10Ω	轻度：一般缺陷
			埋深不足	中度：埋深不足（耕地埋深小于0.8m，非耕地埋深小于0.6m）	中度：严重缺陷

续表

设备类别	设备部件	缺陷部位	缺陷内容	缺陷程度	参考缺陷等级
电缆线路	电缆通道	电缆井	积水	轻微：井内积水未碰到电缆	轻微：一般缺陷
				轻度：井内积水浸泡电缆或有杂物	轻度：一般缺陷
				中度：井内积水浸泡电缆或有杂物影响设备安全	中度：严重缺陷
			基础破损、下沉	轻度：基础有轻微破损、下沉	轻度：一般缺陷
				中度：基础有较大破损、下沉，离本体、接头或者配套辅助设施还有一定距离	中度：严重缺陷
				重度：基础有严重破损、下沉，造成井盖压在本体、接头或者配套辅助设施上	重度：危急缺陷
			井盖	中度：井盖不平整、有破损，缝隙过大	中度：严重缺陷
				重度：井盖缺失	重度：危急缺陷
			可燃气体	重度：井内有可燃气体	重度：危急缺陷
		电缆管沟	基础破损、下沉	轻度：基础有轻微破损、下沉	轻度：一般缺陷
				中度：基础有较大破损、下沉，离本体、接头或者配套辅助设施还有一定距离	中度：严重缺陷
				重度：基础有严重破损、下沉，造成井盖压在本体、接头或者配套辅助设施上	重度：危急缺陷
			积水	轻微：积清水	轻微：一般缺陷
				轻度：积污水	轻度：一般缺陷
		电缆排管	堵塞	轻度：电缆排管堵塞不通	轻度：一般缺陷
			破损	轻度：有破损	轻度：一般缺陷
				中度：有较大破损对电缆造成损伤	中度：严重缺陷
			端口未封堵	轻度：端口未封堵	轻度：一般缺陷
		电缆隧道	坍塌	中度：塌陷、严重沉降、错位	中度：严重缺陷
			排水设施损坏	轻度：排水设施损坏	轻度：一般缺陷
			照明设备损坏	轻度：照明设备损坏	轻度：一般缺陷
			通风设施损坏	轻度：通风设施损坏	轻度：一般缺陷
			支架设施损坏	轻度：支架锈蚀、脱落或变形	轻度：一般缺陷
		隧道竖井	井盖损坏、缺失	轻度：井盖部分损坏	轻度：一般缺陷
				中度：井盖多处损坏	中度：严重缺陷
				重度：井盖缺失	重度：危急缺陷
			爬梯损坏、锈蚀	轻度：爬梯锈蚀、上下档损坏	轻度：一般缺陷
				中度：爬梯锈蚀严重	中度：严重缺陷
		防火设备	防火阻燃	轻度：防火阻燃措施不完善	轻度：一般缺陷
				中度：无防火措施	中度：严重缺陷

设备类别	设备部件	缺陷部位	缺陷内容	缺陷程度	参考缺陷等级
电缆线路	电缆通道	电缆线路保护区	在电缆线路保护区内有施工开挖	中度：施工影响线路安全	中度：严重缺陷
				重度：施工危及线路安全	重度：危急缺陷
			电缆线路保护区内土壤流失严重	轻度：土壤流失造成排管包方、工井等局部点暴露	轻度：一般缺陷
				中度：土壤流失造成排管包方、工井等大面积暴露	中度：严重缺陷
				重度：土壤流失造成排管包方开裂，工井、沟体等墙体开裂甚至凌空	重度：危急缺陷
	辅助设施	辅助设备	锈蚀	轻度：中度锈蚀	轻度：一般缺陷
				中度：严重锈蚀	中度：严重缺陷
			连接不良	轻度：轻微松动、不紧固	轻度：一般缺陷
				中度：严重松动、不紧固	中度：严重缺陷
		标识	安装位置偏移	轻度：设备标识、警示标识安装位置偏移	轻度：一般缺陷
			无标识或缺少标识	轻度：无标识或缺少标识	轻度：一般缺陷
			标识错误	中度：设备标识、警示标识错误	中度：严重缺陷
电缆分支（接）箱	本体	母线	绝缘电阻不合格	轻度：20℃时绝缘电阻值小于500MΩ	轻度：一般缺陷
				中度：20℃时绝缘电阻值小于400MΩ	中度：严重缺陷
				重度：20℃时绝缘电阻值小于300MΩ	重度：危急缺陷
			温度异常	轻度：电气连接处实测温度大于75℃且小于等于80℃或相间温差大于10K且小于等于30K	轻度：一般缺陷
				中度：电气连接处实测温度大于80℃且小于等于90℃或相间温差大于30K且小于等于40K	中度：严重缺陷
				重度：电气连接处实测温度大于90℃或相间温差大于40K	重度：危急缺陷
		绝缘子	污秽	轻微：有污秽	轻微：一般缺陷
				轻度：污秽较为严重，但表面无明显放电	轻度：一般缺陷
				中度：有明显放电	中度：严重缺陷
				重度：表面有严重放电痕迹	重度：危急缺陷
			放电声	中度：存在异常放电声音	中度：严重缺陷
				重度：存在连续放电声音	重度：危急缺陷
			绝缘电阻不合格	轻度：20℃时绝缘电阻值小于500MΩ	轻度：一般缺陷
				中度：20℃时绝缘电阻值小于400MΩ	中度：严重缺陷
				重度：20℃时绝缘电阻值小于300MΩ	重度：危急缺陷
			破损	中度：表面有破损	中度：严重缺陷
				重度：表面有严重破损	重度：危急缺陷

续表

设备类别	设备部件	缺陷部位	缺陷内容	缺陷程度	参考缺陷等级
电缆分支（接）箱	本体	绝缘子	凝露	轻微：出现少量露珠	轻微：一般缺陷
				轻度：出现较多露珠	轻度：一般缺陷
				中度：出现大量露珠	中度：严重缺陷
		避雷器	污秽	轻度：有明显污秽	轻度：一般缺陷
				中度：有明显放电痕迹	中度：严重缺陷
				重度：有严重放电痕迹	重度：危急缺陷
			绝缘电阻	重度：避雷器20℃时绝缘电阻值小于1000MΩ	重度：危急缺陷
			引线连接部位接触不良	中度：连接不可靠，有脱落可能	中度：严重缺陷
				重度：连接不可靠，短时即有脱落可能	重度：危急缺陷
	辅助部件	带电显示器	显示异常	中度：显示不正常	中度：严重缺陷
		五防装置	功能失灵	轻度：装置功能不完善	轻度：一般缺陷
				重度：功能失灵	重度：危急缺陷
		防火设备	防火阻燃	轻度：措施不完善	轻度：一般缺陷
				中度：无措施	中度：严重缺陷
		外壳	外观有裂纹	轻度：有渗水现象	轻度：一般缺陷
				中度：有漏水现象	中度：严重缺陷
				重度：有明显裂纹	重度：危急缺陷
			锈蚀	轻度：轻微锈蚀	轻度：一般缺陷
				中度：严重锈蚀	中度：严重缺陷
		接地引下线	线径不足	中度：线径不满足要求	中度：严重缺陷
			锈蚀	轻微：轻度锈蚀（小于截面直径或厚度的10%）	轻微：一般缺陷
				轻度：轻度锈蚀（大于截面直径或厚度的10%，小于截面直径或厚度的20%）	轻度：一般缺陷
				中度：中度锈蚀（大于截面直径或厚度的20%，小于截面直径或厚度的30%）	中度：严重缺陷
				重度：严重锈蚀（大于截面直径或厚度的30%）	重度：危急缺陷
			连接不良	轻度：无明显接地	轻度：一般缺陷
				中度：连接松动、接地不良	中度：严重缺陷
				重度：出现断开、断裂	重度：危急缺陷
			接地电阻不合格	轻度：接地电阻大于10Ω	轻度：一般缺陷
			埋深不足	中度：埋深不足（耕地埋深小于0.8m，非耕地埋深小于0.6m）	中度：严重缺陷

续表

设备类别	设备部件	缺陷部位	缺陷内容	缺陷程度	参考缺陷等级
电缆分支（接）箱	本体	标识	安装位置偏移	轻度：设备标识、警示标识安装位置偏移	轻度：一般缺陷
			无标识或缺少标识	轻度：无标识或缺少标识	轻度：一般缺陷
			标识错误	中度：设备标识、警示标识错误	中度：严重缺陷
构筑物及外壳	本体	屋顶	渗漏	轻微：有渗水	轻微：一般缺陷
				轻度：有漏水	轻度：一般缺陷
				中度：有明显裂纹	中度：严重缺陷
		外体	锈蚀	轻度：明显锈蚀	轻度：一般缺陷
			渗漏	轻微：有渗水	轻微：一般缺陷
				轻度：有漏水	轻度：一般缺陷
				中度：有明显裂纹	中度：严重缺陷
		门窗	门窗不完整或破损	轻微：窗户及纱窗轻微破损	轻微：一般缺陷
				轻度：窗户及纱窗明显破损	轻度：一般缺陷
				中度：窗户及纱窗严重破损	中度：严重缺陷
			防小动物措施不完善	轻度：防鼠挡板不规范	轻度：一般缺陷
				中度：无防鼠挡板	中度：严重缺陷
		楼梯	不完整、破损	轻微：轻微锈蚀、破损	轻微：一般缺陷
				轻度：明显锈蚀、破损	轻度：一般缺陷
				中度：严重锈蚀、破损	中度：严重缺陷
	基础	内部	积水、杂物	轻微：井内积水未碰到电缆	轻微：一般缺陷
				轻度：井内积水浸泡电缆或有杂物	轻度：一般缺陷
				中度：井内积水浸泡电缆或有杂物危及设备安全	中度：严重缺陷
			潮湿	轻度：潮湿，有水珠	轻度：一般缺陷
			裂纹、剥落	轻度：墙体裂纹，墙面剥落	轻度：一般缺陷
		外观	基础破损、下沉	轻度：破损较为严重或基础下沉明显	轻度：一般缺陷
				中度：破损严重或基础下沉可能影响设备安全运行	中度：严重缺陷
	接地系统	接地引下线	线径不足	中度：线径不满足要求	中度：严重缺陷
			锈蚀	轻微：轻度锈蚀（小于截面直径或厚度的10%）	轻微：一般缺陷
				轻度：轻度锈蚀（大于截面直径或厚度的10%，小于截面直径或厚度的20%）	轻度：一般缺陷
				中度：中度锈蚀（大于截面直径或厚度的20%，小于截面直径或厚度的30%）	中度：严重缺陷
				重度：严重锈蚀（大于截面直径或厚度的30%）	重度：危急缺陷
			接触不良	轻度：无明显接地	轻度：一般缺陷
				中度：连接松动、接地不良	中度：严重缺陷
				重度：出现断开、断裂	重度：危急缺陷

设备类别	设备部件	缺陷部位	缺陷内容	缺陷程度	参考缺陷等级
构筑物及外壳	接地系统	接地引下线	埋深不足	中度：埋深不足	中度：严重缺陷
			接地电阻不合格	轻度：接地电阻值不符合设计规定	轻度：一般缺陷
	运行通道	运行通道	通道路面不平整	轻度：通道路面不平整	轻度：一般缺陷
			通道内有违章建筑及堆积物	轻度：通道内有堆积物	轻度：一般缺陷
				中度：通道内违章建筑及堆积物影响设备安全运行	中度：严重缺陷
	辅助设施	灭火器	不完整	中度：过期或缺少	中度：严重缺陷
		照明装置	不完整	轻度：不完整	轻度：一般缺陷
				中度：装置故障	中度：严重缺陷
		SF$_6$泄漏监测装置	不完整及动作不可靠	中度：SF$_6$设备的建筑内缺少监测装置或监测装置动作不可靠	中度：严重缺陷
		强排风装置	不完整及动作不可靠	轻度：强排风装置动作异常	轻度：一般缺陷
				中度：缺少强排风装置	中度：严重缺陷
		排水装置	无排水装置或排水措施不当	中度：地面以下设施无排水装置或排水措施不当	中度：严重缺陷
		除湿装置	异常	轻度：除湿装置异常	轻度：一般缺陷
		标识	安装位置偏移	轻度：设备标识、警示标识安装位置偏移	轻度：一般缺陷
			无标识或缺少标识	轻度：无标识或缺少标识	轻度：一般缺陷
			标识错误	中度：设备标识、警示标识错误	中度：严重缺陷
配电自动化终端	自动化装置	自动化装置	污秽、破损	轻度：设备表面有污秽，外壳破损	轻度：一般缺陷
			回路故障	中度：电压（电流）回路故障引起相间短路（开路）	中度：严重缺陷
			电源异常	中度：交直流电源异常	中度：严重缺陷
			指示灯信号异常	中度：指示灯信号异常	中度：严重缺陷
			通信异常	中度：通信异常，无法上传数据	中度：严重缺陷
			装置故障	中度：装置故障引起遥测、遥信信息异常	中度：严重缺陷
	辅助设施	辅助设施	标识不清	轻度：标识不清	轻度：一般缺陷
			进出口未封堵	轻度：电缆进出口未封堵或封堵物脱落	轻度：一般缺陷
			柜门无法正常关闭	轻度：柜门无法正常关闭	轻度：一般缺陷
			设备无可靠接地	轻度：设备无可靠接地	轻度：一般缺陷
			端子松动	中度：端子松动、接触不良	中度：严重缺陷

续表

设备类别	设备部件	缺陷部位	缺陷内容	缺陷程度	参考缺陷等级
二次保护装置	二次回路	二次回路	回路故障	中度：端子松动、接触不良	中度：严重缺陷
				中度：通信中断	中度：严重缺陷
				重度：开路	重度：危急缺陷
				重度：短路	重度：危急缺陷
				重度：断线	重度：危急缺陷
	保护装置	保护装置	黑屏	重度：装置黑屏	重度：危急缺陷
			电源异常	重度：交直流电源异常	重度：危急缺陷
			频繁重启	重度：频繁重启	重度：危急缺陷
			对时不准	中度：对时不准	中度：严重缺陷
			备用电源自动投入装置故障	中度：备用电源自动投入装置故障	中度：严重缺陷
			操作面板损坏	中度：操作面板损坏	中度：严重缺陷
			显示异常	中度：显示异常	中度：严重缺陷
			不能复归	中度：不能复归	中度：严重缺陷
			指示灯信号异常	中度：指示灯信号异常	中度：严重缺陷
			设备无可靠接地	轻度：设备无可靠接地	轻度：一般缺陷
			标识不清晰	轻度：标识不清晰	轻度：一般缺陷
			备用电源自动投入功能不完善	轻度：备用电源自动投入功能不完善	轻度：一般缺陷
	直流装置	直流装置	直流接地	重度：直流接地，对地绝缘电阻值小于10MΩ	重度：危急缺陷
			交流电源故障、失电	中度：交流电源故障、失电	中度：严重缺陷
			蓄电池容量不足	中度：蓄电池容量不足	中度：严重缺陷
			指示灯信号异常	中度：直流电源箱、直流屏指示灯信号异常	中度：严重缺陷
			蓄电池鼓肚、渗液	中度：蓄电池鼓肚、渗液	中度：严重缺陷
			蓄电池电压异常	中度：蓄电池电压异常	中度：严重缺陷
			蓄电池浮充电流异常	中度：蓄电池浮充电流异常	中度：严重缺陷
			蓄电池浮充电压异常	中度：蓄电池浮充电压异常	中度：严重缺陷

续表

设备类别	设备部件	缺陷部位	缺陷内容	缺陷程度	参考缺陷等级
二次保护装置	直流装置	直流装置	绝缘电阻不合格	中度：对地绝缘电阻值大于等于 10MΩ 且小于 100MΩ	中度：严重缺陷
			充电模块故障	中度：充电模块故障	中度：严重缺陷
			装置黑屏、花屏	中度：装置黑屏、花屏	中度：严重缺陷
			锈蚀	轻度：蓄电池桩头有锈蚀现象	轻度：一般缺陷
			柜门无法关闭	轻度：柜门无法关闭，影响直流系统运行	轻度：一般缺陷
			设备无可靠接地	轻度：设备无可靠接地	轻度：一般缺陷

【任务实施】

1. 编制日作业计划

2. 办理工作票

打印配电第二种工作票、电气接线图、站房巡视记录卡，携带带电检测设备（红外测温仪、地电波测试仪、无人机等）。正确填写现场任务派工单，编制标准化作业卡。

参考资料：站房巡视标准化作业指导书

3. 规范着装

正确穿戴劳动防护用品。正确佩戴安全帽；着全棉长袖工作服，扣齐衣、袖口扣；戴手套；穿绝缘鞋。

4. 工器具与仪器仪表

工器具与仪器仪表主要包括施工机具、专用工具、常用工器具、防护器具、仪器仪表、电源设施及消防器材等，见表 1-2-12。

表 1-2-12　　　　　　　　　工 器 具 与 仪 器 仪 表

序号	名称	型号及规格	单位	数量
1	照明灯具		盏	根据实际情况
2	个人工具包		套	根据实际情况
3	高压验电器	10kV	支	1
4	低压验电器	0.4kV	支	1
5	巡视检查需要的钥匙		套	1
6	红外测温仪		台	1
7	钳形电流表		台	1

续表

序号	名称	型号及规格	单位	数量
8	电缆沟、井盖板启用专用工具		套	1
9	记录本		本	1
10	配电网一次接线图：10kV 配电网接线图、站内一次接线图及设备的相应资料		张	1

5. 工前会

召开工前会，工作任务清楚、分工明确、告知危险点，确认天气条件能够满足巡视、测量要求；确认人员精神状态良好。

危险点 1：安全距离不足或误碰带电设备造成触电。

防范措施：巡视时应与带电设备保持规定的安全距离，10kV 及以下应大于 0.7m；无论高压配电设备是否带电，巡视人员都不得单独移开或越过遮栏，若有必要移开遮栏（围栏）时应有人监护，保持规定的安全距离；在带电设备周围使用工器具及搬运梯子、管子等长物，应放倒两人搬运并满足安全距离，禁止使用金属梯子；禁止擅自开启直接封闭带电部分的高压配电设备柜门、箱盖、封板等；低压巡视时，禁止触碰裸露带电部位。

危险点 2：接地故障时处理不当，造成人身伤害。

防范措施：高压设备发生故障接地时，应两人进行巡视，巡视时应穿绝缘靴，室内不得接近故障点 4m 以内，室外不得接近故障点 8m 以内。高压设备发生接地故障时，接触设备外壳和构架必须戴绝缘手套；发生设备缺陷及异常时，应及时汇报再采取相应措施，不得擅自处理；发现设备缺陷及异常时，严禁单人进行处理。

危险点 3：巡视时测量工作不当，造成人身伤害。

防范措施：巡视时需进行测量工作，至少应由两人进行，一人操作，一人监护。测量工作过程中与带电设备应保持足够的安全距离，且必须有足够的照明；测量时应戴好绝缘手套等防护用品，并做好防止相间短路措施；测量点位置较高时，作业人员应选择牢固的绝缘操作凳，并做好监护工作；在带电设备周围禁止使用钢卷尺、皮卷尺和线尺（夹有金属丝）进行测量；巡视时测量工作只允许在 0.4kV 及以下开展。

危险点 4：小动物进入配电室导致设备损坏。

防范措施：进出配电室应随手关门，防止小动物跑入；电缆空洞应用防火材料严密封堵，防止小动物跑入。

危险点 5：室内（或通道）无照明或照明亮度不足，电缆盖板未盖好，在不平整的通道滑、摔倒，室内空气不流通、高温中暑造成人身伤害。

防范措施：巡视时经过较滑的、不平整的通道时应慢行，带好亮度合格且电量充足的照明器具；进入配电站房前应通风 10min 后再进入室内，高温时巡视应带好防暑降温用品。

6. 工作过程

以福 × 生活区开关站开展巡视为例，重点开展 10kV 开关柜的巡视、直流系统及自动化通信系统的巡视、建筑物本体的巡视、照明通风消防器材系统检查。

视频：10kV
配电站房标准
化巡视

（1）10kV 开关柜的巡视。巡视情况：开关柜外观检查无异常，柜门严密，柜体无倾斜；开关分、合位置指示正常，操作手柄齐全，标志牌悬挂正确；操作电源、保护电源、合闸电源电压正常；线路带电显示器灯亮，防误闭锁装置锁具完好，闭锁可靠，机械联锁装置完整可靠；继电保护定值正确，保护压板投退位置正确；柜内照明正常，电缆进出线孔洞封堵严密；电缆沟内无污水和积水；无明显放电声，无污脏、破损及放电迹象。

（2）照明、通风、消防器材的巡视。巡视情况：照明运行正常，通道照明亮度充足、运行正常；通风机开启且运行正常；防火设施齐备、完好；消防器材配置合理，在有效期内且数量及压力值符合要求，消防器材数量和存放符合要求；消防器材检验不超期，合格证齐全。照明、通风、消防器材的巡视如图 1-2-31 所示。

图 1-2-31 消防、照明、通风器材的巡视

（3）建筑物本体的巡视。巡视情况：基础无下沉，无墙体裂纹，无渗、漏水现象；门窗牢固、关闭严密、玻璃完整，防小动物设施完好；进出线孔洞封堵良好不进水；室内排水通道畅通；门锁、门闩、锁扣牢固；通道无阻塞物；防鼠、防小动物设施齐备，措施完好，鼠药配备充足、不失效；室内应无散落器材，没有危险品；电缆沟道盖板齐全、完整、平整。

站房建筑物本体的巡视如图 1-2-32 所示。

图 1-2-32 站房建筑物本体的巡视

任务四 配电设备接地电阻测量

【任务目标】

（1）了解接地电阻的组成、影响因素。

（2）熟悉不同设备对应的接地电阻标准。

（3）掌握接地电阻测量的接线、试验方法，并根据接地电阻值的大小初步判断设备缺陷等级。

【任务描述】

本项操作为单人地面操作项目，工作时设专职监护人一人，根据 Q/GDW 1519—2014《配电网运维规程》等规程标准，在 30min 内独立完成配电变压器台架下接地电阻测量工作，现场做好防止人身触电、防高坠等工作，并按照要求登记接地电阻值。

【知识准备】

接地指电力系统和电气装置的中性点、电气设备的外露导电部分和装置外导电部分经由导体与大地相连。可以分为工作接地、防雷接地和保护接地。

接地电阻指电流由接地装置流入大地再经大地流向另一接地体或向远处扩散所遇到的接地电阻，包含接地线电阻、接地体电阻、接地体与土壤间的接触电阻、土壤中的散流电阻四部分。

因接地线电阻、接地体电阻、接地体与土壤间的接触电阻较小，通常接地电阻为土壤中的散流电阻，即接地电流经接地体注入大地时，在土壤中以电流场形式向远方扩散时所遇到的土壤电阻。阻值大小体现电气装置与"地"接触良好的程度。

影响接地电阻的因素有接地极的埋深和长度、接地极的数量、土壤的电阻率。因此降低接地电阻的措施有：换土法，将高电阻率的土壤置换为砂质黏土，或添加食盐、煤渣、炉灰、焦灰等提高土壤导电率；增加接地极的埋深、长度和接地极的数量。

视频：电气设备
安全接地

1. 接地电阻

接地是配电网工作中保障安全的重要技术手段，良好的接地对人身安全、设备稳定运行尤为重要，设备接地电阻应满足表 1-2-13 的要求。

表 1-2-13 配电网设备接地电阻

配电网设备	接地电阻（Ω）
柱上开关	10
避雷器	10
柱上电容器	10
柱上高压计量箱	10
总容量 100kVA 及以上的变压器	4
总容量 100kVA 以下的变压器	10
开关柜	4
电缆	10
电缆分支箱	10
配电室	4

根据配电设备防雷要求，要定期开展接地电阻测量，柱上变压器、配电室、柱上开关、柱上电容器每两年进行 1 次，其他有接地的设备接地电阻测量每四年进行 1 次，测量工作应在干燥天气进行。每年雷雨季节前应对防雷设施进行防雷检查和维护，修复损坏的防雷引线和接地装置，检查有无防雷措施缺失及防雷改进措施的落实情况。

2. 常用测量仪表

绝缘电阻表、红外测温仪、测距仪、开关柜局部放电仪等仪器仪表应每年进行 1 次定期维护，维护的主要内容包括外观检查、绝缘电阻测试、绝缘强度测试、器具检定、电池充放电等。

目前常用手摇式 ZC-8 接地电阻测试仪测试，E 端接 5m 导线，P 端接 20m 导线，C 端接 40m 导线，接线如图 1-2-33 所示。

3. 配电网设备接地电阻缺陷分类

配电网设备缺陷等级划分与"任务一 10kV 线路和设备巡视"一致，不再赘述。缺陷分类见表 1-2-14。

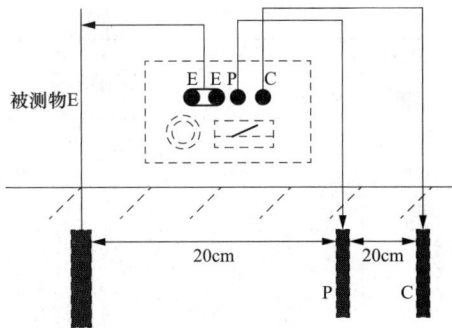

图 1-2-33 接线图

表 1-2-14　　　　　　　　　　　　　配电网设备接地电阻缺陷分类

设备类别	设备部件	缺陷部位	缺陷内容	缺陷程度	参考缺陷等级
架空线路	接地装置	接地体	接地电阻不合格	轻度：接地电阻值不符合设计规定	轻度：一般缺陷
柱上真空开关	开关本体	开关本体	绝缘电阻不合格	轻度：20℃时绝缘电阻值小于 500MΩ	轻度：一般缺陷
				中度：20℃时绝缘电阻值小于 400MΩ	中度：严重缺陷
				重度：20℃时绝缘电阻值小于 300MΩ	重度：危急缺陷
			主回路直流电阻不合格	轻度：主回路直流电阻试验数据与初始值相差不小于 20%	轻度：一般缺陷
				中度：主回路直流电阻试验数据与初始值相差不小于 100%	中度：严重缺陷
	接地	接地体	接地电阻不合格	轻度：接地电阻值大于 10Ω	轻度：一般缺陷
	电压互感器	电压互感器	绝缘电阻不合格	重度：20℃时一次绝缘电阻值小于 1000MΩ，二次绝缘电阻值小于 1MΩ	重度：危急缺陷
柱上 SF₆ 开关	开关本体	本体	绝缘电阻不合格	轻度：20℃时绝缘电阻值小于 500MΩ	轻度：一般缺陷
				中度：20℃时绝缘电阻值小于 400MΩ	中度：严重缺陷
				重度：20℃时绝缘电阻值小于 300MΩ	重度：危急缺陷
			主回路直流电阻不合格	轻度：主回路直流电阻实验数据与初始值相差不小于 20%	轻度：一般缺陷
				中度：主回路直流电阻实验数据与初始值相差不小于 100%	中度：严重缺陷
	接地	接地体	接地电阻不合格	轻度：接地电阻值大于 10Ω	轻度：一般缺陷
	互感器	互感器	绝缘电阻不合格	重度：绝缘电阻折算到 20℃时一次侧小于 1000MΩ，二次侧小于 1MΩ	重度：危急缺陷
柱上隔离开关	接地	接地体	接地电阻不合格	轻度：接地电阻值大于 10Ω	轻度：一般缺陷

续表

设备类别	设备部件	缺陷部位	缺陷内容	缺陷程度	参考缺陷等级
金属氧化物避雷器	本体及引线	接地体	接地电阻不合格	轻度：接地电阻值大于10Ω	轻度：一般缺陷
电容器	套管	套管	绝缘电阻不合格	重度：20℃时绝缘电阻值小于2000MΩ	重度：危急缺陷
	接地	接地体	接地电阻不合格	轻度：接地电阻值大于10Ω	轻度：一般缺陷
高压计量箱	绕组及套管	绕组及套管	绝缘电阻不合格	中度：20℃时二次绝缘电阻值小于1MΩ	中度：严重缺陷
				重度：20℃时一次绝缘电阻值小于1000MΩ	重度：危急缺陷
	接地	接地体	接地电阻不合格	轻度：接地电阻值大于10Ω	轻度：一般缺陷
配电变压器	绕组及套管	高、低压套管	绕组直流电阻不合格	重度：1.6MVA以上的配电变压器相间直流电阻大于三相平均值的2%或线间直流电阻大于三相平均值的1%；1.6MVA及以下的配电变压器相间直流电阻大于三相平均值的4%或线间直流电阻大于三相平均值的2%	重度：危急缺陷
			绝缘电阻不合格	轻微：绕组及套管的绝缘电阻与初始值相比降低10%～20%	轻微：一般缺陷
				轻度：绕组及套管的绝缘电阻与初始值相比降低20%～30%	轻度：一般缺陷
				中度：绕组及套管的绝缘电阻与初始值相比降低30%及以上	中度：严重缺陷
	接地	接地体	接地电阻不合格	中度：接地电阻不合格（容量100kVA及以上配电变压器接地电阻值大于4Ω，容量100kVA以下配电变压器接地电阻值大于10Ω）	中度：严重缺陷
开关柜	本体	开关	绝缘电阻不合格	轻度：20℃时绝缘电阻值小于500MΩ	轻度：一般缺陷
				中度：20℃时绝缘电阻值小于400MΩ	中度：严重缺陷
				重度：20℃时绝缘电阻值小于300MΩ	重度：危急缺陷
			主回路直流电阻不合	轻微：主回路直流电阻试验数据与初始值相差不小于30%	轻微：一般缺陷
				轻度：主回路直流电阻试验数据与初始值相差不小于50%	轻度：一般缺陷
				中度：主回路直流电阻试验数据与初始值相差不小于100%	中度：严重缺陷
	附件	互感器	绝缘电阻不合格	重度：20℃时一次绝缘电阻值小于1000MΩ，二次绝缘电阻值小于1MΩ	重度：危急缺陷
		避雷器	绝缘电阻不合格	重度：20℃时一次绝缘电阻值小于1000MΩ	重度：危急缺陷
		母线	绝缘电阻不合格	重度：20℃时一次绝缘电阻值小于1000MΩ	重度：危急缺陷

续表

设备类别	设备部件	缺陷部位	缺陷内容	缺陷程度	参考缺陷等级
开关柜	辅助部件	二次回路	绝缘电阻不合格	中度：机构控制或辅助回路绝缘电阻值小于1MΩ	中度：严重缺陷
		接地体	接地电阻不合格	轻度：接地电阻值大于4Ω	轻度：一般缺陷
电缆线路	电缆本体	电缆本体	主绝缘电阻不合格	轻度：耐压试验前后，主绝缘电阻值下降，仍可以长期运行	轻度：一般缺陷
				中度：耐压试验前后，主绝缘电阻值下降，可短期维持运行	中度：严重缺陷
				重度：耐压试验前后，主绝缘电阻值严重下降，无法继续运行	重度：危急缺陷
	接地系统	接地体	接地电阻不合格	轻度：接地电阻值大于10Ω	轻度：一般缺陷
电缆分支（接）箱	本体	母线	绝缘电阻不合格	轻度：20℃时绝缘电阻值小于500MΩ	轻度：一般缺陷
				中度：20℃时绝缘电阻值小于400MΩ	中度：严重缺陷
				重度：20℃时绝缘电阻值小于300MΩ	重度：危急缺陷
		绝缘子	绝缘电阻不合格	轻度：20℃时绝缘电阻值小于500MΩ	轻度：一般缺陷
				中度：20℃时绝缘电阻值小于400MΩ	中度：严重缺陷
				重度：20℃时绝缘电阻值小于300MΩ	重度：危急缺陷
		避雷器	绝缘电阻	重度：避雷器20℃时绝缘电阻值小于1000MΩ	重度：危急缺陷
	辅助部件	接地引下线	接地电阻不合格	轻度：接地电阻值大于10Ω	轻度：一般缺陷
构筑物及外壳	接地系统		接地电阻不合格	轻度：接地电阻值不符合设计规定	轻度：一般缺陷
二次保护装置	直流装置	直流装置	直流接地	重度：直流接地，对地绝缘电阻值小于10MΩ	重度：危急缺陷
			绝缘电阻不合格	中度：对地绝缘电阻值大于等于10MΩ且小于100MΩ	中度：严重缺陷

【任务实施】

1. 编制日作业计划

2. 办理工作票

正确填写现场任务派工单，编制标准化作业卡。

3. 规范着装

正确穿戴劳动防护用品。正确佩戴安全帽；着全棉长袖工作服，扣齐衣、袖口扣；戴手套；穿绝缘鞋。

参考资料：接地电阻测试标准作业卡

4. 工器具准备

工器具：ZC-8 接地电阻测试仪 1 套，个人检修工具 1 套，验电器，工频发生器，绝缘手套；对绝缘手套、验电笔、安全帽、锤子等用具进行安全质量检查并确认试验合格证在有效日期内。检查 ZC-8 接地电阻测试仪在试验周期内，仪器外表正常，有合格证；接地电阻测试仪静态、动态检验使其处于调零位置。

5. 工前会

召开工前会，工作任务清楚、分工明确、告知危险点，确认天气条件能够满足巡视、测量要求；确认人员精神状态良好。

危险点 1：防触电

防范措施：禁止在有雷电或被测物带电时进行测量，雨天一般不应测量接地电阻；验明设备无电压后用扳手拆开设备相连的所有接地引下线的螺栓，确保被测设备各方面均断开，操作时作业人员应戴绝缘手套。

危险点 2：防高坠

防范措施：登高接测量线时，不得超过梯子限高，且梯子应由专人扶持。

危险点 3：防交通事故

防范措施：配电变压器位于道路旁时，放线应尽量避免穿越道路。若无法避免时，注意观察车流，遵守交通法规，必要时设置警示标志。

6. 工作过程

（1）验电并断开连接设备或线路侧的接地线，去锈蚀。

（2）布置选择连接线的放线方向，将接地棒打入土中。连接线一端连接接地棒，一端连接仪表的 P 端或 C 端。注意打入土中的深度不小于接地棒长度的 3/4 且不小于 40cm，并与土壤接触良好；连接线与接地棒接触良好。两导线不得缠绕，端部必须有绝缘套；接线正确；电压极与电流极引线应保持 1m 以上的距离。

（3）将仪表放于平坦处，一手扶住转盘并压住使绝缘电阻表平稳，另一手摇动摇把，选用倍率并以 120r/min 转速摇动手柄，使指针稳定地指向零位，持续摇动 1min，正确读数报出电阻值；并记录设备测量时的环境参数及测量结果。

（4）两次测量。两次测量的读数基本一致，相差较大时要查明原因且重测。

视频：配电变压器接地电阻测量

（5）恢复工作。恢复连接设备或线路侧的接地线，接地线、接地极整理整齐。

任务五 红外测温仪使用

【任务目标】

（1）熟悉红外测温基本原理。

（2）掌握红外测温仪的使用方法。

（3）掌握配电设备测温部位，并根据测试结果判断设备缺陷。

【任务描述】

本任务通过对指定设备或线路进行红外测温，掌握红外测温仪的使用、缺陷判别。

【知识准备】

所有温度高于热力学零度（−273.15℃）的物体都会向外热辐射电磁波，电磁波包含可见光区和不可见光区。通常人类眼睛只能感知到紫光区到红光区（波长在380～780nm之间）的电磁波，而最高温度往往出现在不可见的红外光区，需要依靠红外检测技术来捕捉这些红外辐射。

红外测温仪就是利用光谱滤波、红外检测、光学成像等技术对被测设备发出的红外辐射进行红外检测、成像的。配电设备在故障前都会产生发热现象，利用红外热成像仪就可以直观、快速地定位设备发热点，运维人员就可以提早发现发热缺陷，安排消缺。

1. 红外测温仪

红外测温仪具有成像直观、测量时非接触、不影响被测设备运行等优点，在配电设备巡检中经常使用，如图1-2-34所示。

红外测温仪使用时应注意测温部位、对焦、测温范围、环境温度等。不同厂家生产的红外测温仪默认测量参数不同，使用时注意区分。

2. 使用前检测

人员要求、安全要求、检测环境条件要求、检测仪器要求等应按 DL/T 664—2016《带电设备红外诊断应用规范》开展。避免将仪器镜头对准高温辐射源，如太阳或夜间探照灯，以免损伤仪器；避免激光对准人眼，以防伤害眼睛；请勿隔着玻璃测温；注意雨天因红外线会受雨点影响而衰减，尽量避免雨天使用。

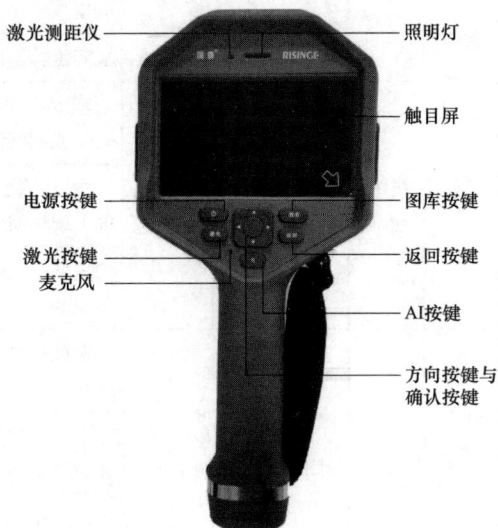

图 1-2-34 红外测温仪

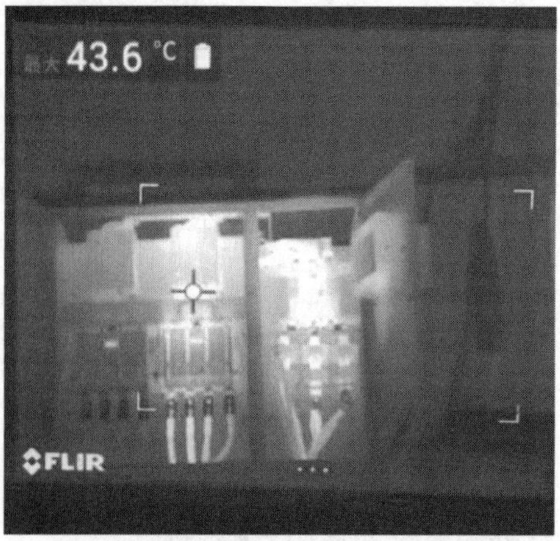

图 1-2-35　低压支路开关发热

3. 重点测量部位

配电系统中线路 T 接点线夹、隔离开关和跌落式熔断器上下端、柱上开关接线端子、避雷器引线端、配电变压器高低压接线柱、综合配电箱内开关接线端（见图 1-2-35）等部位，容易因铜铝过渡不良、长期电动力和风力震动、端子压接不牢、线芯散股、螺栓松动、接触不良等原因，引起连接部位接触电阻增大，使接触部位发热，长时间运行就会演变成故障，运维巡视时应重点对以上部位进行测温。

4. 缺陷处置

配电网设备缺陷等级划分与"任务一　10kV 线路和设备巡视"一致，不再赘述。配电设备常见的温度异常缺陷分类见表 1-2-15。

表 1-2-15　　　　配电设备常见的温度异常缺陷分类

设备类别	设备部件	缺陷部位	缺陷内容	缺陷程度	参考缺陷等级
架空线路	导线	导线	温度异常	轻度：导线连接处实测温度大于 75℃且小于等于 80℃或相间温差大于 10K 且小于等于 30K	轻度：一般缺陷
				中度：导线连接处实测温度大于 80℃且小于等于 90℃或相间温差大于 30K 且小于等于 40K	中度：严重缺陷
				重度：导线连接处实测温度大于 90℃或相间温差大于 40K	重度：危急缺陷
			温度过高退火	轻度：温度过高退火	轻度：一般缺陷
	铁件、金具	线夹	温度异常	轻度：线夹电气连接处实测温度大于 75℃且小于等于 80℃或相间温差大于 10K 且小于等于 30K	轻度：一般缺陷
				中度：线夹电气连接处实测温度大于 80℃且小于等于 90℃或相间温差大于 30K 且小于等于 40K	中度：严重缺陷
				重度：线夹电气连接处实测温度大于 90℃或相间温差大于 40K	重度：危急缺陷
柱上真空开关	开关本体	开关本体	导电接头及引线温度异常	轻度：电气连接处实测温度大于 75℃且小于等于 80℃或相间温差大于 10K 且小于等于 30K	轻度：一般缺陷
				中度：电气连接处实测温度大于 80℃且小于等于 90℃或相间温差大于 30K 且小于等于 40K	中度：严重缺陷
				重度：电气连接处实测温度大于 90℃或相间温差大于 40K	重度：危急缺陷

设备类别	设备部件	缺陷部位	缺陷内容	缺陷程度	参考缺陷等级
柱上真空开关	隔离开关	隔离开关	温度异常	轻度：电气连接处实测温度大于75℃且小于等于80℃或相间温差大于10K且小于等于30K	轻度：一般缺陷
				中度：电气连接处实测温度大于80℃且小于等于90℃或相间温差大于30K且小于等于40K	中度：严重缺陷
				重度：电气连接处实测温度大于90℃或相间温差大于40K	重度：危急缺陷
柱上SF$_6$开关	开关本体	本体	导电接头及引线温度异常	轻度：电气连接处实测温度大于75℃且小于等于80℃或相间温差大于10K且小于等于30K	轻度：一般缺陷
				中度：电气连接处实测温度大于80℃且小于等于90℃或相间温差大于30K且小于等于40K	中度：严重缺陷
				重度：电气连接处实测温度大于90℃或相间温差大于40K	重度：危急缺陷
	隔离开关	隔离开关	温度异常	轻度：电气连接处实测温度大于75℃且小于等于80℃或相间温差大于10K且小于等于30K	轻度：一般缺陷
				中度：电气连接处实测温度大于80℃且小于等于90℃或相间温差大于30K且小于等于40K	中度：严重缺陷
				重度：电气连接处实测温度大于90℃或相间温差大于40K	重度：危急缺陷
柱上隔离开关	隔离开关本体	隔离开关本体	温度异常	轻度：电气连接处实测温度大于75℃且小于等于80℃或相间温差大于10K且小于等于30K	轻度：一般缺陷
				中度：电气连接处实测温度大于80℃且小于等于90℃或相间温差大于30K且小于等于40K	中度：严重缺陷
				重度：电气连接处实测温度大于90℃或相间温差大于40K	重度：危急缺陷
跌落式熔断器	本体及引线	本体及引线	温度异常	轻度：电气连接处实测温度大于75℃且小于等于80℃或相间温差大于10K且小于等于30K	轻度：一般缺陷
				中度：电气连接处实测温度大于80℃且小于等于90℃或相间温差大于30K且小于等于40K	中度：严重缺陷
				重度：电气连接处实测温度大于90℃或相间温差大于40K	重度：危急缺陷
电容器	套管	套管	温度异常	轻度：电气连接处实测温度大于75℃且小于等于80℃或相间温差大于10K且小于等于30K	轻度：一般缺陷
				中度：电气连接处实测温度大于80℃且小于等于90℃或相间温差大于30K且小于等于40K	中度：严重缺陷
				重度：电气连接处实测温度大于90℃或相间温差大于40K	重度：危急缺陷
	电容器本体	本体	本体温度异常	轻度：实测温度大于45℃且小于等于50℃	轻度：一般缺陷
				中度：实测温度大于50℃且小于等于55℃	中度：严重缺陷
				重度：实测温度大于55℃	重度：危急缺陷

续表

设备类别	设备部件	缺陷部位	缺陷内容	缺陷程度	参考缺陷等级
电容器	熔断器	熔断器	温度异常	轻度：电气连接处实测温度大于75℃且小于等于80℃或相间温差大于10K且小于等于30K	轻度：一般缺陷
				中度：电气连接处实测温度大于80℃且小于等于90℃或相间温差大于30K且小于等于40K	中度：严重缺陷
				重度：电气连接处实测温度大于90℃或相间温差大于40K	重度：危急缺陷
高压计量箱	绕组及套管	绕组及套管	温度异常	轻度：电气连接处实测温度大于75℃且小于等于80℃或相间温差大于10K且小于等于30K	轻度：一般缺陷
				中度：电气连接处实测温度大于80℃且小于等于90℃或相间温差大于30K且小于等于40K	中度：严重缺陷
				重度：电气连接处实测温度大于90℃或相间温差大于40K	重度：危急缺陷
配电变压器	绕组及套管	导线接头及外部连接	温度异常	轻度：电气连接处实测温度大于75℃且小于等于80℃或相间温差大于10K且小于等于30K	轻度：一般缺陷
				中度：电气连接处实测温度大于80℃且小于等于90℃或相间温差大于30K且小于等于40K	中度：严重缺陷
				重度：电气连接处实测温度大于90℃或相间温差大于40K	重度：危急缺陷
	分接开关	分接开关	器身温度过高	轻度：干式变压器器身温度超出厂家允许值的10%	轻度：一般缺陷
				中度：干式变压器器身温度超出厂家允许值的20%	中度：严重缺陷
	非电量保护	温度计	指示不准确或显示模糊	中度：温度计指示不准确或显示模糊	中度：严重缺陷
			破损	中度：温度计破损	中度：严重缺陷
开关柜	本体	开关	温度异常	轻度：电气连接处实测温度大于75℃且小于等于80℃或相间温差大于10K且小于等于30K	轻度：一般缺陷
				中度：电气连接处实测温度大于80℃且小于等于90℃或相间温差大于30K且小于等于40K	中度：严重缺陷
				重度：电气连接处实测温度大于90℃或相间温差大于40K	重度：危急缺陷
电缆线路	电缆终端	电缆终端	温度异常	轻度：电气连接处实测温度大于75℃且小于等于80℃或相间温差大于10K且小于等于30K	轻度：一般缺陷
				中度：电气连接处实测温度大于80℃且小于等于90℃或相间温差大于30K且小于等于40K	中度：严重缺陷
				重度：电气连接处实测温度大于90℃或相间温差大于40K	重度：危急缺陷

续表

设备类别	设备部件	缺陷部位	缺陷内容	缺陷程度	参考缺陷等级
电缆分支（接）箱	本体	母线	温度异常	轻度：电气连接处实测温度大于75℃且小于等于80℃或相间温差大于10K且小于等于30K	轻度：一般缺陷
				中度：电气连接处实测温度大于80℃且小于等于90℃或相间温差大于30K且小于等于40K	中度：严重缺陷
				重度：电气连接处实测温度大于90℃或相间温差大于40K	重度：危急缺陷

【任务实施】

1. 编制日作业计划。

2. 办理工作票

正确填写现场任务派工单，编制标准化作业卡。

3. 规范着装

正确穿戴劳动防护用品；正确佩戴安全帽；着全棉长袖工作服，扣齐衣、袖口扣；戴手套；穿绝缘鞋。

4. 工器具准备

个人工具包、记录本、红外测温仪。使用前检查红外测温仪在试验周期内，仪器外表正常，开机检查仪器液晶屏显示正常，电池电量充足。

5. 工前会

召开工前会，工作任务清楚、分工明确、告知危险点，确认天气条件能够满足巡视、测量要求；确认人员精神状态良好。

风险点1：防触电

防范措施：作业中始终与带电设备保持足够的安全距离；正确核对线路名称、杆号无误，防止误入带电间隔。

风险点2：防小动物

防范措施：作业中应观察周边环境，以防狗、毒蛇、马蜂等动物攻击；留意脚下沟渠、坑道、红蚂蚁巢穴，以防踩空、摔倒、扭伤脚踝等。野外测温检查时应备木棒，防备蛇咬、狗及其他小动物咬伤，发现蜂窝时不要触碰，携带治疗蜂蜇、蛇咬的药品。

风险点3：防意外伤害

防范措施：过沟、崖等地形复杂地区时，应加强自我保护意识防止摔倒；山区必须由两人进行，山区测温应配备必要的防护工具和药品；道路旁测温时，注意交通安全。

风险点 4：红外线灼伤

防范措施：不要将激光直接对准眼睛或指向反射性表面（例如玻璃），配置激光器，请勿用肉眼直接观看激光束，更不要用激光束直射眼部，可能导致眼部不适或损伤。

风险点 5：仪器损伤

防范措施：红外测温仪内置极度灵敏的热探测器，无论开、关机状态都不能将镜头直接对准强辐射源（如太阳、激光束直射或反射等），否则将对仪器造成永久性损害。

6. 工作过程

视频：设备温度异常判断（红外测温仪应用）

视频：一、二次设备精确测温

（1）长按电源键开机，设定／核对测温仪参数。正确设置时间日期，调整温度范围、点线框大小、捕捉点，切换图像模式，调节调色板，设定系数（根据各单位实际的使用仪器情况）。

（2）核对待测线路名称、杆号无误后，根据现场环境，合理选择站立位置测温，正常在杆塔周边使用即可，如图 1-2-36 所示。

（3）将测温仪点线框对准待测部位，选择手动对焦／自动对焦（见图 1-2-37），使图像清晰。注意未对焦会影响测温准确性，同时使图像模糊。

图 1-2-36　路边测温

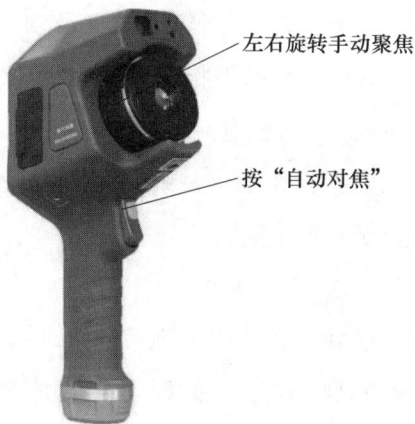

左右旋转手动聚焦

按"自动对焦"

图 1-2-37　手动对焦／自动对焦

（4）温度测量时必须让物体充满整个视场，最好能使目标的大小为视场光斑的两倍以上。测温仪屏幕左上角显示被测区域的最高温、最低温、平均温（见图 1-2-38）。可调整点线框大小，也可手动添加最多 6 个固定测温点。

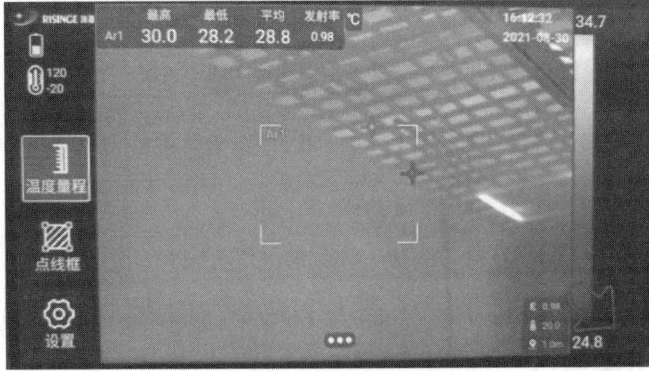

图 1-2-38　测温仪屏幕主界面

（5）从液晶显示屏上可以直观看到最高温度点、温度值，测得的温度值保持 7s 后，轻按"拍照"按键，冻结图片（见图 1-2-39）。重复测量，记录每次测量的温度，取其平均温度。

（6）正确登记测量数据，根据所测设备表面温度值、相间温差值进行综合分析。

图 1-2-39　断路器进线线夹发热

模块三　检 修 管 理

【模块描述】

本模块主要介绍配电网常用检修任务、标准化施工工艺要点、竣工验收要点等，包含0.4kV线路直线杆上安装单横担、10kV线路悬式绝缘子更换、10kV线路整组拉线制作、配电网架空线路工程竣工验收四个工作任务。

核心知识点包括架空线路的基础知识、常用检修施工的检修步骤、施工工艺、检修要点、安全措施及竣工验收步骤要点等。

【模块目标】

通过本模块学习，应达到以下目标：

（一）知识目标

（1）了解配电网的基本知识。

（2）熟悉配电网常用检修施工作业的作业步骤。

（3）掌握配电网常用检修施工作业的施工工艺及安全注意事项。

（4）掌握配电网架空线路工程竣工验收要点。

（二）技能目标

掌握配电网常用检修技能，掌握相关工具的使用方法，熟悉竣工验收标准、要点，掌握异动验收、竣工验收标准卡填写。

（三）素质目标

树立配电网检修作业过程中的安全风险防范意识，严格按照规范流程及管理规定进行检修、验收工作，培养仔细负责的工作习惯。

任务一　0.4kV线路直线杆上安装单横担

【任务目标】

（1）了解横担的分类、使用场景。

（2）熟悉横担安装工作中使用的相关配件以及相应的安装要点。

（3）熟悉横担安装的步骤、安全注意事项。

（4）掌握0.4kV直线杆单横担安装的施工工艺要求和验收要点。

【任务描述】

本任务主要介绍架空线路中横担的分类、作用、相关安装金具的作用以及横担使用中常见的设备等，帮助学员掌握横担的使用场景，标准化施工要点。

【知识准备】

架空线路主要指架空明线，架设在地面之上，是用绝缘子将配电导线固定在直立于地面的杆塔上以传输电能的输电线路。架设及维修较方便，成本较低，但容易受到气象和环境（如大风、雷击、污秽、冰雪等）的影响而引起故障。横担是杆塔中重要的组成部分，用于安装绝缘子及金具，以支承导线、避雷线，并使之按规定保持一定的安全距离。

一、横担的分类

横担按使用场景可分为直线横担、转角横担、耐张横担，如图1-3-1所示。直线横担的受力通常只考虑在架空线路正常未断线情况下，承受的导线垂直荷重和水平荷重；转角横担除承受导线的垂直和水平荷重外，还承受着导线转角的单侧拉力；耐张横担既要承受导线的垂直和水平荷重外，又要承受耐张横担两侧导线的拉力差。横担在使用时又会因为受力情况的不同，而分为单横担或双横担。

(a) 直线横担　　　　　　　(b) 转角横担　　　　　　　(c) 耐张横担

图1-3-1　不同使用场景下的横担

不同使用场景下的横担安装位置也会有些许差异，直线横担应装在受电侧，转角杆、终端杆、分支杆的横担应装在拉线侧。同时也可以按照使用的材料不同将横担分为铁横担、瓷横担、合成绝缘横担（见图1-3-2）。

为进一步精简物料，国网福建电力对部分杆型横担做出合理性选用优化，确定所选定的杆型横担规格统一为"∟90mm×8mm×2100mm（大跨越100m）、∟80mm×8mm×1600mm（150mm²及以上导线）及∟63mm×6mm长度有1600mm（95mm²及以下导线）、800mm（两线大跨越100m）、700mm"五种。

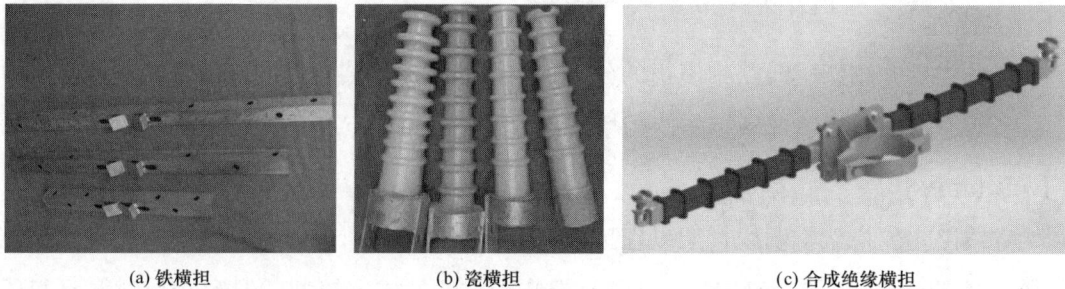

|(a) 铁横担|(b) 瓷横担|(c) 合成绝缘横担|

图 1-3-2　各类型横担图片

二、横担安装的工艺规范

（1）横担安装应与地面水平，与水泥杆平正，安装偏差应符合 DL/T 601《架空绝缘配电线路设计技术规程》或设计要求。

（2）架空线路所采用的铁横担、铁附件均应热镀锌。检修时，若有严重锈蚀、变形应予以更换。

（3）同杆架设线路横担间的最小垂直距离应满足表 1-3-1 的要求。

表 1-3-1　　　　　　　　　同杆架设线路横担间的最小垂直距离　　　　　　　　单位：mm

架设方式	直线杆	分支或转角杆
10kV 与 10kV	800（500）	450/600（500）
10kV 与 0.4kV	1200（1000）	1000（1000）
0.4kV 与 0.4kV	600（300）	300（300）

注　括号内为同杆架设的绝缘线路适用数据。

三、横担安装的技术要点

（1）横担安装应平整，安装偏差不应超过下列规定数值：横担端部上下歪斜不大于 20mm，左右扭斜不大于 20mm。双杆横担与电杆连接处的高差不大于连接距离的 5/1000，左右扭斜不大于横担长度的 1/100。

（2）瓷横担绝缘子直立安装时，顶端顺线路歪斜不大于 10mm；水平安装时，顶端宜向上翘起 5°～15°，顶端顺线路歪斜不大于 20mm。导线为水平排列时，上层横担与杆顶的距离不宜小于 200mm。

（3）当横担安装于转角杆时，顶端竖直安装的瓷横担支架应安装在转角的内角侧（瓷横担应装在支架的外角侧）。

（4）对原有单侧双横担加强方式进行检修，直线杆横担应装于受电侧，90°转角杆及终端杆应装在拉线侧，转角杆应装在合力位置方向。新安装横担应为水平加强横担方式。

四、U 形抱箍

抱箍的类型有很多，在配电网日常检修工作中使用最多的是 U 形抱箍（见图 1-3-3）。U 形抱箍常配合横担使用，起到固定的作用。

五、导线固定及附件安装的技术要点

（1）紧线完成、弧垂值合格后，应及时进行附件安装。

（2）绑线绑扎应符合"前三后四双十字"的工艺标准，绝缘子底部要加装弹簧垫。

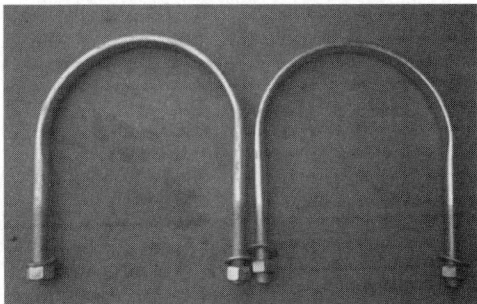

图 1-3-3　U 形抱箍

以柱式绝缘子为例介绍"前三后四双十字"绑扎法的操作步骤：

第一步：把导线嵌入柱式绝缘子顶槽内，并在导线左边紧靠柱式绝缘子处用绝缘导线绑扎线顺导线绞向绕上 3 圈，扎线短头一端预留 250mm。

第二步：接着把绝缘导线绑扎线盘起的一端按顺时针方向围绕柱式绝缘子外侧颈槽到柱式绝缘子右边导线下侧，绝缘导线绑扎线随即向上提起，压住顶槽中的导线到柱式绝缘子左侧导线下方，与导线形成交叉。

第三步：将绝缘导线绑扎线盘起的一端按逆时针方向围绕柱式绝缘子内侧颈槽到柱式绝缘子右边导线下侧，将绝缘导线绑扎线再次提起斜压住顶槽中的导线到柱式绝缘子左边导线下侧，在柱式绝缘子顶槽中形成十字。

第四步：将绝缘导线绑扎线盘起的一端沿柱式绝缘子外侧颈槽（顺时针方向）到导线右边，在导线右边紧挨柱式绝缘子沿导线绞向缠绕 3 圈。

第五步：将绝缘导线绑扎线盘起的一端沿柱式绝缘子内侧颈槽（顺时针方向）到导线左边下侧将绝缘导线绑扎线提起，斜压住柱式绝缘子顶槽中的导线到柱式绝缘子右边导线下侧。

第六步：然后按逆时针方向围绕外侧柱式绝缘子颈部到导线左边下侧再次将绝缘导线绑扎线向上提起。

第七步：将提起的绝缘导线绑扎线再次压住顶槽中的导线到右边导线下侧，在柱式绝缘子顶槽中形成双十字。

第八步：将绝缘导线绑扎线按顺时针方向沿柱式绝缘子内侧颈槽到针瓶左侧导线，第二次在导线上沿导线绞向缠绕 3 圈。

第九步：将绝缘导线绑扎线按顺时针方向沿柱式绝缘子外侧颈槽到针瓶右侧导线下侧，第二次在柱式绝缘子右侧导线上紧沿导线绞向缠绕 3 圈。

第十步：绝缘导线绑扎线余端与短头在柱式绝缘子内侧颈槽互绞 5 圈形成小辫，并向负荷侧压平。

（3）导线的固定应牢固、可靠，且符合下列规定：

1）直线杆柱式绝缘子导线固定应采用"顶绑法"，蝶式绝缘子导线固定应采用"颈绑法"，中间两相导线应绑扎在靠近水泥杆侧，两边绑扎在绝缘子的外侧。

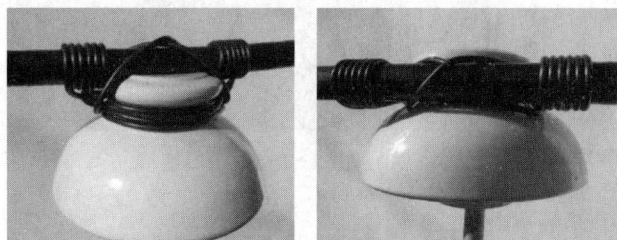

(a) 顶绑法　　　　(b) 颈绑法

图 1-3-4　各类导线绑扎展示

2）直线转角杆采用"颈绑法"，柱式绝缘子导线应固定在转角外侧槽内；瓷横担绝缘子导线固定在第一裙内，针式绝缘子和蝶式绝缘子导线应固定在转角外侧的槽内。（见图 1-3-4）

3）绝缘导线与绝缘子或线夹的固定接触部分应用绝缘自粘带缠绕，缠绕长度应超出绑扎部位或与绝缘子接触部位两侧不少于 30mm。绝缘导线的绑扎线应采用截面积不小于 4mm² 的单股塑料导线（严禁使用裸铝导线绑扎绝缘导线），绑扎方式及长度应符合规范要求。（见图 1-3-5）

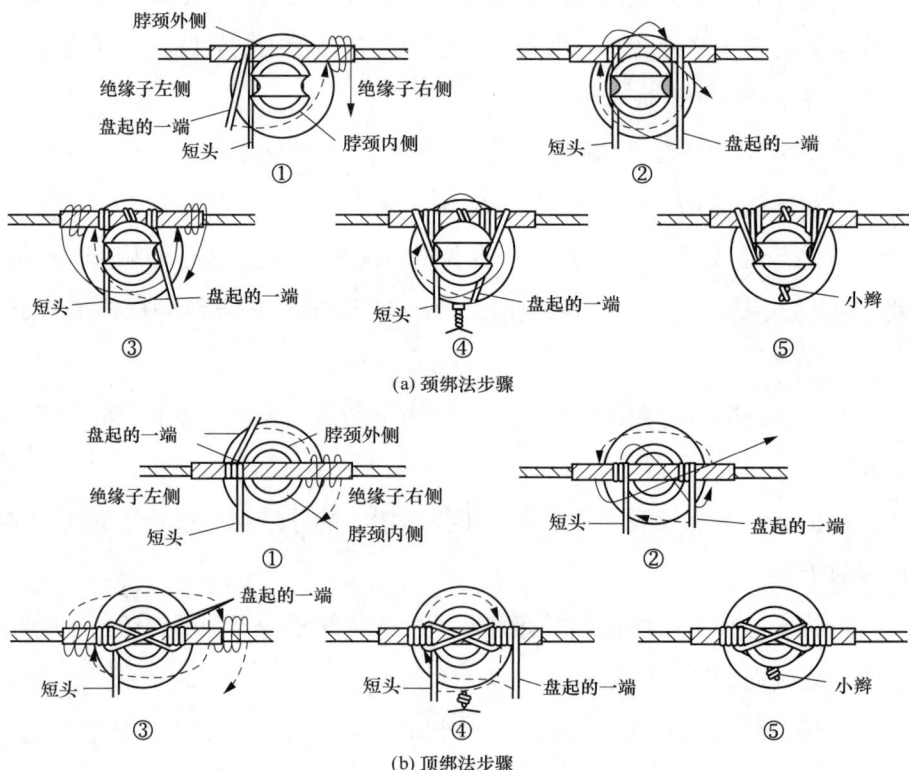

(a) 颈绑法步骤

(b) 顶绑法步骤

图 1-3-5　顶绑法、颈绑法施工步骤对照图

4）裸铝导线的绑扎线可采用同等级导线的单股铝线，但单股铝线的截面积不小于 2.5mm^2。

（4）所有绑扎线不得有接头，最后收尾绑小辫 5 花，且统一向负荷侧压平。

六、螺栓安装工艺要点

立体结构螺栓的穿入方向应符合水平方向者由内向外，垂直方向者由下向上的规定。

平面结构螺栓的穿入方向应符合顺线路方向双面构件由内向外，单面构件由送电侧向受电侧或按统一方向的规定。横线路方向的螺栓应符合两侧由内向外，中间由左向右（面向受电侧）或统一方向的规定；垂直方向的螺栓应符合由下而上的规定。其他工艺要求如下：

（1）螺杆应与构件面垂直，螺头平面与构件间不应有空隙。

（2）螺栓紧好后，螺杆螺纹露出的长度：单螺母不应小于 2 扣，双螺母可平扣。

（3）必须加垫圈者，每端垫圈不应超过 2 个。

【任务实施】

（一）编制日作业计划

（二）办理工作票

正确填写现场任务派工单，编制标准化作业卡。

（三）规范着装

正确穿戴劳动防护用品。正确佩戴安全帽；着全棉长袖工作服，扣齐衣袖口；戴手套；穿绝缘鞋。

（四）工器具与仪器仪表

本工作任务为 0.4kV 线路直线杆上安装单横担，按照现场布置的安全措施结合安装工艺要求准备各类工器具，见表 1-3-2。

参考资料：配电线路横担安装标准化作业指导书

表 1-3-2　　　　　　　　0.4kV 线路直线杆上安装单横担工器具清单

序号	名称	型号/规格	单位	数量
1	绝缘手套	0.4kV	双	
2	个人保安线	拉合式	根	
3	高压接地线	10kV	组	
4	低压接地线	0.4kV	组	
5	验电器	10kV	台	
6	验电器	0.4kV	台	
7	安全带		副	
8	安全围栏		m	

续表

序号	名称	型号／规格	单位	数量
9	交通安全警示牌		块	
10	传递绳	15m	条	
11	个人工具包		套	
12	升降板	630mm×75mm×25mm	副	
13	脚扣	JK-400	副	
14	脚踏绳		副	

（五）工前会

召开工前会，交代工作任务清楚、明确分工、告知危险点，确认天气条件能够满足施工要求；确认人员精神状态良好，对现场危险点进行分析、制定防范措施。

危险点1：误登带电杆塔发生作业人员触电

防范措施：开工前，工作负责人应在作业现场进行安全技术交底，明确停电范围、邻近带电部位和现场危险点；迟到人员、新增人员必须补充交底后，方可参加工作。作业人员攀登杆塔前，应认真核对设备名称、编号、位置，检查现场安全措施无误后方可开始。

危险点2：安全距离不足和感应电触电

防范措施：停电作业必须严格执行停电、验电、装设接地线等保证安全的技术措施。工作地段如有邻近、平行、交叉跨越和同杆塔架设线路，在需要接触或接近导线工作时，必须使用个人保安线，防止感应电。

危险点3：线路作业时触电

防范措施：登杆检查工作，所穿越的低压线、路灯线必须经验电并装设接地线。禁止在有同杆架设的10kV及以下线路带电情况下，进行另一回线路的停电施工作业。若在同杆架设的10kV及以下线路带电情况下，当满足1.0m以上安全距离且采取可靠防止人身触电安全措施时，方可进行下层线路的停电检修工作；同杆如有架设通信线、广播电视线，应对其钢绞线进行验电、挂接地线，防止弱电线路带电触电。

危险点4：倒送电触电

防范措施：双电源和自备电源用户线路的高压系统接入点应有明显断开点，作业时应将其接入点断路器、隔离开关断开，防止用户设备反送电。工作地段各端和有可能送电到停电线路工作地段的分支线（包括用户），都要停电、验电、装设工作接地线。

危险点5：高处作业安全措施不完善导致坠落

防范措施：高度超过1.5m处作业，应使用安全带。在杆塔上作业，应使用有后备绳或速差自锁器的双控背带式安全带。高处作业区周围的临边、孔洞、沟道等应设盖板、安全网或围栏，同时应设置安全标志，夜间还应设红灯示警。在未做好安全措施的情况下，不准在不坚固的结构上（如石棉瓦、油毡、彩钢板等轻型或简易结构的屋面）进行工作。

危险点 6：登高工器具不合格或使用不当导致坠落

防范措施：登高前，应先检查登高工具、设施，如脚扣、安全带、梯子和爬梯等完整牢靠。高处作业，安全带的挂钩或绳子应挂在结实牢固的构件或专为挂安全带用的钢丝绳上，应采用高挂低用的方式；在转移作业位置时不得失去安全带保护。安全带禁止系挂在移动或不牢固的物件上（如隔离开关支柱绝缘子、瓷横担、未经固定的转动横担、线路支柱绝缘子、避雷器支柱绝缘子等）。使用脚扣登杆，登杆过程必须使用安全带。

危险点 7：杆塔基础不牢引发坠落

防范措施：上杆塔作业前，必须先检查根部、基础和拉线是否牢固。遇有冲刷、起土、上拔或导地线、拉线松动的电杆，应先培土加固，打好临时拉线或支好杆架后，再行登杆。

危险点 8：高处落物伤人

防范措施：进入高处作业现场，必须戴安全帽。高处作业时，必须使用工具袋，并在使用前进行外观检查；高空落物区下方不得堆放工具、材料。高处作业点下方如有人员往来，工作地点下面应有围栏，禁止无关人员在工作地点的下方通行或逗留。

危险点 9：伤害行人

防范措施：在城区或人口密集区地段施工时，工作场所周围应装设遮栏（围栏），划定警戒范围、设置警示标志，看守人到位并疏导好行人，必要时请交通管理部门实施交通管制。

（六）现场作业

1. 开工前检查和安全措施布置

工作负责人及全体作业人员到达作业现场，摆放好工具材料。工作负责人在开工前检查停电范围、安全措施是否与勘察申请单、停电工作票一致，工作内容是否与异动单一致，同时也要检查工作地点与工作票中线路名称及杆号是否一致。工作负责人查看现场工作环境，布置补充安全措施，例如在城区或人口密集区地段施工时，工作场所周围应装设遮栏（围栏），划定警戒范围、设置警示标志（见图 1-3-6），看守人到位并疏导好行人，必要时请交通管理部门实施交通管制。

在核对以上安全风险点无误后，由工作负责人与当值调度取得联系，履行工作许可手续。办理完

图 1-3-6　"电力施工，注意安全"警示牌

工作牌许可手续后，由工作负责人组织全体工作人员现场列队，召开工前会，首先进行"三检查、三交底"工作。

由工作负责人宣读工作票，交代工作任务、安全措施、注意事项，经全体工作人员明确并签字确认后，工作负责人明确各个接地线位置的安装人及监护人员，下达验电、装设工作接地线的命令。

每个工作地点都需要有专人监护，杆上作业人员严禁失去监护。工作班成员分组前往各个工作接地线安装位置，开始安装工作接地线。

接地线安装时应注意先安装接地端，再安装导线端。

工作负责人在检查确定各组工作接地线安装到位后，明确工作分工，下达开工指令。

2. 作业内容及标准

工作人员检查杆塔基础及杆塔是否牢固，认真核对线路名称、杆号、色标无误后方可登杆工作，同时检查登高工具、安全带是否完整牢固，并进行冲击试验。核对无误后，登杆至工位，将安全带及后备保护绳固定后，将传递工具、设备的绳索固定在电杆上，准备开始横担安装。

用绳索将横担、抱箍等设备、材料固定住，开始上下传递物件，传递过程中应注意：

（1）遇有恶劣天气将威胁作业人员安全时，工作负责人应下令临时停止工作。

（2）工作地点下方应设置围栏，禁止无关人员在工作地点下方穿越、逗留。

（3）传递物品及操作过程中应防止物品脱落伤人。

开始安装横担及金具时，应先从顶部开始，按照装置图的尺寸要求先装横担，待安装牢固后再安装该横担上的金具。横担及金具安装应注意：

（1）安装横担、金具时型号应相匹配。

（2）螺栓安装时应从送电侧穿入受电侧。

（3）线路直线横担安装时，横担平面应装于受电侧。

（4）横担安装需选用相配的螺栓紧固，并加装垫圈。使用U形抱箍安装横担时，抱箍受力侧应紧贴杆体并与横担保持水平。

横担工作完成后，由工作负责人对工作任务进行检查，确认安装合格后，工作人员收拾杆上作业现场，工作人员将工具袋和剩余材料通过绳索下传后，准备下杆。

杆上作业人员检查设备接线是否正确，杆上有无遗漏的工具材料，杆上人员下杆至地面后，方可向工作负责人汇报工作完成。

3. 作业结束

工作负责人检查线路作业地段的状况，确认无遗留的个人保安线、工具、材料等，查明全体人员全部撤离工作位置后，下达拆除工作接地线的指令，最好由接地线的安装人员完成原接地线的拆除工作。同时拆除作业现场的安全围栏及警示标志牌。

工作负责人在确认现场工作已办结后，向调度办理工作票终结手续，随后组织全体工作班成员列队召开工后会。

任务二　10kV 线路悬式绝缘子更换

【任务目标】

（1）熟悉架空线路各类金具的选型依据和使用场景。

（2）熟悉杆上更换悬式绝缘子的工艺要求。

（3）熟悉绝缘电阻表的使用方法。

（4）熟悉工器具的使用方法。

（5）掌握架空导线的紧线工艺。

【任务描述】

本任务主要介绍架空线路中的金具分类、悬式绝缘子更换相关工作。

【知识准备】

一、绝缘子分类

10kV 架空线路直线杆采用柱式瓷绝缘子、柱式复合绝缘子和瓷横担绝缘子三种（见图 1-3-7），耐张杆采用交流盘形悬式瓷绝缘子和交流棒形悬式复合绝缘子两种（见图 1-3-8）。

(a) 柱式瓷绝缘子　　　　(b) 柱式复合绝缘子　　　　(c) 瓷横担绝缘子

图 1-3-7　直线杆绝缘子

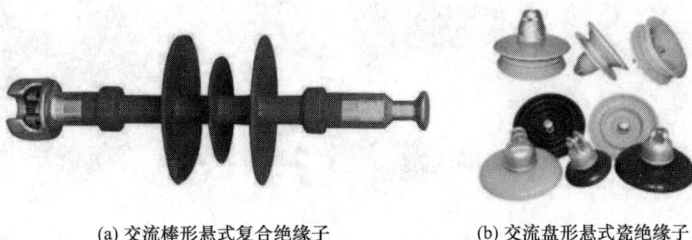

(a) 交流棒形悬式复合绝缘子　　　　(b) 交流盘形悬式瓷绝缘子

图 1-3-8　耐张杆绝缘子

二、悬式瓷绝缘子安装工艺

悬式瓷绝缘子安装应符合下列规定：

（1）安装应牢固，连接可靠，安装方向应防止瓷裙积水，安装时应清除悬式瓷绝缘子表面灰垢。

（2）开口销应对称开口，开口角度应为30°～60°，开口销不应有折断、裂痕等现象，不应用线材等材料代替开口销。

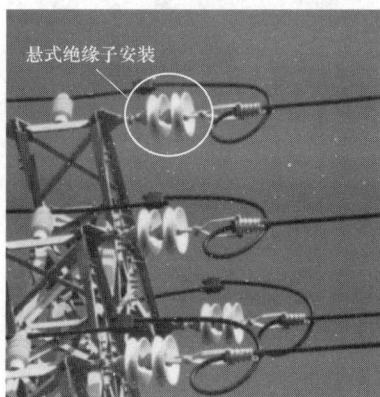

图1-3-9　悬式瓷绝缘子安装效果

（3）金具上所采用的开口销直径必须与孔径相配，且弹力适度。

（4）与电杆、导线金属连接处，不应有卡压现象。

（5）悬式瓷绝缘子安装片数为2～3片，具体数量依据设计选定。

悬式瓷绝缘子在安装前应检查绝缘子外观，绝缘子表面应光滑，无裂纹、缺釉、破损等缺陷，复合绝缘子应检查伞裙是否有损伤，密封是否良好等。瓷件与铁件组合无歪斜现象，且结合紧密、牢固，铁件镀锌良好，螺杆与螺母配合紧密，弹簧销、弹簧垫的弹力适宜（见图1-3-9）。

三、耐张线夹选型要求

耐张线夹分为NLL螺栓型耐张线夹、NXJG楔形绝缘耐张线夹、NXL楔形绝缘耐张线夹（见图1-3-10），其使用场景如下：

（1）裸铝导线与悬式绝缘子连接宜采用NLL螺栓型耐张线夹，如图1-3-11（a）所示。

（2）绝缘导线与悬式绝缘子连接时宜采用NXL或NXJG楔形绝缘耐张线夹，如图1-3-11（b）、（c）所示。

选用耐张线夹时应注意与导线截面相匹配，耐张绝缘子串在使用时，应选用合适的金具与绝缘子配合，以下介绍四种典型的耐张线夹安装方案，如图1-3-12所示。

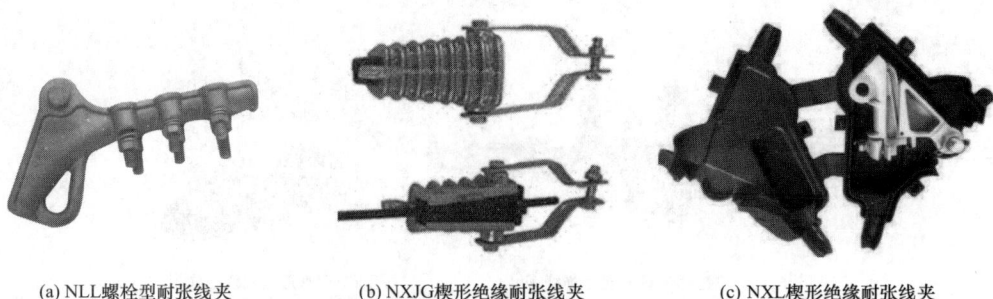

(a) NLL螺栓型耐张线夹　　　　(b) NXJG楔形绝缘耐张线夹　　　　(c) NXL楔形绝缘耐张线夹

图1-3-10　各类耐张线夹图片

(a) NLL螺栓型耐张线夹安装图　　　(b) NXJG楔形绝缘耐张线夹安装图　　　(c) NXL楔形绝缘耐张线夹安装图

图 1-3-11　各类线夹安装效果图

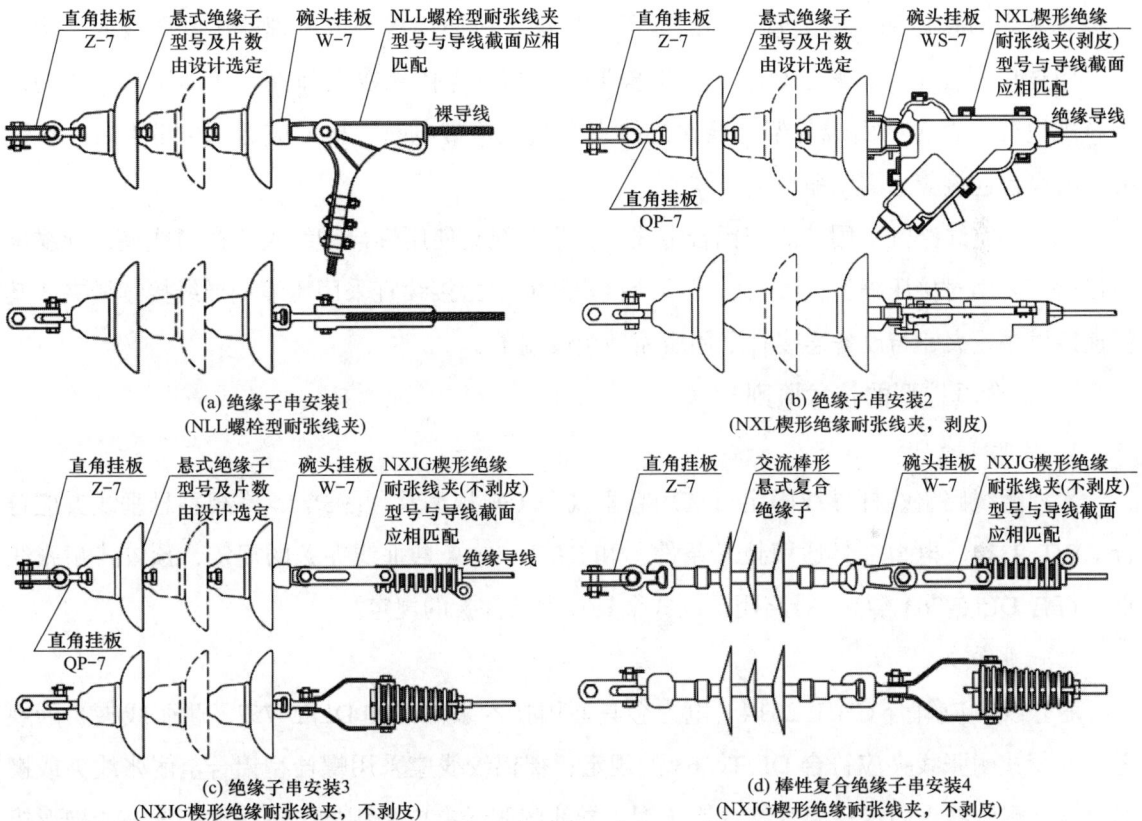

(a) 绝缘子串安装1
(NLL螺栓型耐张线夹)

(b) 绝缘子串安装2
(NXL楔形绝缘耐张线夹,剥皮)

(c) 绝缘子串安装3
(NXJG楔形绝缘耐张线夹,不剥皮)

(d) 棒性复合绝缘子串安装4
(NXJG楔形绝缘耐张线夹,不剥皮)

图 1-3-12　四种典型的耐张线夹安装方案

四、电力金具的分类

电力金具指连接和组合电力系统中的各类装置，起到传递机械负荷、电气负荷及某种防护作用的金属附件。用于配电架空线路的金具主要分为悬垂线夹、耐张线夹、连接金具、接触金具、接续金具、保护金具及防雷金具七大类。

悬垂线夹指将导线悬挂至悬垂串组或杆塔上的金具；耐张线夹指用于固定导线，以承受导线张力，并将导线挂至耐张串组或杆塔上的金具；连接金具指用于将绝缘子、悬垂线夹、耐张线夹及保护金具等连接组合成悬垂或耐张串组的金具；接续金具指用于导线或电气设备端子之间的连接，以传递电气负荷为主要目的的金具；保护金具指用于对各类电器装置或金具本身，起到电气性能或机械性能保护作用的金具；防雷金具指用于保护导线免于电弧烧伤，防止架空绝缘线路雷击断线，能够耐受一定程度的电弧烧蚀的金具。

五、各类金具选型的一般原则

选用金具时，材质上应考虑具备足够的机械强度、耐磨性、耐腐蚀性，安装上应考虑施工简便、工艺可控、便于验收。

中压架空线路应采用节能型铝合金线夹，绝缘导线耐张固定可采用专用线夹。导线承力接续宜采用对接压缩型接续管，导线非承力接续不应使用传统依赖螺栓压紧导线的并沟线夹，应选用螺栓 J 形、螺栓 C 形、弹射楔形、压缩型等依靠线夹弹性或变形压紧导线的线夹，配电变压器台区引线与架空线路连接点及其他须带电断、接处应选用可带电装、拆线夹，与设备连接应采用压缩型接线端子。

低压架空线路宜采用节能型铝合金线夹，耐张线夹使用螺栓型线夹或楔形线夹，导线承力接续宜采用对接压缩型接续管，导线及接户线非承力接续宜采用压缩型导线接续线夹或其他连接可靠线夹，与设备连接宜采用压缩型接线端子。

（一）金具选型的技术原则

1. 悬垂线夹

大档距线路直线杆导线固定可选用悬垂线夹（常规型及预绞式），常规型悬垂线夹应符合 GB/T 2314《电力金具通用技术条件》和 DL/T 756《悬垂线夹》的规定，预绞式耐张线夹应符合 DL/T 763《架空线路用预绞式金具技术条件》的规定。

2. 耐张线夹

耐张线夹应符合 GB/T 2314《电力金具通用技术条件》和 DL/T 757《耐张线夹》的规定，预绞式耐张线夹应符合 DL/T 763 的规定；裸铝绞线应采用螺栓型铝合金耐张线夹或楔形铝合金耐张线夹固定；架空绝缘铝（铜）导线耐张线夹应采用楔形绝缘耐张线夹或楔形铝合金耐张线夹；铝合金绞线、铝包钢芯铝绞线、钢芯铝绞线应采用螺栓型耐张线夹或压缩型耐张线夹固定；线路拉线应采用楔形耐张线夹、UT 形耐张线夹及预绞式拉线耐张线夹固定。

3. 连接金具

连接金具应符合 GB/T 2314《电力金具通用技术条件》、GB/T 2315《电力金具标称破坏载荷系列及连接型式尺寸》和 DL/T 759《连接金具》的规定。常规连接金具包含挂环、挂板、延长拉杆和联板等，一般需根据杆型、塔型、地形条件、绝缘子挂点形式及绝缘子金具串型等要求选择匹配的连接金具。需校核连接金具之间的相互连接，不应存在点与面、线与面接触的连接情况。

4. 接续金具

接续金具应符合 GB/T 2314《电力金具通用技术条件》和 DL/T 758《接续金具》的规定，接续金具分为承力接续和非承力接续两种。承力接续：绝缘铝（铜）绞线、裸铝绞线、铝合金绞线、钢芯铝绞线、铝包钢芯铝绞线及铜绞线承力接续宜采用压接式接续管，线路抢修可选用全张力预绞丝接续条。裸铝绞线、铝合金绞线、铝包钢芯铝绞线及钢芯铝绞线的破损和断股接续（导线最外层破损、断股不超过 1/3 的情况下）可采用补修管、预绞丝补修条进行修补。非承力接续：铝（铜）绞线、铝合金绞线、铝包钢芯铝绞线、钢芯铝绞线、耐热钢芯铝绞线跳线接续宜采用 H 形铝（铜）压缩型线夹或楔形线夹。导线与设备引线接续宜采用楔形线夹。配电变压器一次绝缘引线可采用绝缘穿刺线夹与线路导线连接。

5. 接触金具

导线与设备连接宜采用设备线夹，导线与设备连接处为不同材质时可采用过渡设备线夹或铜镀锡设备线夹，设备线夹应符合 GB/T 2314《电力金具通用技术条件》和 DL/T 346《设备线夹》的规定。

6. 保护金具

保护金具应能承受微风振动作用而不引起疲劳损坏。配电线路上用到的保护金具有阻尼线夹、防振锤及重锤片。阻尼线夹、防振锤适用于有防振要求的线路，防振锤应符合 DL/T 1099《防振锤技术条件和试验方法》的规定。

7. 防雷金具

防雷金具的选型应符合 DL/T 1292《配电网架空绝缘线路雷击断线防护导则》的规定。

（二）金具的材料及工艺要求

金具的材质一般分为铁质、铝制和合金，为了减少线路运行中产生的磁滞损耗和涡流损耗，与导线直接接触的金具部件应采用铝质材料或合金材料，其他部件可采用铁质材料。

六、架空导线紧线工艺要求

为了便于更换、安装悬式瓷绝缘子，架空导线呈现为松弛状态，在更换完悬式瓷绝缘子后，需利用紧线器对架空导线进行收紧工作。紧线工作开始前，应按要求对受力不平衡电杆装设临时拉线。工作负责人应检查紧线段内的各杆塔防倒杆措施已落实完毕，各杆塔上的工作均已完成且全部检查合格后，下达紧线指令。架空导线紧线工作的施工要点如下：

（1）紧线前，应检查接线管或接线头以及过滑轮、横担、树枝、房屋等处有无卡住现象，如遇导、地线有物体卡挂现象，应及时进行处理。

（2）紧线顺序：导线三角排列，宜先紧中导线，后紧两边导线；导线水平排列，宜先紧中导线，后紧两边导线；导线垂直排列时，宜先紧上导线，后紧中、下导线。

（3）紧线时，应随时查看地锚和拉线状况，人员不准站在或跨在已受力的导线上或导线的内角侧和展放的导线圈内及架空线的垂直下方。

（4）导线的弧垂值应符合设计数值。三相导线弛度误差不得超过 −5% 或 +10%，一般同一档距内弛度相差不宜超过 50mm。

【任务实施】

（一）编制日作业计划

（二）办理工作票

正确填写配电第一种工作票，编制标准化作业卡。

（三）规范着装

正确穿戴劳动防护用品。正确佩戴安全帽；着全棉长袖工作服，扣齐衣、袖口扣；戴手套；穿绝缘鞋。

参考资料：配电线路绝缘子安装标准化作业指导书

（四）工器具与仪器仪表

工器具主要包括安全工器具、常用工器具等，见表 1-3-3。材料清单见表 1-3-4。

表 1-3-3　　　　　　　　　10kV 线路悬式绝缘子更换工器具清单

序号	名称	型号及规格	单位	数量
1	绝缘手套	10kV	双	
2	个人保安线	拉合式	根	
3	高压接地线	10kV	组	
4	低压接地线	0.4kV	组	
5	验电器	10kV	台	
6	验电器	0.4kV	台	
7	安全带	DT1Y-Ⅱ型	副	
8	安全围栏		m	
9	交通安全警示牌		块	
10	传递绳	15m	条	
11	个人工具包		套	
12	升降板	630mm×75mm×25mm	副	
13	脚扣	JK-400	副	
14	脚踏绳		副	

表 1-3-4　　　　　　　　10kV 线路悬式绝缘子更换材料清单

序号	名称	型号	单位
1	悬式绝缘子		片

序号	名称	型号	单位
2	耐张线夹		只
3	U形挂环		只
4	平行挂板		副
5	球头		副
6	碗头		副
7	针式绝缘子		只
8	扎线		卷

（五）工前会

召开工前会，交代工作任务清楚、分工明确、告知危险点，确认天气条件能够满足作业要求；确认人员精神状态良好；本工作任务为 10kV 线路悬式绝缘子更换，进行工作危险点分析。

危险点 1：误登带电杆塔发生作业人员触电

防范措施：开工前，工作负责人应在作业现场进行安全技术交底，明确停电范围、邻近带电部位和现场危险点；迟到人员、新增人员必须补充交底后，方可参加工作。作业人员攀登杆塔前，应认真核对设备名称、编号、位置，检查现场安全措施无误后方可开始。

危险点 2：安全距离不足和感应电触电

防范措施：停电作业必须严格执行停电、验电、装设接地线等保证安全的技术措施。工作地段如有邻近、平行、交叉跨越和同杆塔架设线路，在需要接触或接近导线工作时，必须使用个人保安线，防止感应电。

危险点 3：线路作业时触电

防范措施：

（1）安装绝缘子工作，临近（跨越）带电线路时，必须认真验算导线线摆（跳）动与其临近（跨越）线路安全距离，如安全距离不足，必须将临近（跨越）线路停电；安装绝缘子工作的杆塔下方有带电线路，作业时必须采取可靠的安全措施，防止导线脱落到带电线路上或进入危险距离以内。

（2）登杆检查工作，所穿越的低压线、路灯线必须经验电并装设接地线。

（3）禁止在有同杆架设的 10kV 及以下线路带电情况下，进行另一回线路的停电施工作业；若在同杆架设的 10kV 及以下线路带电情况下，当满足 1.0m 以上安全距离且采取可靠防止人身触电安全措施时，方可进行下层线路的登杆停电检修工作；同杆如有架设通信线、广播电视线，应对其钢绞线进行验电、挂接地线，防止弱电线路带电触电。

危险点 4：倒送电触电

防范措施：

（1）双电源和自备电源用户线路的高压系统接入点应有明显断开点，作业时应将其接入点断路器、隔离开关断开，防止用户设备反送电。

（2）工作地段各端和有可能送电到停电线路工作地段的分支线（包括用户），都要停电、验电、装设工作接地线。

危险点 5：高处作业安全措施不完善导致坠落

防范措施：

（1）高度超过 1.5m 处作业，应使用安全带。在杆塔上作业，应使用有后备绳或速差自锁器的双控背带式安全带。

（2）高处作业区周围的临边、孔洞、沟道等应设盖板、安全网或围栏，同时应设置安全标志，夜间还应设红灯示警。

（3）在未做好安全措施的情况下，不准在不坚固的结构上（如石棉瓦、油毡、彩钢板等轻型或简易结构的屋面）进行工作。

危险点 6：登高工器具不合格或使用不当导致坠落

防范措施：

（1）登高前，应先检查登高工具、设施，如脚扣、安全带、梯子和爬梯等完整牢靠。

（2）高处作业，安全带的挂钩或绳子应挂在结实牢固的构件或专为挂安全带用的钢丝绳上，应采用高挂低用的方式；在转移作业位置时不得失去安全带保护。

（3）安全带禁止系挂在移动或不牢固的物件上（如隔离开关支柱绝缘子、瓷横担、未经固定的转动横担、线路支柱绝缘子、避雷器支柱绝缘子等）。

（4）使用脚扣登杆，登杆过程必须使用安全带。

危险点 7：杆塔基础不牢引发坠落

防范措施：

（1）上杆塔作业前，必须先检查根部、基础和拉线是否牢固。

（2）遇有冲刷、起土、上拔或导地线、拉线松动的电杆，应先培土加固，打好临时拉线或支好杆架后，再行登杆。

危险点 8：高处落物伤人

防范措施：

（1）进入高处作业现场，必须戴安全帽。

（2）高处作业时，必须使用工具袋，并在使用前进行外观检查；高空落物区下方不得堆放工具、材料。

（3）高处作业点下方如有人员往来，工作地点下面应有围栏，禁止无关人员在工作地点的下方通行或逗留。

危险点9：伤害行人

防范措施：在城区或人口密集区地段施工时，工作场所周围应装设遮栏（围栏），划定警戒范围、设置警示标志，看守人到位并疏导好行人，必要时请交通管理部门实施交通管制。

（六）工作过程

1. 开工前检查和安全措施布置

（1）工器具、材料检查。

1）检查绝缘电阻表：绝缘电阻表外观正常、无破损，在试验合格周期内。短路试验、开路试验合格。

2）检查绝缘手套：绝缘手套外观正常，无破损、无裂纹，充气试验合格，在试验合格周期内。

3）检查卡线器、紧线器：外观正常，无裂纹、无破损，松线、紧线操作正常，在试验合格周期内。

4）检查脚扣：脚扣外观正常，绑带松紧合适，无磨损，脚扣机械结构使用正常，无锈蚀、裂纹，在试验合格周期内。

5）检查工作绳、安全带、后备绳（二保）：外观正常，无破损、断股，冲击试验合格，在试验合格周期内。

（2）检查个人着装。工作服、绝缘鞋、安全帽、安全带穿戴正确，经试验合格并在试验周期内。

（3）办理工作票。在核对以上安全风险点无误后，由工作负责人与当值调度取得联系，履行工作许可手续。

2. 现场作业

由工作负责人宣读工作票，交代工作任务、安全措施、注意事项，经全体工作人员明确并签字确认后，工作负责人明确各个接地线位置的安装人及监护人员，下达验电、装设工作接地线的命令。

（1）对新悬式绝缘子进行测试。

1）绝缘电阻表选择正确，绝缘电阻表开路和短路检查、绝缘子测试方法正确。

2）清除绝缘子表面灰垢，悬式绝缘子应采用不低于2500V的绝缘电阻表进行绝缘电阻测试，在干燥的情况下，绝缘电阻值不低于$500M\Omega$。

（2）登杆前检查。检查杆跟、杆身、拉线，登杆前对登杆工具、安全带进行冲击试验。

（3）登杆（上下杆）。登杆动作规范、熟练，上、下登杆及转移工作位置过程中不应失去安全带保护，安全带应高挂低用。

（4）到达工作位置。站位合适，安全带使用方法正确。

（5）绝缘子拆除。将卡线器固定在需要更换的悬式绝缘子导线处，将紧线器一端固定在横担处，另一端与卡线器连接，操作紧线器将导线回收固定，使悬式绝缘子脱离受力状态。拔出悬式绝缘子的开口销和螺栓，将悬式绝缘子取下，用工作绳绑扎并下放。

（6）绝缘子安装。由地面配合人员将测试合格的悬式绝缘子绑扎在工作绳上，通过工作绳将悬式绝缘子上拉至工作位置，安装悬式绝缘子。安装注意点：

1）悬式绝缘子安装位置正确，销口统一朝上；

2）各部位连接紧固，螺栓穿向正确；

3）开口销到位并分开 30°～60°；

4）悬式绝缘子安装应牢固，连接可靠，安装方向应防止瓷裙积水。

工作人员必须将工具袋和剩余材料下传，之后下杆。

3．工作结束

工作负责人检查线路作业地段的状况，确认无遗留的个人保安线、工具、材料等，查明全体人员全部撤离工作位置后，下达拆除工作接地线的指令，最好由接地线的安装人员完成原接地线的拆除工作，同时拆除作业现场的安全围栏及警示标志牌。

工作负责人在确认现场工作已办结后，与调度办理工作票终结手续，随后组织全体工作班成员列队召开工后会进行工作总结。

任务三　10kV 线路整组拉线制作

📖【任务目标】

（1）了解拉线分类、使用场景的基本知识。

（2）熟悉拉线制作的各类剪、压实、测距工具。

（3）掌握 10kV 整组拉线的安装及验收要点。

📑【任务描述】

本任务主要介绍架空线路中拉线的分类、安装及验收要点。

📚【知识准备】

拉线是配电线路的重要组成部分，其主要作用是平衡导线的不平衡张力和稳定杆塔、减少杆塔的受力强度以及减小杆塔材料消耗、降低造价。

城区或村镇的 10kV 及以下架空线路的拉线，应根据实际情况配置拉线警示管，拉线警示管黑黄相间 200mm，如图 1-3-13 所示。

图 1-3-13　拉线警示管

一、拉线的分类

（一）普通拉线

普通拉线的结构如图 1-3-14 所示。它分为上、下两部分，上部包括固定在电杆上部的部分及与上把连接的部分，下部包括地锚把或拉环、拉线棒及埋在地下部分。

普通拉线也称落地拉线，应用在终端杆、角度杆、分支杆及耐张杆等处，它通过连接金具承受电杆的各种应力，下端用拉盘直接埋于地下，拉线中间装有调整松紧的金具 UT 形线夹，10kV 及以下电压等级的电力线路的普通拉线与电杆成 45° 的夹角，当受现场地形限制时，可适当减少，但不应小于 30°。

（二）水平拉线

水平拉线又称过路拉线，如图 1-3-15 所示，水平拉线用于因道路或其他设施无法装设普通拉线的电杆。水平拉线安装时，拉线杆应向张力反方向倾斜 10°～20°，拉线杆与坠线的夹角不小于 30°。有坠线的拉线杆埋深为杆长 1/6，坠线上端拉线抱箍距离杆顶端为 250～300mm。水平拉线对通车道路边缘路面的垂直距离不应小于 6m，非公路道路的垂直距离不应小于 5m。

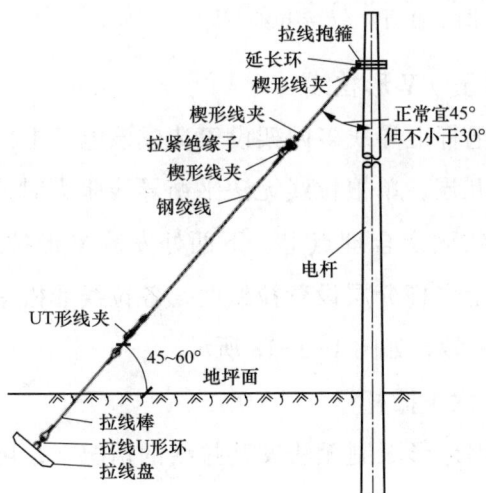

图 1-3-14　普通拉线

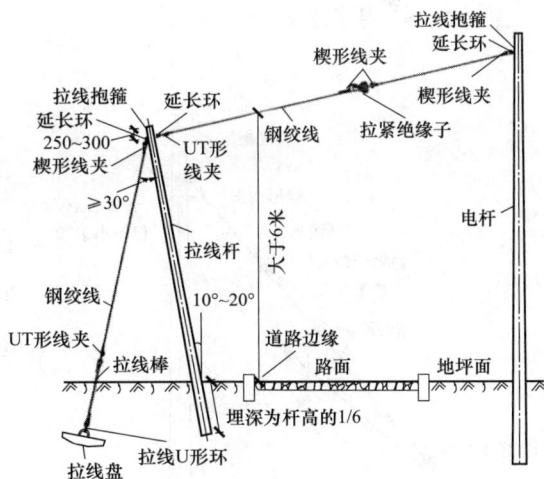

图 1-3-15　水平拉线

（三）弓形拉线

弓型拉线又称自身拉线，如图 1-3-16 所示。它是因街道狭窄或因电杆距房屋太近而无条件埋设普通拉线时使用的一种拉线装置。弓形拉线需选用专用的双合弓形拉线横担，严禁采用普通单横担替代。弓形拉线横担的末端设有两个固定点，一个为上拉杆下端固定点，另一个为钢绞线上端固定点，现场安装时，两固定点采用螺栓紧固。

（四）人字拉线

人字拉线也称为防风拉线，由两把普通拉线组成，如图 1-3-17 所示。耐张段直线杆超过 5 基时应设一基防风杆，装设防风拉线，防风拉线应与线路方向垂直，同一基杆上的防风拉线的受力应一致，不得有过松、过紧、受力不均匀的现象，拉线与电杆的夹角宜为 45°，当受现场地形限制时，可适当减少，但不应小于 30°。

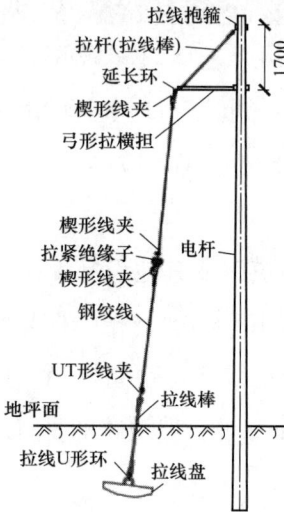

图 1-3-16 弓形拉线

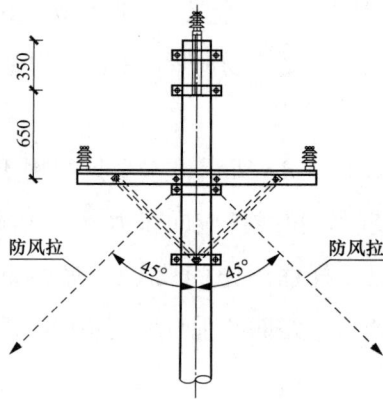

图 1-3-17 人字拉线

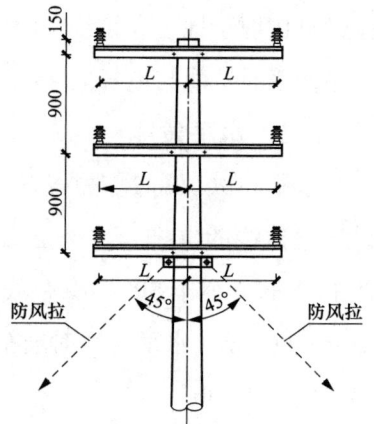

图 1-3-18 V 形拉线

（五）V 形拉线

电杆上导线多回架设等造成该电杆上横担分成几层，单根拉线无法平衡导线张力时，可在导线固定合理点上、下两处安装 V 形拉线，原则上电杆分层设置拉线时，各拉线的松紧程度应一致，如图 1-3-18 所示。

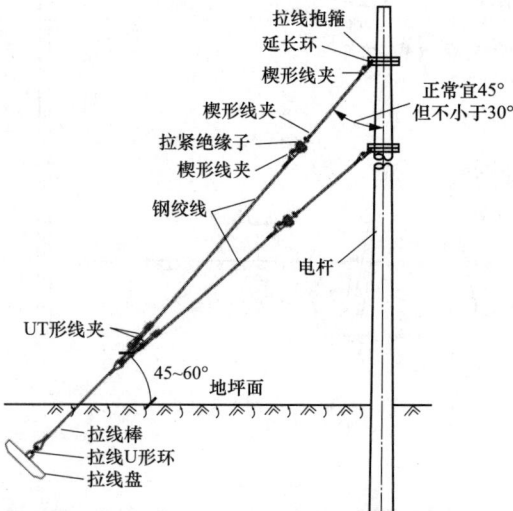

（六）撑杆

因地形限制无法安装拉线的情况下，可以在受力的反向侧安装撑杆（见图 1-3-19），以平衡导线的不平衡张力，撑杆与主杆连接应紧密、牢固，上部支撑位置应在主杆的横担、导线的下方，其埋深不应小于 0.5m，遇有土质松

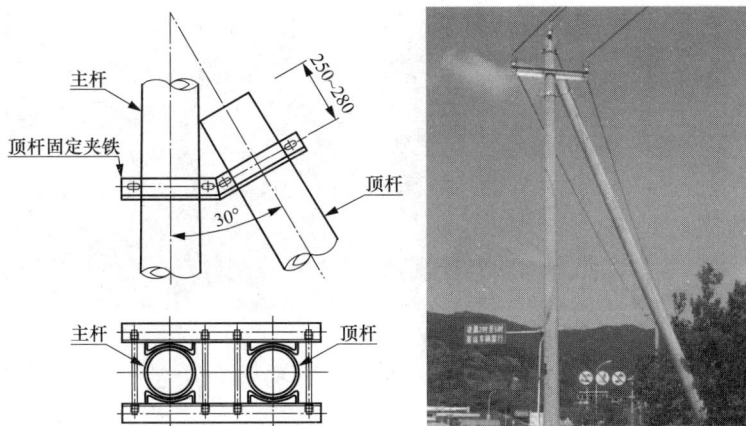

图 1-3-19 撑杆

软或受力较大时，底部应采取垫以底盘或石块等补强措施，且撑杆应设有防沉土台，撑杆与主杆的夹角应满足设计要求（一般为 30°），允许偏差为 ±5°。

二、拉线的标准化运维要求

（1）拉线无断股、松弛、严重锈蚀和张力分配不匀的现象，拉线的受力角度适当，当一基电杆上装设多条拉线时，各条拉线的受力一致。

（2）跨越道路的水平拉线，对路边缘的垂直距离不应小于 6m；跨越电车行车线的水平拉线，对路面的垂直距离不应小于 9m。

（3）拉线棒无严重锈蚀、变形、损伤及上拔现象，拉线基础牢固，周围土壤无突起、沉陷、缺土等现象。

（4）拉线不应设在妨碍交通（行人、车辆）或易被车撞的地方，无法避免时应设有明显警示标志或采取其他保护措施，无妨碍交通现象；穿越带电导线的拉线应加设拉线绝缘子，对地距离符合要求。

（5）拉线的抱箍、拉线棒、UT 形线夹、楔形线夹等金具铁件无变形、锈蚀、松动或丢失现象；撑杆、拉线桩、保护桩（墩）等无损坏、开裂等现象。

三、拉线安装工艺

拉线由拉线盘（见图 1-3-20）、拉线棒、UT 形线夹［见图 1-3-21（a）］、钢绞线、拉线绝缘子、楔形线夹［见图 1-3-21（b）］、拉线抱箍等组成。拉线一般采用多股镀锌钢绞线，其规格为 GJ-35～100。

拉线安装前应根据设计的拉线角度从拉线基坑向电杆方向开挖斜坡（马道），拉线基坑开挖深度应满足设计要求，基坑深度允许偏差为 +100～-50mm。拉线棒放置于马道内校正拉线盘方向，拉线棒应与钢绞线受力后呈一直线，拉线棒与拉线盘应垂直。拉线棒露出地面

(a) 拉线盘

(b) 拉线基坑

图 1-3-20 拉线盘、拉线基坑

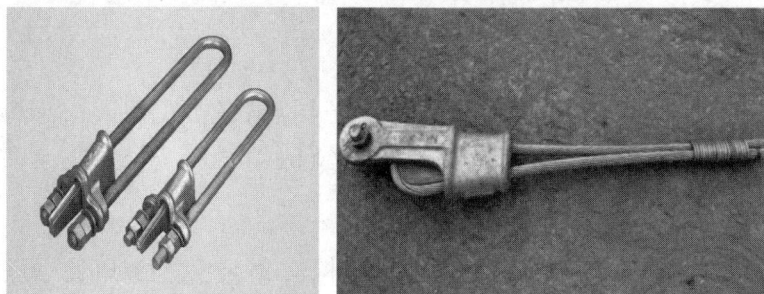

(a) UT形线夹

(b) 楔形线夹

图 1-3-21 UT 形线夹、楔形线夹

长度应控制在 500～700mm。拉线棒、拉线盘装设时，应注意拉线棒埋设 45°槽道的正确方向，确保拉线棒受力后不应弯曲、变形，影响电杆稳定性。拉线基坑回填土应夯实，并应有防沉土台。

拉线安装完毕后，UT 形线夹应有不小于 1/2 的螺杆螺纹长度可供调整。UT 形线夹的双螺母应拧紧并牢靠，其螺帽外露螺栓长度不得大于全部螺纹长度的 1/3，也不得小于 20mm，一般外露螺栓长度为 20～50mm。具体如图 1-3-22 所示。

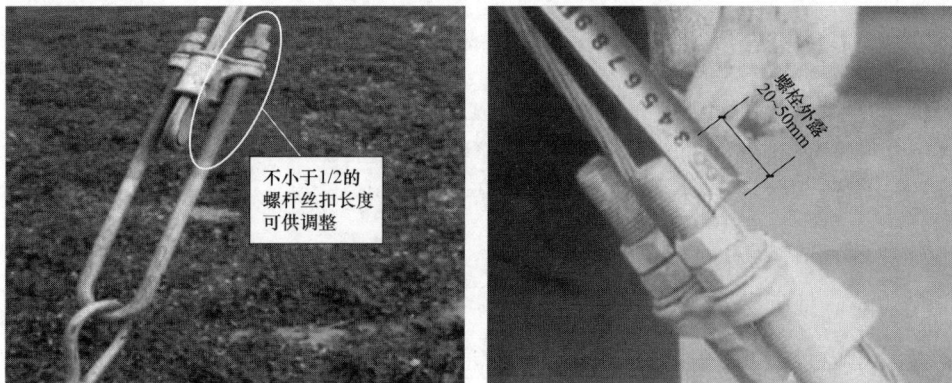

图 1-3-22 UT 形线夹安装效果

在截取钢绞线制作拉线时，需根据长度分别截取上把和下把，并用楔形线夹对上把两端及下把与拉线绝缘子连接端进行固定绑扎。截取钢绞线前应用细铁丝绑扎好。钢绞线的尾线应在线夹舌板的凸肚侧，楔形线夹尾线留取长度应为 300～500mm。钢绞线的尾线在距线头 30～50mm 处绑扎固定，绑扎长度应为 80～100mm，钢绞线的绑扎线采用热镀锌铁线，绑扎时切勿破坏镀锌铁线的镀锌层。

拉线根据需要加装拉线绝缘子（见图 1-3-23）。当拉线从导线之间穿过及拉线松脱可能碰触导线时应装设拉线绝缘子，拉线绝缘子的电压等级不应低于穿越或可能触及的线路电压等级。当拉线装设绝缘子时，绝缘子应装设在电杆最下层导线下方（如高低压同杆架设，应装设在低压线路下方），且断拉线情况下绝缘子距地面不应小于 2500mm。

拉线上把的楔形线夹和拉线抱箍连接处应采用延长环或平行挂板连接。楔形线夹的螺栓与延长环连接好后 R 形销针的开口在 30°～60°。线夹舌板与拉线接触应紧密，受力后无滑动现象，线夹的凸肚应在尾线侧，安装时不应损伤线股，拉线弯曲部分不应有明显松股。

拉线应采用专用的拉线抱箍，拉线抱箍一般装设在相对应的横担下方，距横担中心线不大于 50mm 处（见图 1-3-24）。

图 1-3-23　拉线绝缘子

图 1-3-24　拉线上把

四、拉线验收要点

（1）安装拉线前应进行外观检查，且符合下列规定：

1）镀锌良好，无锈蚀；

2）无松股、交叉、折叠、断股及破损等缺陷。

（2）拉线转角杆、终端杆、导线不对称布置的拉线直线单杆，在架线后拉线点处不应向受力侧挠倾。向反受力侧（轻载侧）的偏斜不应超过拉线点高的 3%。

（3）终端杆应向拉线侧预偏，紧线后不应向拉线反方向倾斜，拉线侧倾斜不应使杆梢位移大于杆梢直径。

（4）转角、分支、耐张、终端和跨越杆均应装设拉线，拉线及其铁附件均应热镀锌。拉线宜采用镀锌钢绞线，强度安全系数不应小于 2.0，截面积不应小于 25mm²。拉线安装应符合下列规定：拉线与电杆的夹角不宜小于 45°，当受地形限制时，不应小于 30°；终端杆的拉线及耐张杆承力拉线应与线路方向对正，分角拉线应与线路分角线方向对正，防风拉线应与线路方向垂直。

（5）采用 UT 形线夹及楔形线夹固定的拉线安装时：

1）安装前螺纹上应涂润滑剂。

2）线夹舌板与拉线接触应紧密，受力后无滑动现象，线夹凸肚应在尾线侧，安装时不应损伤线股。

3）拉线弯曲部分不应明显松脱，拉线断头处与拉线应有可靠固定。拉线处露出的尾线长度不宜超过 0.4m。

4）同一组拉线使用双线夹时，其尾线端的方向应统一。

5）UT 形线夹的螺杆应露扣，并应有不小于 1/2 螺杆螺纹长度可供调紧。调整后，UT 形线夹的双螺母应并紧。

（6）拉桩杆的安装应符合设计要求。设计无要求时，应满足以下几点：

1）采用坠线的，不应小于杆长的 1/6；无坠线的，应按其受力情况确定，且不应小于 1.5m。

2）拉桩杆应向受力反方向倾斜 10°～20°。

3）拉桩坠线与拉桩杆夹角不应小于 30°。

4）拉桩坠线上端固定点的位置距拉桩杆顶应为 0.25m。

（7）当一基电杆上装设多条拉线时，拉线不应有过松、过紧、受力不均匀等现象。

【任务实施】

（一）编制日作业计划

（二）办理工作票

正确填写现场任务派工单，编制标准化作业卡。

（三）规范着装

正确穿戴劳动防护用品。正确佩戴安全帽；着全棉长袖工作服，扣齐衣袖口；戴手套；穿绝缘鞋。

（四）工器具与仪器仪表

本工作任务为 10kV 线路整组拉线制作，按照现场布置的安全措施结合安装工艺要求准备各类工器具，见表 1-3-5 和表 1-3-6。

参考资料：配电线路拉线安装标准化作业指导书

表 1-3-5   10kV 拉线制作工器具清单

序号	名称	型号 / 规格	单位	数量	备注
1	个人用具		套	1	登高、安全防护、常规工具等
2	木槌		把	1	
3	断线钳		把	1	
4	高压、低压接地线		组	2	视作业需要增加
5	高压、低压验电器		套	2	
6	拉线紧线器	根据钢绞线规格选择	个	1	
7	钢丝绳套	与紧线器配合	个	1	
8	传递绳		根	1	
9	防锈漆		筒	1	
10	拉线护套		只	1	
11	升降板	630mm × 75mm × 25mm	副		
12	脚扣	JK-400	副		
13	脚踏绳		副		
14	安全带	DT1Y-Ⅱ 型	副		

表 1-3-6   10kV 拉线制作材料清单

序号	名称	型号	单位	数量
1	钢绞线		kg	若干
2	楔形线夹		只	1
3	UT 形线夹		只	1
4	U 形环		副	1
5	拉线绝缘子		个	1
6	接线抱箍和螺栓		套	1
7	镀锌铁丝	#10	m	若干
8	扎线		卷	

（五）工前会

召开工前会，交代工作任务清楚、分工明确、告知危险点，确认天气条件满足作业要求；确认人员精神状态良好；本工作任务为 10kV 整组拉线制作，进行工作危险点分析。

危险点 1：误登带电杆塔发生作业人员触电

防范措施：开工前，工作负责人应在作业现场进行安全技术交底，明确停电范围、邻近带电部位和现场危险点；迟到人员、新增人员必须补充交底后，方可参加工作。作业人员攀登杆塔前，应认真核对设备名称、编号、位置，检查现场安全措施无误后方可开始。

危险点 2：安全距离不足和感应电触电

防范措施：停电作业必须严格执行停电、验电、装设接地线等保证安全的技术措施。工作地段如有邻近、平行、交叉跨越和同杆塔架设线路，在需要接触或接近导线工作时，必须使用个人保安线，防止感应电。

危险点 3：线路作业时触电

防范措施：

（1）安装绝缘子工作，临近（跨越）带电线路时，必须认真验算导线线摆（跳）动与其临近（跨越）线路安全距离，如安全距离不足，必须将临近（跨越）线路停电；安装绝缘子工作的杆塔下方有带电线路，作业时必须采取可靠的安全措施，防止导线脱落到带电线路上或进入危险距离以内。

（2）登杆检查工作，所穿越的低压线、路灯线必须经验电并装设接地线。

（3）禁止在有同杆架设的 10kV 及以下线路带电情况下，进行另一回线路的停电施工作业；若在同杆架设的 10kV 及以下线路带电情况下，当满足 1.0m 以上安全距离且采取可靠防止人身触电安全措施时，方可进行下层线路的停电检修工作；同杆如有架设通信线、广播电视线，应对其钢绞线进行验电、挂接地线，防止弱电线路带电触电。

危险点 4：倒送电触电

防范措施：

（1）双电源和自备电源用户线路的高压系统接入点应有明显断开点，作业时应将其接入点断路器、隔离开关断开，防止用户设备反送电。

（2）工作地段各端和有可能送电到停电线路工作地段的分支线（包括用户），都要停电、验电、装设工作接地线。

危险点 5：高处作业安全措施不完善导致坠落

防范措施：

（1）高度超过 1.5m 处作业，应使用安全带。在杆塔上作业，应使用有后备绳或速差自锁器的双控背带式安全带。

（2）高处作业区周围的临边、孔洞、沟道等应设盖板、安全网或围栏，同时应设置安全标志，夜间还应设红灯示警。

（3）在未做好安全措施的情况下，不准在不坚固的结构上（如石棉瓦、油毡、彩钢板等轻型或简易结构的屋面）进行工作。

危险点 6：登高工器具不合格或使用不当导致坠落

防范措施：

（1）登高前，应先检查登高工具、设施，如脚扣、安全带、梯子和爬梯等完整牢靠。

（2）高处作业，安全带的挂钩或绳子应挂在结实牢固的构件或专为挂安全带用的钢丝绳上，应采用高挂低用的方式；在转移作业位置时不得失去安全带保护。

（3）安全带禁止系挂在移动或不牢固的物件上（如隔离开关支柱绝缘子、瓷横担、未经固定的转动横担、线路支柱绝缘子、避雷器支柱绝缘子等）。

（4）使用脚扣登杆，登杆过程必须使用安全带。

危险点 7：杆塔基础不牢引发坠落

防范措施：

（1）上杆塔作业前，必须先检查根部、基础和拉线是否牢固。

（2）遇有冲刷、起土、上拔或导地线、拉线松动的电杆，应先培土加固，打好临时拉线或支好杆架后，再行登杆。

危险点 8：高处落物伤人

防范措施：

（1）进入高处作业现场，必须戴安全帽。

（2）高处作业时，必须使用工具袋，并在使用前进行外观检查；高空落物区下方不得堆放工具、材料。

（3）高处作业点下方如有人员往来，工作地点下面应有围栏，禁止无关人员在工作地点的下方通行或逗留。

危险点 9：伤害行人

防范措施：在城区或人口密集区地段施工时，工作场所周围应装设遮栏（围栏），划定警戒范围、设置警示标志，看守人到位并疏导好行人，必要时请交通管理部门实施交通管制。

（六）现场作业

1. 开工前检查和安全措施布置

（1）工器具、材料检查。

1）检查工作绳、安全带、后备绳（二保）：外观正常，无破损、断股，冲击试验合格，在试验合格周期内。

2）检查工具包：工具包外观正常，无破损。

3）检查脚扣：脚扣外观正常，绑带松紧合适，无磨损，脚扣机械结构使用正常，无锈蚀、裂纹，在试验合格周期内。

4）检查杆塔基础及杆塔是否牢固。

5）认真核对工作地点的线路名称、杆号、色标。

（2）检查个人着装。工作服、绝缘鞋、安全帽、安全带穿戴正确，经试验合格并在试验周期内。

（3）办理工作票。在核对以上安全风险点无误后，由工作负责人与当值调度取得联系，履行工作许可手续。

工作负责人组织全体工作人员现场列队，由工作负责人宣读工作票，交代工作任务、安全措施、注意事项，经全体工作人员明确并签字确认后，工作负责人明确各个接地线位置的安装人及监护人员，下达验电、装设工作接地线的命令。

2. 施工作业

拉线制作时，钢绞线按需用长度经计算确定后分别截取上把和下把，并用楔形线夹对上把两端及下把与拉线绝缘子连接端进行固定绑扎。钢绞线剪断前应用细铁丝绑扎好。

图 1-3-25 楔形线夹的尾线长度

（1）拉线制作应符合以下要求：

1）主线与尾线应平行，钢绞线的尾线应在线夹舌板的凸肚侧，尾线应紧密绑缠 50～100mm，绑完后应拧紧 3～5 圈小辫并压平尾线，绑缠时不得损伤铁线镀锌层（不包括小辫），楔形线夹尾线留取长度应为 300～500mm，如图 1-3-25 所示。

2）钢绞线与舌板的间隙不得大于 1mm。

3）钢绞线的尾线在距线头 30～50mm 处绑扎固定，绑扎长度应为 80～100mm（见图 1-3-26），钢绞线的绑扎线采用热镀锌铁线，绑扎时切勿破坏镀锌铁线的镀锌层。

4）拉线上把和拉线抱箍连接处应采用延长环或平行挂板连接。

5）同组拉线使用两个线夹并采用连板时，则线夹尾线端的方向应统一。

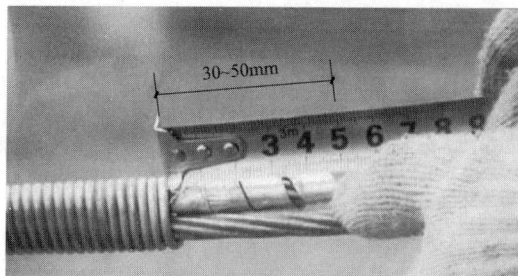

(a) 钢绞线尾端预留长度

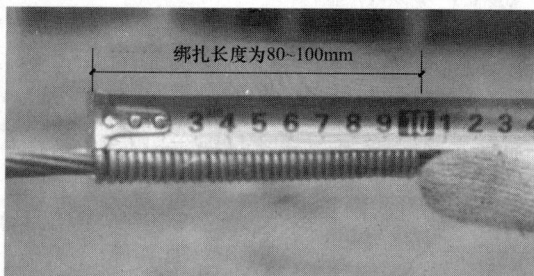

(b) 钢绞线回尾绑扎长度

图 1-3-26 钢绞线制作工艺要求

（2）拉线安装应符合以下要求：

1）拉线应采用专用的拉线抱箍，拉线抱箍一般装设在相对应的横担下方，距横担中心线不大于 50mm 处。

2）拉线的收紧应采用紧线器进行。拉线安装收紧后，UT 形线夹应有不小于 1/2 的螺杆螺纹长度可供调整。

3）UT 形线夹的双螺母应拧紧并牢靠，其螺母外露螺栓长度不得大于全部螺纹长度的 1/3，也不得小于 20mm，一般外露螺栓长度为 20～50mm。

4）拉线下把应采用热镀锌拉线棒，安全系数不小于 3，最小直径不应小于 16mm，拉线棒外露地面部分的长度应为 500～700mm，如图 1-3-27 所示。

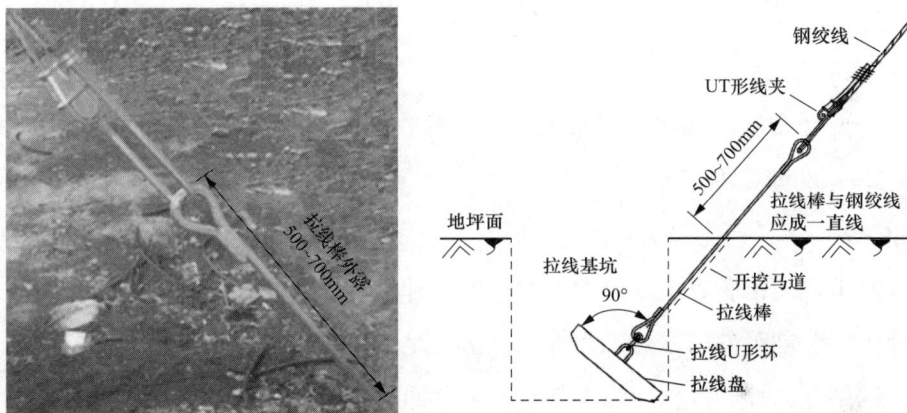

图 1-3-27　拉线下把

5）楔形线夹的螺栓与延长环连接好后 R 形销针的开口在 30°～60°。

6）线夹舌板与拉线接触应紧密，受力后无滑动现象，线夹的凸肚应在尾线侧，安装时不应损伤线股，拉线弯曲部分不应有明显松股。

7）拉线根据需要加装拉线绝缘子。当拉线从导线之间穿过及拉线松脱可能碰触导线时应装设拉线绝缘子，拉线绝缘子的电压等级不应低于穿越或可能触及的线路电压等级。当拉线装设绝缘子时，绝缘子应装设在电杆最下层导线下方（如高低压同杆架设，应装设在低压线路下方），且断拉线情况下绝缘子距地面不应小于 2500mm。

8）若为拉线检修更换拉线（整体或部件），在拆除旧拉线（或部件）前应采取加装临时拉线措施，防止线路失去拉线保护导致线路跑偏、倒杆等。

9）拉线安装后，应正常受力，不得松弛或过紧。

3. 工作结束

工作负责人检查线路作业地段的状况，确认无遗留的个人保安线、工具、材料等，查明全体人员全部撤离工作位置后，下达拆除工作接地线的指令，最好由接地线的安装人员完成原接地线的拆除工作。同时拆除作业现场的安全围栏及警示标志牌。

工作负责人在确认现场工作已办结后，向调度办理工作票终结手续，随后组织全体工作班成员列队召开工后会。

任务四 配电网架空线路工程竣工验收

【任务目标】

（1）掌握架空线路验收流程、环节及工程资料验收清单、验收要点。

（2）掌握架空线路工程现场验收安全注意事项、验收要点。

（3）掌握架空线路工程交接试验内容、步骤、操作方法、验收要点。

【任务描述】

本任务主要介绍配电网架空线路工程竣工验收的流程、环节，各个环节中的注意事项，以及验收需要掌握的工具、方法等。

【知识准备】

架空线路工程竣工验收指在建的工程依据设计图纸完成所有施工内容后，由主管单位会同设计、施工、监理等部门，对工程施工质量、是否依据设计要求开展全面检验，取得竣工合格资料、数据和凭证的过程。竣工验收，是全面考核建设工作，检查是否符合设计要求和工程质量的重要环节，对促进建设项目（工程）及时投产、发挥投资效果、总结建设经验有重要作用。

架空线路工程竣工验收通常包含工程资料验收、现场验收、交接试验三个环节。

一、工程资料验收

架空线路工程竣工验收应提交下列资料：

（1）施工中的有关协议及文件；

（2）设计变更通知单及在原图上修改的变更设计部分的实际施工图、竣工图；

（3）施工记录图；

（4）安装技术记录；

（5）接地记录，记录中应有接地电阻值、测试时间、测验人姓名；

（6）导线弧垂施工记录，记录中应明确施工线段、弧垂、观测人姓名、观测日期、气候条件；

（7）施工中所使用器材的试验合格证明；

（8）交接试验记录。

二、现场验收

架空线路工程现场验收应进行下列检查：

（1）导线型号、规格应符合设计要求；

（2）电杆组合的各项误差应符合规定；

（3）电气设备外观完整、无缺损，线路设备标志齐全；

（4）拉线的制作和安装应符合规定；

（5）绝缘线的弧垂、相间距离、对地距离及交叉跨越距离应符合规定；

（6）绝缘线上无异物；

（7）配套的金具、卡具应符合规定，线路走廊障碍物的处理应符合规定，遗留问题是否得到处理。

三、交接试验

电气设备安装竣工后的验收试验称为交接试验，架空线路的交接试验项目应包含下列内容：

（1）测量绝缘子和线路的绝缘电阻，测量时应注意：

1）中压架空绝缘配电线路测量绝缘电阻：应使用量程为2500V的绝缘电阻表测量，要求测量结果至少不低于1000MΩ。

2）低压架空绝缘配电线路测量绝缘电阻：应使用量程为500V的绝缘电阻表测量，电阻值不低于0.5MΩ。

3）测量架空线路绝缘电阻时，应将断路器、负荷开关及隔离开关全部断开。

4）应测量并记录线路的绝缘电阻值。

5）测量杆塔的接地电阻值，确保接地电阻值符合设计文件的规定。

（2）检查相位，确保各相两侧的相位一致。

（3）对架空线路进行冲击合闸试验，空载线路的冲击合闸试验会在架空线路上产生相当高的操作过电压，便于检验新建配电网架空线路的绝缘质量，由于冲击合闸试验会引发操作过电压，可能引起架空线路的损伤，因此对空载线路的冲击合闸试验，一定要依据规范来开展，应注意以下事项：

1）冲击合闸试验应在额定电压下进行。

2）冲击合闸试验前应将架空线路上的设备全部断开，保证线路在空载状态。

3）对空载的线路应进行三次冲击合闸试验，且试验过程中线路绝缘不应有损坏。

四、架空导线竣工验收要点

（1）架空导线安装后，应无磨伤、断股、扭、弯等现象，若导线出现损伤，但导线截面积损坏不超过导电部分截面积的 17% 时，可敷线补修，敷线长度应超出缺陷部分，两端各缠绕长度不小于 100mm。若导线损伤有下列情况之一者，应锯断重新施工：

1）同一截面内，损坏面积超过导线的导电部分截面积的 17%；

2）钢芯铝绞线的钢芯断一般；

图 1-3-28　导线出灯笼照片

3）导线出灯笼，直径超过 1.5 倍导线直径而又无法修复（见图 1-3-28）；

4）金钩破股已形成无法修复的永久变形。

（2）不同金属、不同规格、不同绞向的导线严禁在档距内连接。不同金属的导线，不应在同一直线横担上架设。

（3）导线紧好后，同档内各相导线弛度力求一致，水平排列的导线弛度相差不应大于 50mm，线上不应有树枝等杂物。

（4）1～10kV 线路每相过引线、引下线与邻相的过引线、引下线或导线之间的净空距离，不应小于 300mm；1kV 以下配电线路，不应小于 150mm。1～10kV 线路的导线与拉线、电杆或构架之间的净空距离，不应小于 200mm；1kV 以下配电线路，应小于 50mm。1～10kV 引下线与 1kV 以下线路间的距离不应小于 200mm。

五、架空线路设备竣工验收要点

（1）杆上变压器台架的安装应符合下列规定：

1）安装牢固，水平倾斜不应大于台架根开的 1/100。

2）一、二次引线应排列整齐、绑扎牢固。

3）变压器安装后，套管表面应光洁，不应有裂纹、破损等现象；套管压线螺栓等部件应齐全，且安装牢固；储油柜油位正常，外壳干净。

4）变压器外壳应可靠接地；接地电阻值应符合规定。

（2）跌落式熔断器的安装应符合下列规定：

1）各部分零件完整、安装牢固。

2）转轴光滑灵活，铸件不应有裂纹、砂眼。

3）瓷件良好，熔丝管不应有吸潮膨胀或弯曲现象。

4）熔断器安装牢固、排列整齐、高低一致，熔管轴线与地面的垂线夹角为 15°～30°。

5）动作灵活可靠、接触紧密，合熔丝管时上触头应有一定的压缩行程。

6）上下引线应压紧，与线路导线的连接应紧密可靠。

（3）杆上避雷器的安装应符合下列规定：

1）瓷件良好，瓷套与固定抱箍之间应加垫层。

2）安装牢固、排列整齐、高低一致，相间距离不小于 350mm。

3）引下线应短而直、连接紧密，采用绝缘线时，其截面积应不小于：上引线采用的铜绝缘线不小于 16mm；下引线采用的铜绝缘线不小于 25mm。

4）与电气部分连接，不应使避雷器产生外加应力。

5）引下线应可靠接地，接地电阻值应符合规定。

（4）柱上开关的安装应符合下列规定：

1）安装牢固可靠，水平倾斜不大于托架长度的 1/100。

2）引线的绑扎连接处应留有防水弯，绑扎应紧密，绑扎长度不应小于 150mm。

3）瓷件良好，外壳干净，不应有漏油现象。

4）动作正确可靠。

5）外壳应可靠接地。

（5）杆上隔离开关的安装应符合下列规定：

1）瓷件良好、安装牢固。

2）操动机构动作灵活。

3）隔离刀刃合闸时应接触紧密，分闸时有足够的空气间隙。

4）与引线的连接应紧密可靠。

5）隔离刀刃分闸时应使静触头带电。

六、架空导线对地距离及交叉跨越要求

（1）导线与地面的距离，在导线最大弧度时，不应小于表 1-3-7 所列数值。

表 1-3-7　　　　　　　　　　架空导线对地安全距离要求

线路经过地区	线路电压	
	1～10kV	1kV 以下
居民区	6.5	6
非居民区	5.5	5
不能通航也不能浮运的河、湖（至冬季冰面）	5	5
不能通航也不能浮运的河、湖（至 50 年一遇洪水位）	3	3
交通困难地区	4.5（3）	4（3）

注　括号内为绝缘线数值。

（2）1～10kV 配电线路不应跨越屋顶为易燃材料做成的建筑物，对耐火屋顶的建筑物，

应尽量不跨越，如需跨越，导线与建筑物的垂直距离在最大计算弧垂情况下，裸导线不应小于 3m，绝缘导线不应小于 2.5m。

1kV 以下配电线路跨越建筑物，导线与建筑物的垂直距离在最大计算弧垂情况下，裸导线不应小于 2.5m，绝缘导线不应小于 2m。

线路边线与永久建筑物之间的距离在最大风偏情况下，不应小于下列数值：

1～10kV：裸导线 1.5m，绝缘导线 0.75m。（相邻建筑物无门窗或实墙）

1kV 以下：裸导线 1m，绝缘导线 0.2m。（相邻建筑物无门窗或实墙）

在无风情况下，导线与不在规划范围内城市建筑物之间的水平距离，不应小于上述数值的一半。

（3）1～10kV 配电线路通过林区应砍伐出通道，通道净宽度为导线边线向外侧水平伸 5m，绝缘线为 3m，当采用绝缘导线时不应小于 1m。

在下列情况下，如不妨碍架线施工，可不砍伐通道：

1）树木自然生长高度不超过 2m。

2）导线与树木（考虑自然生长高度）之间的垂直距离不小于 3m。

3）配电线路通过公园、绿化区和防护林带，导线与树木的净空距离在最大风偏情况下不应小于 3m。

4）配电线路通过果林、经济作物及城市灌木林，不应砍伐通道，但导线至树梢的距离不应小于 1.5m。

5）配电线路的导线与街道树之间的距离不应小于表 1-3-8 所列数值。

表 1-3-8　　　　　　　　　　配电线路与树木的距离要求

最大弧垂情况的垂直距离		最大风偏情况的水平距离	
1～10kV	1kV 以下	1～10kV	1kV 以下
1.5（0.8）	1.0（0.2）	2.0（1.0）	1.0（0.5）

注　括号内为绝缘导线数值。

校验导线与树木之间的垂直距离，应考虑树木在修剪周期内的生长高度。

（4）配电线路应架设在弱电线路的上方，配电线路的电杆，应尽量接近交叉点，但不宜小于 7m（城区的线路，不受 7m 的限制）。

（5）配电线路与铁路、公路、河流、管道和索道交叉时的最小垂直距离，在最大弛度时不应小于表 1-3-9 所列数值。

（6）配电线路与特殊管道交叉时，应避开管道的检查井或检查孔，同时，交叉处管道上所有部件应接地。

表1-3-9　配电线路与铁路、公路、河流、管道和索道交叉时的最小垂直距离

项目	铁路 标准轨距	铁路 窄轨	公路 高速公路、一级公路	公路 二、三、四级公路	电车道 有轨及无轨	河流 通航	河流 不通航	弱电线路 一、二级	弱电线路 三级	电力线路（kV）1以下	电力线路（kV）1~10	电力线路（kV）35~110	电力线路（kV）154~220	电力线路（kV）330	电力线路（kV）500	特殊管道	一般管道、索道	人行天桥
导线最小截面积	铝线及铝合金线50mm²，铜线为16mm²																	
导线在跨越档内的接头	不应接头	—	不应接头	—	不应接头	不应接头	—	不应接头	—	交叉不应接头	交叉不应接头	—	—	—	—	不应接头	—	—
导线支持方式	双固定	双固定	双固定	单固定	双固定	双固定	单固定	双固定	单固定	单固定	双固定					双固定		
最小垂直距离(m) 项目	至轨顶（电气化线路：接触线或承力索）		至路面		至承力索或接触线（至路面）	至最高航行水位的最高船桅顶（至常年高水位）	冬季至冰面（至最高洪水位）	至被跨越线		至导线						电力线在下面	电力线在下面／电力线至电力线上面至的保护设施	导线边线至天桥行人行天桥边缘
最小垂直距离(m) 1kV~10kV	7.5（电气化6.0，平原地区配电线路入地）	6.0	7.0	6.0	3.0/9.0	1.5（6）	3.0（5.0）	2.0		2	2	3	4	5	8.5	3.0	2.0/2.0	5（4）
最小垂直距离(m) 1kV以下	7.5（电气化6.0，平原地区配电线路入地）	6.0	6.0	6.0	3.0/9.0	1.0（6）	3.0（5.0）	1.0		1	2	3	4	5	8.5	1.5/1.5	1.5/1.5	4（3）
最小水平距离(m) 项目	电杆外缘至轨道中心		电杆中心至路面边缘		电杆中心至路面边缘／电杆外缘至轨道中心	与拉纤小路平等的线路，边导线至斜坡上缘（最高电杆高度）		在路径受限制地区，两线路边导线间		在路径受限制地区，两线路边导线间						在路径受限制地区，两线路边导线间		导线边线至天桥行人行天桥边缘
最小水平距离(m) 1~10kV	交叉：5.0 平行：杆高+3.0		0.5		0.5/3.0	最高电杆高度		2.0		2.5	2.5	5.0	7.0	9.0	13.0	2.0		4.0
最小水平距离(m) 1kV以下	平行：杆高+3.0		0.5		0.5/3.0	最高电杆高度		1.0								1.5		2.0

（7）配电线路与甲类火灾危险性的生产厂房，甲类物品库房和易燃、易爆材料堆场以及可燃或易燃、易爆液（气）体贮罐的防火间距不应小于杆塔高度的 1.5 倍。

【任务实施】

（一）工作前准备

准备内容及标准见表 1-3-10。

表 1-3-10 准 备 内 容 及 标 准

序号	内容	标准
1	现场勘察	由工作负责人、技术员、工作票签发人等相关人员到现场勘察，提出危险点和危险点控制措施
2	查阅有关资料	了解验收的图纸资料、线路接线方式、运行方式
3	准备设备材料	按设计图纸材料单准备设备材料，设备材料在出库前、使用前都应进行必要的外观检查或试验
4	组织作业人员学习施工验收指导书	验收之前由验收负责人组织召开工前会，交待此次的验收内容、注意事项，以及相应的人员分工和任务等

（二）工器具准备

准备本次工作需要使用的工器具，主要为接地电阻表、绝缘电阻表、测距仪、卷尺等。

（三）危险点分析

本工作任务为配电网架空线路工程竣工验收，该工作任务的主要危险点及防范措施如下：

危险点 1：误登带电杆塔，造成人员触电

防范措施：对于未验收的已形成电气连接线路的，验收人员不得随意登杆及碰触相关设备。对于需登杆塔高空进行验收的，应办相关的手续及做好相应的措施。

危险点 2：人身触电伤害

防范措施：验收负责人在完成工作许可手续后，应向验收成员交代安全措施、邻近带电部位和注意事项。验收负责人应始终在验收现场，认真做好监护工作。验收人员验收时应核对线路及设备名称、杆塔号、标志是否与验收线路相符。测量配电变压器、避雷器接地电阻值时应至少两人一组进行，在测量时，应做好防止人员进入测试场地的措施。测量完成后，接地电阻表应充分放电后方可收起。进入用户配电室验收，必须了解设备接线情况、运行情况，明确带电设备和带电部位，确保安全情况下方可开展工作。

危险点 3：新安装的线路及设备是否符合设计要求、施工规范

防范措施：验收工作应对新安装线路、设备等进行检查，符合设计要求，确保接线、相序无误，施工工艺符合规范。

（四）标准化作业卡编制

编制标准化作业卡是使得竣工验收作业工作内容更加清晰明确，确保竣工验收环节、资料完整齐备，不出错的一项重要措施。

参考资料：架空线路竣工验收标准作业卡

（五）现场验收

架空线路工程现场验收应进行下列检查：

（1）导线型号、规格验收。根据设计图纸核对主干线、分支线导线型号，使用测距仪（见图1-3-29）测量并核对每档架空导线的档距。

（2）电杆现场验收。依据设计图纸，核对现场所使用的各类电杆，包括窄基塔、宽基塔、钢管塔、水泥电杆等（见图1-3-30），核对各场景的电杆是否符合设计图纸，施工工艺是否规范。

图1-3-29　测距仪的使用

(a) 窄基塔　(b) 钢管杆　(c) 门型杆　(d) 水泥杆

图1-3-30　各类电杆图片

检查电杆埋设深度，应符合表1-3-11的要求。

表1-3-11　电杆及埋深对照表　单位：m

杆高	8.0	10.0	12.0	13.0	15.0
埋深	1.5	1.7	1.9	2.0	2.3

（3）电气设备验收。

1）使用接地电阻表测量各类电气设备的接地电阻，接地电阻值应符合设计规范要求。

2）使用望远镜检查设备的装设工艺应符合标准化施工工艺要求，各类设备外观完整、无缺损，线路设备标志齐全。

（4）拉线的验收。

1）检查拉线的安装位置是否与设计图纸相同，电杆、导线、拉线的受力应平衡，满足设计要求。

2）检查拉线安装位置是否会引起安全隐患，影响车辆出行。

3）检查拉线盘的安装工艺是否与标准化安装工艺相符。

（5）其余装置验收。

1）检查绝缘线的弧垂、相间距离、对地距离及交叉跨越距离符合规定；

2）检查绝缘线上无异物；

3）检查配套的金具、卡具，确定其符合规定；

4）检查线路走廊通道是否清理，是否符合相关设计标准要求。

（6）工程图纸验收。检查整份竣工资料，按照竣工资料清单逐项核对资料是否完成齐备，验收标准及注意事项如下：

1）有完整、正确、与现场相适应的走向图、杆塔明细表、弧垂表、其他设计及设计变更图（包括网络图）。

2）工程竣工后一个月内，提供完整、正确、与现场相符的竣工图纸（含设计图纸）。

3）在地理图中绘制清晰的实际线路路径平面图（应标有路径与参照物距离的尺寸及图例）。

4）试验报告按 DL/T 596—2021《电力设备预防性试验规程》如实填报完整（出厂报告可替代现场试验报告），主要设备的技术说明、出厂试验及合格证资料齐全。

5）隐蔽工程的施工、签证记录及中间验收资料，各类人员的签名齐全、规范。

6）有关清赔协议、文件齐全。

7）异动单及验收表填写完整。

（7）交接试验。

1）使用接地电阻表测量架空线路上的变压器、柱上开关、避雷器、跌落式熔断器等设备的接地电阻，接地电阻应符合设计规范要求（见图1-3-31）。

2）使用绝缘电阻表测量架空线路、绝缘子、瓷横担等的绝缘电阻值，绝缘电阻值应符合设计规范要求（见图1-3-32）。

3）对架空线路进行冲击合闸试验，在额定电压下冲击试验三次，冲击试验结束后，使用绝缘电阻表再次测试架空线路的绝缘电阻，测试结果应符合设计规范的要求。

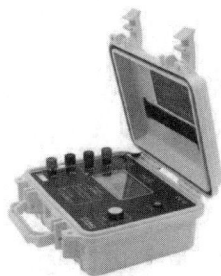

(a) 接地电阻表1　　　　　　　(b) 接地电阻表2　　　　　　　(c) 接地电阻测试

图 1-3-31　接地电阻测试

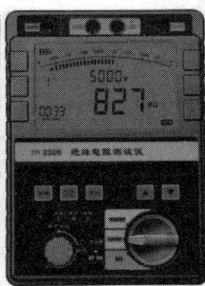

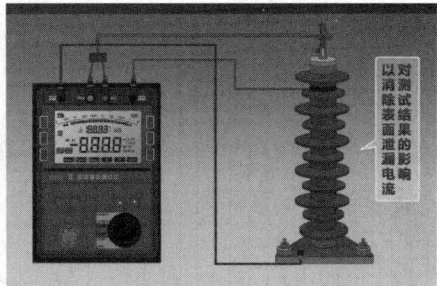

(a) 绝缘电阻表照片　　　　　　　　　　　(b) 绝缘电阻测试方法

图 1-3-32　绝缘电阻测试

模块四　10kV 及以下配电网故障抢修

【模块描述】

本模块主要包括 10kV 及以下配电网故障抢修流程及基本要求、10kV 及以下配电网常见的故障抢修两个任务。

核心知识点包括配电网故障抢修的基本要求，抢修全流程，配电网故障抢修工作的正确组织，故障快速排查，抢修时限及服务规范，现场勘察单、材料单的应用，以及常见故障抢修处理方法及抢修过程中涉及的相关技能。

关键技能项包括正确应用现场勘察单、材料单；掌握 10kV 故障查找、10kV 隔离开关故障抢修更换、0.4kV 表前开关故障抢修更换、0.4kV 接户线故障抢修等。

【模块目标】

通过本模块学习，应达到以下目标：

（一）知识目标

熟悉配电网故障抢修的原则和总体工作要求及抢修服务规范、抢修时限，掌握抢修整体流程。掌握常见故障种类及抢修方法。

（二）技能目标

通过所学技能知识，能够根据不同故障类别，正确快速制定抢修预案并组织抢修工作，确定相应的安全措施，如需要停电的范围、装设的接地线、作业条件注意事项等；判断所需的安全施工工器具和抢修材料的种类、数量，保障抢修工作能安全、顺畅、快速地进行，掌握常见的故障快速修复抢修办法，并做到修复后设备能安全可靠运行，学会举一反三，面对常见的各类故障都能够正确快速规范的进行抢修。

（三）素质目标

通过抢修全流程学习，能够全面提升专业知识水平和技能水平，牢固树立抢修作业过程中的安全风险防范意识，提升服务规范意识，树立以客户需求为导向，急用户之所急，做到快速、安全、规范修复故障，尽快恢复供电，保障人民生活和社会经济等。培养细心守规的职业行为习惯，提高团队协作、团队互助能力。

任务一　10kV 及以下配电网故障抢修流程及基本要求

【任务目标】

（1）熟悉配电网故障抢修的释义、原则及总体要求。

（2）掌握配电网故障抢修流程及基本要求。

（3）掌握配电网抢修的安全风险防控措施。

【任务描述】

本任务主要通过对 10kV 及以下配电网故障抢修业务进行描述，熟悉配电网故障抢修的意义、原则和总体要求；通过分步骤介绍，掌握配电网故障抢修流程、基本要求及安全风险防控措施。

【知识准备】

供电中断将影人们的日常生活和社会经济活动，如电气设备无法正常使用；商场、工厂无法正常运营；医疗设备、交通信号无法正常运行等，通过快速抢修，可以尽快恢复供电，确保人民的基本生活需求得到满足，并维持正常的社会运行和生产活动，减少潜在的社会混乱和安全事故的发生，确保社会秩序和安全得到保障。缩短停电时间，尽快修复电力系统，这样可以降低停电带来的经济损失，维护生产和商业活动的连续性，同时减少对用户的不便和影响，提高电力系统的可靠性和韧性。

一、配电网故障抢修的释义、原则及总体要求

（一）配电网故障抢修的释义

配电网故障抢修是指配电网发生因设备老化、外力破坏等引起断路、短路的故障或突发事件导致供电中断事故，需迅速、安全地排除故障，对配电网进行紧急修复，恢复电力供应，以减少用户的停电时间和影响，保障用户用电，供电可靠的一项任务。

（二）配电网故障抢修原则

配电网故障抢修管理应遵循"安全第一、快速响应、综合协同、优质服务"的原则。

（1）"安全第一"是指强化抢修关键环节风险管控，按照标准化作业要求，确保作业人员安全及抢修质量。

（2）"快速响应"是指加强配电网故障抢修的过程管控，满足抢修服务承诺时限要求，确保抢修工作高效完成。

（3）"综合协同"是指各专业（保障机构）工作协调配合，建立配电网故障抢修协同机制，实现"五个一"标准化抢修要求（见图 1-4-1）。

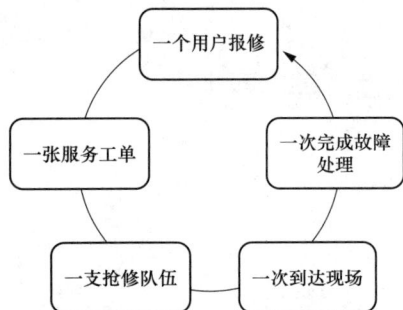

图 1-4-1 "五个一"标准化抢修要求

（4）"优质服务"是指抢修服务规范，社会满意度高，品牌形象优良。

（三）故障抢修总体要求

（1）确保安全。在确保抢修人员自身安全的前提下开展故障巡视、故障修复等抢修工作；尽快查找故障地点和故障原因，消除事故根源，防止扩大事故；采取措施防止行人接近故障导线和设备，避免发生人身事故。

（2）优化策略。按照先主干后分支、轻重缓急的原则组织抢修；积极采取带电作业、应急发电、临时转供电等措施，尽快恢复供电。

（3）闭环管控。建立故障停电事件分级响应工作机制，明确各专业职责及预警、响应、处置工作流程，应对抢修开展全过程跟踪、管控，减少故障停电影响。

二、配电网故障抢修流程及基本要求

配电网故障抢修实行 7×24h 全天候响应的电力服务，完善的作业流程是事故抢修质量的保证，是正确指挥的理论依据。应以"时间短、动作快、抢修准、质量高"为原则，按照"接收事故信息，查找事故点，启动抢修预案，事故处理，恢复送电，总结分析"的流程进行（见图 1-4-2）。

（1）快速反应。在故障发生后，应当立即启动抢修工作。

（2）确保安全。抢修过程中，应当始终把安全放在首位。

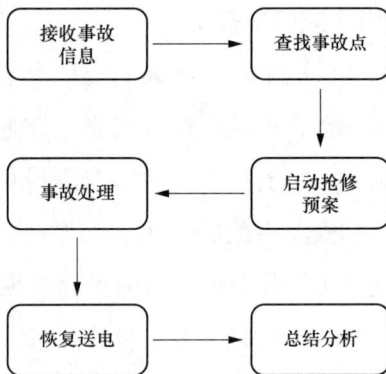

图 1-4-2 配电网故障抢修流程图

（3）合理调度。抢修过程中，应当合理安排人员和物资，确保抢修工作高效有序。

（4）高效协作。抢修工作需要不同专业部门之间的紧密配合，以确保抢修工作能够顺利进行。

（5）不断改进。抢修工作需要不断总结经验，找出问题并加以解决，以提高抢修工作的效率和质量。

（一）配电网故障信息接收及故障查找

通过客户报修或供电企业调控中心监测等，获得故障发生信息，当接收到故障信息后，抢修队伍应快速反应，在规定时限内（见表 1-4-1）前往现场，进行故障查找研判，若因特殊原因无法按时限要求到达现场的，抢修人员应及时与客户沟通，做好解释工作。

表 1-4-1　　　　　　　　　　抢修人员到达现场时限表

城区范围	农村地区	特殊边远区域
45min	90min	2h

1. 故障业务分类

根据报修故障的重要程度、停电影响范围、危害程度等将故障报修业务分为紧急、一般两个等级。

（1）紧急故障报修：已经或可能引发人身伤亡的、人员密集公共场所秩序混乱的；严重环境污染的；对高危及重要客户造成重大损失或影响安全、可靠供电的；在经济上造成较大损失的；引发服务舆情风险的电力设施安全隐患或故障。

（2）一般故障报修：除紧急故障报修外的故障报修。

2. 故障查找

正确分析和判断故障点是故障抢修的关键，及时准确查找故障点是故障抢修的保障。抢修人员接收到故障报修信息后，应立即对报修区域进行巡视，查找故障点。

（1）故障查找规范。

1）一次查清故障点。应充分综合配电自动化、用电信息采集、接地选线装置、继电保护等保护自动化装置动作信息，以及用户报修信息，开展故障研判，抢修人员现场查找故障点；对于长线路，应增派人员全面、尽速开展现场故障巡视，杜绝无依据、未经巡视地盲目强送。

2）规范开展测试、检验。初判配电变压器、电缆、开关柜等设备故障的，应规范开展绝缘测试、耐压试验等，正确判断、定点设备具体故障，杜绝简单更换熔断器、盲目试送扩大故障范围。

3）严格执行调度规程。对于调度管辖设备，抢修人员应将故障巡视情况及时汇报调度，按照调度指令执行线路试送、故障隔离等倒闸操作；遇危及人身、设备安全的紧急情况，在采取紧急措施后应立即汇报调度。

4）在故障巡查、处理过程中，一般不进行交接班，直到故障处理告一段落后，接班人员能够工作时，再进行交接班。

（2）故障查找常见方法。

1）通过报修电话或停电通知，确认停电线路。

2）对于发生接地的线路，要从变电站出线开始巡视查找故障点，采取分级测试的方法查找。

3）人工巡视时要向群众搜集故障信息，并按线路巡视要求进行。

4）查到故障点后，应保护好现场，防止故障扩大，做好故障处理的前期工作。

5）当故障点没有找到时，可采用分段排除法判断。停分支线，送主干线，逐级试送，判断故障线路，缩小故障面积，然后查找故障点。

6）可以通过线路安装的故障指示仪来判断故障线路，查找故障点。

7）断路故障点查找重点要考虑导线连接点是否断开、外力破坏等因素。

8）短路故障点查找重点要考虑导线引流、树害及外力破坏等因素。

9）接地故障点查找重点要考虑避雷器或绝缘子是否击穿，导线是否与树接触，过引线是否与横担相接等因素。

3. 故障隔离

查到故障点后，应保护好现场，向上级或调度中心汇报事故现场情况及事故原因，停电范围、停电区域及预计恢复时间，并及时将故障相关信息录入系统。为防止故障扩大，减少停电范围，需进行停电倒闸操作对故障进行隔离，倒闸操作的设备或线路属调度管辖的应经调度允许下令方可执行。若发生人身触电事故，应立即断开上一级电源，该操作可不经调度允许，但操作后需立即汇报调度中心。做到"谁巡查故障、谁隔离操作"，巡查、隔离一体化。

其次，要防止行人误入带电区域而造成人员伤亡，已造成人员伤亡的要及时向领导汇报，并联系相关救护人员。如自然现象造成的事故时跟上级或有关部门确定后通知保险公司以便索赔。如是外力破坏，应现场收集保留证据并要求肇事方进行赔偿，若肇事方逃逸的应报公安机关。

（二）启动应急抢修预案

1. 事故抢修预案制定

在确定故障点后，根据故障类型、现场实际情况做好抢修计划，制定事故抢修预案。抢修预案内容应包括：

参考资料：抢修车辆车载工器具及材料配置参考标准

（1）成立事故抢修小组，明确抢修小组总指挥，明确相关抢修人员的职责。

（2）明确事故抢修原则，保证尽快消除事故，减少停电时间。

（3）明确事故抢修标准，达到安全可靠运行。

（4）明确事故抢修保证措施，如人员组织要得力，车辆安排要充足，使用合格的工器具和材料。抢修人员、车辆常用工具及材料可按需预先配置。

（5）配电网大型故障现场抢修应建立健全抢修相关人员与政府、医疗、保险等部门的联络机制，保证沟通顺畅，便于解决因事故带来的其他影响。

（6）明确事故抢修启动条件，避免盲目进行事故抢修，造成人员或设施受损及材料的浪费。

2. 实行先复电后修复

当故障抢修难度大、抢修时限较长、影响重要用户供电时，应及时启动应急供电工作，针对不同故障设备及网络接线，应用不同的装备进行临时供电，原则上，应急供电实施过程不对原隔离故障范围进一步扩大停电。以下情况应研判应急供电的可行性：

（1）未查明明显可见故障点的高、低压电缆故障（涉及用户停电）；

（2）高、低压倒、断杆故障；

（3）高、低压开关柜故障（除可改接、短接的情况）；

（4）查明故障设备后，预估低压故障停电超 4h、高压故障停电超 6h，且存在频繁停电，或停电涉及生命线工程、重要用户、敏感用户、大中型小区的。

参考资料：配网故障抢修应急供电方法策略

（三）填写现场勘查及配电故障紧急抢修单

现场勘查是任何作业的前提保障措施，确定故障原因后应正确组织人员对现场情况进行勘查，并严格执行现场勘查制度，查看抢修作业需要停电范围、保存带电部位、装设接地线位置、邻近线路、交叉跨越、多电源、自备电源、地下管线设施和作业现场条件、环境及其他影响作业危险点，并正确填写现场勘察单（见图 1-4-3）。

根据故障原因，制定抢修作业方案，明确所需抢修人员人数，准备抢修时所需要用到的工器具、材料（见图 1-4-4）。并根据现场勘察内容，填写配电故障紧急抢修单（见图 1-4-5）或工作票（填写规范说明详见工作票任务）并送签发，做到抢修、签票一体化。

供电公司现场勘查单

勘察单位(部门):　　　　编号:

工作名称				
工作范围				
工作主要内容				
现场勘察情况图示(电气接线图，保留带电部分标红；地下缆沟管线等布置图，标出路径、标高等)				
现场勘察情况说明	保留带电部位或注意事项:			
	交叉跨越或邻近带电情况(与作业线路距离):			
	工作地段周围环境(人口密集区、路边、道口、陡坡、水田等):			
	地下管网布置情况:			
	其他:			
现场工作安全要求	停电范围:			
	操作接地线装设地点:			
	工作接地线装设地点:			
	现场安全围栏和标示牌装设要求:			
	其他安全要求和注意事项:			
勘察单位审核人		勘察人	施工部门	
			运行部门	
监理单位审核人		勘察日期	年　月　日	

图 1-4-3　现场勘查单

工器具材料单

安全工器具、个人工器具的选择	
施工工器具的选择	
抢修材料的选择	
异动说明	

图 1-4-4　工具材料单

国网××××供电公司配电故障紧急抢修单

编号：_____

1.部门：_____工作班组：_____抢修工作负责人：_____

2.抢修工作人员(不包括抢修工作负责人)：_____
_____共____人

3.抢修线路(电缆)或设备名称(多回线路应注明双重称号)
_____

4.抢修工作任务

工作地点或设备[注明变(配)电站、线路名称、设备双重名称及起止杆号]	工作内容

5.安全措施(必要时可附页绘图说明)

5.1 应转为检修状态的线路、设备名称，应断开断路器、隔离开关、熔丝、保护压板、应合接地刀闸、应挂接地线

5.1.1 应断开的厂站房内设备名称或应转为检修的线路名称	厂站房名称(含用户)	设备双重名称(或转为检修的线路双重名称)

5.1.2 应断开线路上的设备名称	线路名称及杆号	设备名称及编号

5.1.3 应配合停电的线路名称	线路名称及杆号	设备名称及编号

5.1.4 应装设的接地线	线路、设备电压等级、名称和杆号(注明方向)	接地线编号 高压	接地线编号 低压

5.1.5 应装绝缘隔板、	装设位置	绝缘隔板、遮栏、标示

遮栏、应挂标示牌	牌等

5.2 抢修地点保留带电部分或注意事项：_____

6.上述1～5项由抢修工作负责人_____根据抢修任务布置人_____的指令，并根据现场勘察情况填写。

7.现场补充安全措施：_____

8.许可抢修时间

许可方式	许可工作的时间	工作许可人	工作负责人
	____年__月__日__时__分		
	____年__月__日__时__分		
	____年__月__日__时__分		

9.抢修工作终结：

9.1 现场抢修工作已结束，抢修工作人员已全部撤离，现场已清理完毕，所挂接地线共____组已经拆除，现场设备状况及保留安全措施：_____

9.2 抢修工作终结报告

终结报告方式	终结报告时间	工作负责人	工作许可人
	____年__月__日__时__分		
	____年__月__日__时__分		
	____年__月__日__时__分		

10.备注：

10.1 指定专责监护人：_____负责监护_____(地点及具体工作)

10.2 监督负责人：_____

10.3 其他事项：_____

11.评价情况：

经检查本单位为____单，存在_____问题，已向_____指出。

检查人：_____ ____年__月__日

图 1-4-5 配电故障紧急抢修单

（四）故障抢修作业

（1）统一抢修人员着装，规范用语和行为，与客户沟通接洽要求、现场抢修服务行为要求及现场接受媒体采访的要求，具体详见《配网抢修服务规范》（闽电运检〔2017〕1000号）。抢修人员应配置并规范使用服务记录仪，实现抢修服务全过程痕迹管理。

（2）抢修工作应严格执行 Q/GDW 10799.8—2023《国家电网有限公司电力安全工作规程 第 8 部分：配电部分》有关规定，强化抢修关键环节、关键点的安全风险控制，使用配电故障紧急抢修单或工作票。除涉及多联络线路、10kV 及以上交叉跨越或同杆架设的 10kV 线路故障外，其他应用配电故障紧急抢修单的故障抢修，可采用电话方式向配调申请并汇报抢修任务和安全措施要求。抢修复电（不含单项令）应填用倒闸操作票。

（3）同一线路多处故障点的，与配调配合，按照操作量最小、停电影响最小、恢复供电最快的原则综合平衡抢修停电安全措施。遇长线路、多个配电站房（环网单元）操作时，配调应根据网络接线有序开展分组操作。

（4）落实配电故障紧急抢修单或工作票所列安全措施，并根据现场实时情况，必要时给予补充。

参考资料：配电网抢修服务规范

（5）按照配电网有关检修、施工标准工艺要求进行修复，并同步开展验收，核实接线、核对试验结果，确保抢修质量。

（6）对采取临时措施复电的故障，应做好记录、移交及后续故障处理工作。

（7）涉及影响正常用电和安全用电的营销计量故障时，抢修人员应携表进行现场处理，取证后填写抢修换表记录单（见图 1-4-6），做好记录并与客户确认。存在违约用电引起故障的，取证后通知用电检查人员到场处理。做到营配故障抢修一体化。

（8）应实时把控现场进度，进行人员管理和协调，确保抢修工作高效有序，快速高质量完成故障修复工作。高压故障停电超 6h、低压故障停电超 4h 应向相关管理人员发送第一次预警短信；高压故障停电超 12h、低压故障停电超 8h 发送第二次预警短信，同时电话通知相关上级。

抢修换表记录单(抢修工单编号：　　　　　　　　　　　) 两联(客户、供电企业)								
客户名称			地址		联系		联系电话	
电能表	电能表编号			示数(总)		示数(峰)		示数(谷)
拆除旧表				无法显示		无法显示		无法显示
新装电表								
故障现象：　　电能表烧毁　　　电能表接线端烧　　电能表进线有电，出线没电　　电能表黑屏　其他(具体描述)：								
抢修服务满意度评价：　　很满意　　　满意　　　　一般　　　　不满意								
注：遇现场电能表无法读取读数的，我们将通过技术分析取得电能表底度数据后于5个工作日内通知您。 　　　　　　服务人员：　　　　　　　客户签字： 　　　　　　　　　　　　　　　　　　　　　　年　　月　　日								

图 1-4-6　抢修换表记录单

（9）抢修作业结束后，检查确认所有抢修工作已完成，施工质量检查和验收合格后，拆除工作票中所列由抢修人员所装设的接地线和其他安全措施，并确保所有工作人员已全部撤离。办理工作票终结和召开工后会。

参考资料：配电网主要抢修项目抢修时长参考标准

具体措施包括：

1）做好设备状态恢复工作，并进行现场测试和监测，确保设备正常运行。

2）对抢修过程进行质量评估。

3）做好抢修记录，总结经验，找出问题。

4）应当对现场进行清理，保护现场环境。

（五）恢复送电

故障处理完毕后，需对抢修区域恢复供电，对于调度管辖的设备，需调度下达指令后，抢修人员方可进行恢复送电操作，将故障恢复送电时间等信息录入系统并完成流转。

（六）事故分析总结

（1）召开事故分析会，总结事故教训。抢修结束后，对事故原因进行总结归纳，重点对故障类型进行分析，判断故障原因，举一反三，制定事故预防措施。

（2）抢修工作的分析和总结。在抢修工作结束后，应当对抢修方案、现场作业、安全管理进行分析和总结，提出相关措施与建议。

分析和总结的内容应当包括以下方面：

1）抢修工作的效果和质量，对作业中的问题进行分析和总结，找出根本原因，制定同类型故障抢修的改进方案。

2）抢修队伍的协作和配合情况及作业过程中出现的问题和解决方案。

3）根据抢修情况和设备运行状况，对抢修方案和操作规程进行优化。

4）总结抢修工作中的经验和教训，制定相应的经验总结和管理制度。

三、配电网抢修的安全风险防控措施

（一）安全意识教育

在抢修前，应当对抢修人员进行安全意识教育。安全意识教育应当包括以下内容：

（1）电网安全知识。

（2）现场安全注意事项。

（3）安全工具与施工器具的使用和维护方法。

（二）现场安全管理

在抢修现场，应当采取有效的安全措施，确保人员和设备的安全。

具体措施包括：

（1）制定现场安全管理制度，建立安全管理机构，明确人员的职责和权限。

（2）根据情况配备专职安全人员。加强现场安全监管和巡查，及时发现和处理安全隐患。

（3）对抢修人员进行工前会的"三检查三交底"，配备必要的安全装备、药品等，提供必要的保障条件，确保抢修人员的身体和精神健康。

（4）设立安全警戒线、安全围网等，设置现场警示标志。

（5）所有低压抢修工作，均应按照低压带电作业要求做好作业人员人身安全防护。不具备带电作业条件的，需停电作业。

（6）抢修过程中发现存在低压倒送电风险时，应立即停止工作，汇报工作票签发人、许可人，断开有可能倒送电的开关，装设接地线或解除电气连接后方可继续作业。

【任务实施】

一、10kV 线路单相失地查找

案例：国网 ×× 供电公司 220kV ×× 变电站 10kV Ⅱ段母线 B 相完全失地，如图 1-4-7 所示，选线后确定失地线路为该变电站的 10kV 后亭线，无自动化系统研判故障点，巡线后未发现该线路的架空导线等有断线等明显故障，巡查后确定故障原因为后亭线北星支线 22+1 号杆 ×× 银行基建箱式变电站故障引起，为箱式变电站避雷器击穿。

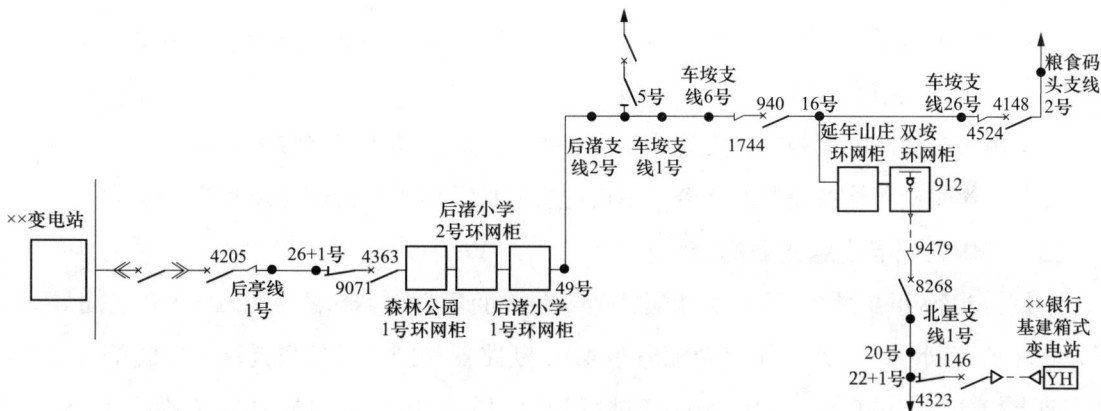

图 1-4-7　电气接线图

根据以上故障类型信息，描述该 10kV 线路单相失地接地需如何进行故障巡查、隔离。

1. 根据故障信息制定线路巡查方案

（1）进行全线巡查，判断线路的架空导线等有断线等明显故障；（已确定）

（2）根据线路情况，因线路较长，采取 1/2 分段隔离法进行隔离，明确线路分段巡视和开关拉合顺序。

2. 缩小故障范围，确定故障区域

（1）断开整条线路的中间位置：断开后亭线车埠支线 6 号杆 940 号高压开关，站内试送电后接地故障消失，判定故障点在线路后段；

（2）断开后段线路的 1/2 位置：断开后亭线车埠支线 26 号杆 4148 号高压开关，站内试送电后接地故障出现，判定故障点在车埠支线 6 号杆至 26 号杆之间。

3. 故障区段内巡视

对车埠支线 6 号杆至 26 号杆的线路及电缆线路进行全面巡视，发现 10kV 后亭线双埠环网柜（至北星支线 1 号杆）912 断路器接地故障指示灯亮，汇报调度并立即隔离 10kV 后亭线双埠街环网柜（至北星支线 1 号杆）912 断路器，对剩余未送电线路送电后，送电后电压无异常。

4. 故障点确定和隔离

对北星支线进行巡视，发现故障为 10kV 后亭线北星支线 22+1 号杆（至 ×× 银行基建箱式变电站）电缆头故障指示翻牌，立即隔离北星支线 22+1 号杆 1146 断路器，隔离故障用户设备后对北星支线进行送电，送电后电压无异常。最终确定故障原因为后亭线北星支线 22+1 号杆 ×× 银行基建箱式变电站故障引起，经检查为箱式变电站避雷器击穿。

5. 查找过程注意事项

（1）单相接地故障发生后，线路可以允许运行 2h。

（2）抢修巡视人员着装应规范，必须穿绝缘鞋（靴），并配备个人防护用品。

（3）看见断线后，切记室内务必保证有 4m 安全距离，室外有 8m 安全距离，设置保护范围，阻止其他人或畜进入，并立即汇报。

（4）单相接地故障巡视时，无论线路是否带电，均应认为线路带电。

（5）试送时应严格遵循配调指令，不得擅自操作，出现异常情况及时停止操作。

二、0.4kV 配电线路故障抢修

案例：2020 年 9 月 30 日 ×× 供电所实训 #3 变压器 0.4kV 线 A01-A02 杆之间导线受外力破坏全部断线，导致低压综合配电箱 4101 断路器跳闸。经现场勘察（见图 1-4-8）需对实训 #3 变压器线 0.4kV A01-A02 杆进行导线更换（JKLYJ-1kV-185 绝缘线）。要求在实训 #3 变压器 0.4kV A02 杆开断改耐张，并更换 A01-A02 杆之间导线；实训 #3 变压器线 0.4kV A01、A02 杆身、杆基完好。

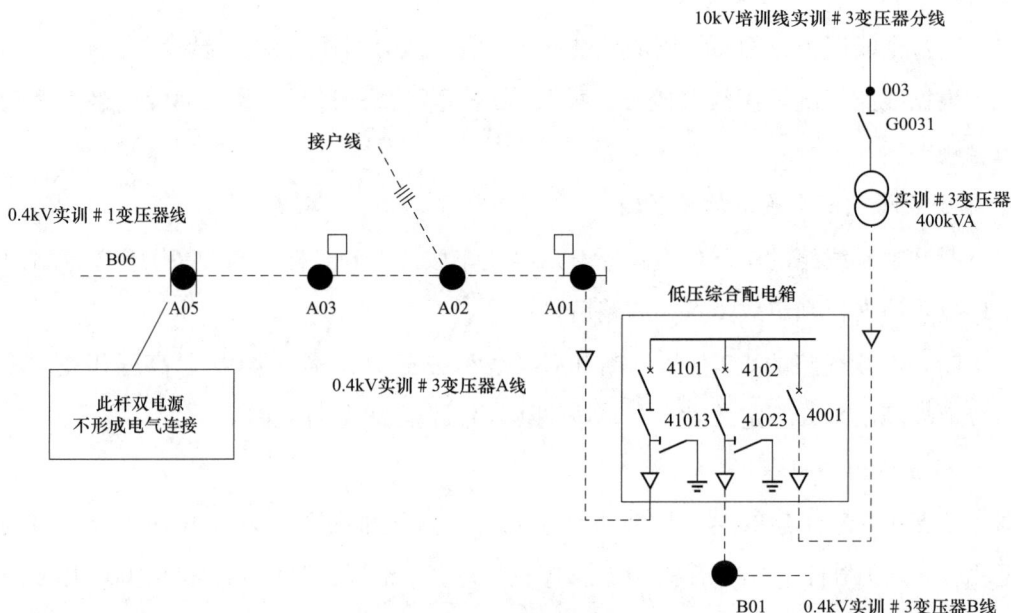

图 1-4-8 现场勘察图

其他说明：

（1）在保证安全措施前提下达到最小停电范围；

（2）实训 #3 变压器 0.4kV A02 杆处于路边，行人较多；

（3）实训 #3 变压器 0.4kV A01-A05 杆均为双横担；

（4）实训 #3 变压器 0.4kV A01-A02 杆档距为 50m；

（5）仓库低压绝缘导线仅剩 120mm 和 185mm 两种型号，请正确选择合适导线。

根据以上故障类型信息，填写现场勘察单、工器具材料单（准备抢修所需的安全工器具、施工工器具和抢修材料），见表 1-4-2 和表 1-4-3。

（一）现场勘察单

表 1-4-2　　　　　　　　　　　× × 供电公司现场勘察单

勘察单位（部门）：× × 供电所　　　　　　　　　　　　　　　　编号：× × × × × ×

工作名称	10kV 培训线实训 #3 变压器 0.4kV A01 杆至 A02 杆导线断线抢修
工作范围	10kV 培训线实训 #3 变压器 0.4kV A01-A02 杆
工作主要内容	10kV 培训线实训 #3 变压器 0.4kV A01-A02 杆更换导线
现场勘察情况图示（电气接线图，地下缆沟管线等布置图，标出路径、标高等）	 现场勘察图
现场勘察情况说明	保留带电部位或注意事项： （1）10kV 培训线实训 #3 变压器低压综合配电箱 4101 断路器电源测、4102 断路器、4103 隔离开关及以上设备带电； （2）10kV 培训线实训 #3 变压器 0.4kV A05 杆带电
	交叉跨越或临近带电线路情况（与作业线路距离）：无
	工作地段周围环境（人口密集区、路边、道口、陡坡、水田等）：路边、人口密集区
	地下管网布置情况：无
	其他：无

续表

现场工作安全要求	停电范围：10kV 培训线实训 #3 变压器 0.4kV A 线全线		
	操作接地线装设地点：将 10kV 培训线实训 #3 变压器低压综合配电箱内 41013 隔离开关合至接地位置		
	工作接地线装设地点：将 10kV 培训线实训 #3 变压器 0.4kV A03 杆小号侧装设一组接地线		
	现场安全围栏和标示牌装设要求： （1）实训 #3 变压器 0.4kV A02 杆作业点下方装设围网； （2）实训 #3 变压器低压配电箱 4101 断路器操作手柄处悬挂"禁止合闸、线路有人工作"标示牌		
	其他安全要求和注意事项（例如是否需要申请交通管制等）： （1）工作范围内的所有接户线应逐相拆除并绝缘包裹后方可开始工作。 （2）在人口密集区或交通道口和通行道路上施工时，工作场所周围应装设遮栏（围网），并在相应部位装设警告标示牌。必要时，派人看管。 （3）登杆前应检查拉线、桩锚及杆塔。必要时，应加固桩锚或增设临时拉线		
勘察单位审核人	李四	勘察人	施工部门	张三
			运行部门	王五
监理单位审核人		勘察日期	2020 年 09 月 30 日	

此单一式二份，一份随停电申请送工作许可部门，一份附在工作负责人持有的工作票后。

（二）工器具材料单

表 1-4-3　　　　　　　　　　工 器 具 材 料 单

| 安全工器具、个人工器具的选择 | 1. 低压绝缘手套 1 副
2. 0.4kV 接地线 1 组
3. 0.4kV 验电笔 1 把
4. 低压工频发生器 1 个
5. 围网（围栏）若干
6. 警示路牌 2 个
7. 路锥若干
8. "禁止合闸、线路有人工作"标示牌 1 面
9. 登杆工具（脚扣、脚踏绳、脚踏板）3 副
10. 个人工具包 3 套
11. 双控安全带 3 副
12. 传递绳 4 条
13. 安全帽（根据抢修人数配置） |
| 施工工器具的选择 | 1. 收线器 4 把
2. 绝缘卡线器 4 个
3. 断线钳 1～2 把
4. 放线滑车 2 个
5. 大锤 1 把
6. 铁桩 2 条
7. 钢丝绳 1 条（临时拉线用，一端配个 U-7 挂环）
8. 手板链条葫芦（或双钩）1 把
9. 钢丝绳锁扣（卡扣）2～4 个 |

抢修材料的选择	1. U40C 悬式瓷绝缘子 8 片（白 6 棕 2） 2. NXJC-3 耐张线夹 8 副（或 NEJ） 3. JKLYJ-1kV-185 绝缘导线 210m（按 1.05 倍选择长度） 4. U-7 U 形环 8 只 5. JB-3 铝并沟线夹 8 个（或异形并沟线夹、安普线夹） 6. BLV-6 或 BV-4 绑扎线若干 7. 绝缘胶布（或绝绝罩）若干
异动流程跟踪	是否异动：是； 异动内容：投运时间、导线型号、导线厂家

任务二 10kV 及以下配电网常见的故障抢修

视频：0.4kV 线路故障抢修处理

【任务目标】

（1）掌握常见配电线路故障及抢修方法。

（2）掌握常见配电设备故障及抢修方法。

【任务描述】

本任务根据抢修作业"时间短、动作快、抢修准、质量高"的原则，描述 10kV 及以下配电网常见故障及快速抢修的方法，掌握 10kV 隔离开关烧毁故障、0.4kV 接户线的断线故障、0.4kV 表前开关故障的抢修方法和所涉及的技能，并能举一反三应用于其他故障抢修。

【知识准备】

一、常见配电线路故障及处理

（一）导线断线故障

因雷雨天气影响，或绝缘子闪络，或大风摇摆及外力破坏，都有可能发生断线事故，多发生在绝缘子与导线的结合部位、导线与导线的连接部位等。断线故障抢修如图 1-4-9 所示。

图 1-4-9 断线故障抢修图

1. 修复方法

（1）直线杆横担处断线。

1）断线处是双横担，直接在横担加挂两组悬式绝缘子，断线两头先用大绳拉，再用紧线器卡住，两边同时收，收到弧垂与原线路略高，卡进悬式绝缘子耐张线夹，调整弧垂。做好过引线。绝缘子应保留以固定过引线。注意两边同时用力，达到用力平衡，以防止横担扭曲。双横担改悬式绝缘子抢修示意图如图 1-4-10 所示。

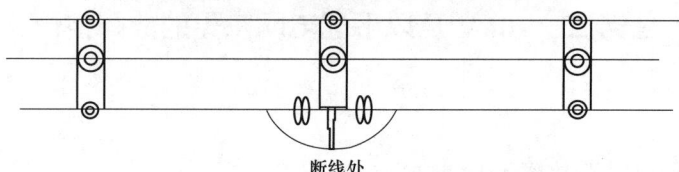

断线处
双横担直线杆断线在绝缘子处，改为悬式绝缘子接线方式

图 1-4-10 双横担改悬式绝缘子抢修示意图

2）断线处为单横担，在绝缘子处装设两个连扳，向两边展开，在连扳加挂两组悬式绝缘子，断线两端先用大绳拉，再用紧线器卡住，两边同时收，收到弧垂与原线路略高，卡进悬式绝缘子耐张线夹，调整弧垂。做好过引线。绝缘子应保留以固定过引线。注意两边同时用力，达到用力平衡，以防止横担扭曲。单横担改悬式绝缘子抢修示意图如图 1-4-11 所示。

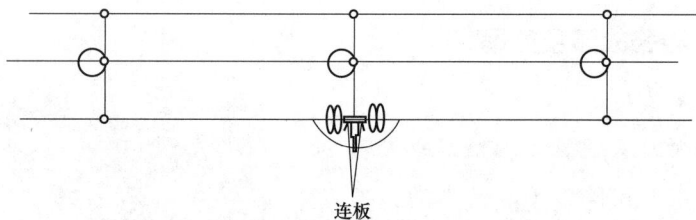

连板
单横担直线杆断线在绝缘子处，改为悬式绝缘子接线方式

图 1-4-11 单横担改悬式绝缘子抢修示意图

3）风险预控：

a. 直线改耐张紧线时，两侧应同时紧线，避免两侧受力不平衡，导致横担歪斜或弯曲。

b. 单横担加联板改悬式绝缘子方式为临时抢修方式，过后应安排检修计划，将单横担改为耐张双横担，避免横担受力不平衡后弯曲。

（2）档距中间断线（见图 1-4-12）。

1）断线档两端开断更换导线。

a. 断线处相邻两基杆应先打好临时拉线。

b. 断线处相邻两基杆，直接在横担各加挂两组悬式绝缘子，断线两端先用大绳拉，再用紧线器卡住，然后把两侧未断线端收紧，再重新放断线端导线并收紧。

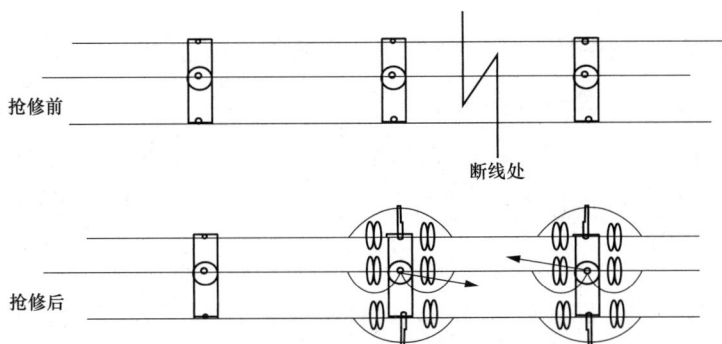

直线杆断线在导线中间处，开断改为悬式绝缘子接线方式

图 1-4-12　断线在档距中抢修前后示意

2）并沟线夹接线（断线处在线路中间，断线档一侧靠近耐张，见图 1-4-13）。

a. 断线处邻近耐张杆时，重新放条导线到耐张杆。

b. 对接导线在中间用并沟线夹，相叠不得少于 800mm，接线两端各留至少 300mm 用导线绑扎，绑扎连接长度不得小于 200mm。

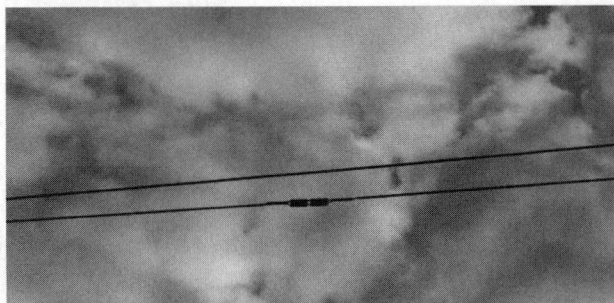

图 1-4-13　并沟线夹修复断线

3）风险预控：

a. 直线改耐张紧线时，应两侧同时紧线，避免受力不平衡，导致横担歪斜。

b. 断线连接点纳入缺陷管理，后续安排停电检修对断线档导线进行更换。

c. 注意断线处相邻两基杆应先打好临时拉线，方可登杆作业。

2. 注意事项

（1）应将断线点在超过 1m 以外剪断重接，并用同型号导线连接或压接。

（2）断线点在横担处，应用两套紧线器在横担两侧分别紧线，调匀弧垂后再进行绑扎。

（3）一个档距内不应有两个接头。

（4）搭接或压接的导线连接点应距固定点 0.5m。

（5）导线断股损伤截面积不超过铝股总面积的 7%，可缠绕处理，缠绕长度应超过损伤部位两端 100mm。

（6）导线断股损伤截面积超过铝股总面积的 7% 但未超过 25%，可用补修管或加备线处理，补修管长度超出损伤部分两端各 30mm。

（7）断股损伤截面积等于或超过铝股总面积的 25%，或损伤长度超过补修管长度，或导线出现永久性变形，应剪断重接。

（二）倒、断杆故障

倒、断杆大多受外力的破坏造成。如线路杆塔根部土质松软、电杆基础未夯实、埋深不够、积水或冲刷、车辆碰撞电杆或碰撞拉线、线路受力不均匀造成电杆倾斜、混凝土杆水泥脱落露筋等，引起的起倒、断杆事故。

1. 修复方法

（1）带电更换断杆（未倒杆）

1）使用带电作业车，带电将断杆上方导线及横担绝缘包扎（人员需在带电车绝缘斗臂内进行）。

2）在断杆旁边，带电立好新杆，并完成横担、绝缘子安装，将导线固定在新杆上。

3）带电在断杆上安装吊绳（人员需在带电车绝缘斗臂内进行）。

4）当吊车将断杆稳住后，带电拆除导线的绑扎线。

5）带电拆除断杆。

（2）停电更换断杆（未倒杆）。

1）事故应急抢修单已许可，确定线路已停电，并经验电、安装接地线。

2）使用吊车吊绳固定断杆，若吊车无法到达，可安装临时拉线，防止倒杆，临时拉线待电杆更换后方能拆除。

3）在断杆旁边，立好新杆，完成横担、绝缘子安装，并将导线从旧杆移绑扎至新杆上。

4）利用吊车拆除旧杆。

5）检查施工质量，验收合格后，拆除所有接地线。

6）确认所有人员已撤离，办理工作票终结，恢复送电。

2. 风险预控

危险点分析及安全控制措施见表 1-4-4。

表 1-4-4　　　　　　　　　　　　危险点分析及安全控制措施

危险点	安全控制措施
倒杆	立、撤杆工作要设专人统一指挥，开工前讲明施工方法。在居民区和交通道路附近进行施工应设专人看守
	要使用合格的起重设备，严禁超载使用
	撤旧杆前应先用吊车固定好断杆，防止断杆导线绑扎线拆除后电杆突然倒落
	倒杆更换前应做好现场看护
	电杆起离地面后，应对各部吃力点做一次全面检查，确无问题后继续起立。起立 60° 后应减缓速度，注意各侧拉绳，特别要控制好后侧头部拉绳，防止过牵引
	吊车起吊钢丝绳时扣子应调绑在杆的适当位置，防止电杆突然倾倒
高处坠落及物体打击伤人	攀登杆塔前检查脚钉是否牢固可靠
	杆塔上转移作业位置时，不得失去安全带保护。杆塔上有人工作时，不得调整或拆除拉线
	现场人员必须戴好安全帽。杆塔上作业人员要防止掉东西，使用工器具、材料等应装在工具袋里，工器具的传递要使用传递绳。杆塔下方禁止行人逗留
砸伤	吊车的吊臂下严禁有人逗留，立杆过程中坑内严禁有人，除指挥人及指定人员外，其他人应在电杆 1.2 倍杆高的距离以外
	修坑时，应有防止杆身滚动、倾斜的措施
	利用钢钎做地锚时，应随时检查钢钎受力情况，防止过牵引将钢钎拔出
	已经立起的电杆只有在杆基回填土全部夯实，并填起 300m³ 的防沉台后方可撤去叉杆和拉绳
防触电	带电作业中人体、工具及材料与邻相、接地保持的安全距离不足，可能引起触电伤害

（三）绝缘子、避雷器故障处理

受雷击、污闪、电晕、自然老化因素等影响，易使绝缘子与避雷器的绝缘能力下降，在表面产生闪络、爬电现象，从而引起因绝缘子、避雷器击穿导致的线路故障（见图 1-4-14）。

视频：10kV
线路断杆
抢修

1. 修复方法（耐张绝缘子）

（1）事故应急抢修单已许可，确定线路已停电，并经验电、安装接地线。

（2）确保工作票上所列的安全措施和技术措施执行到位。

（3）登杆作业，使用紧线器进行收线至绝缘子不受力，并做好防跑线措施。

（4）拆除旧绝缘子与横担及导线连接部位，更换新绝缘子并重新与横担、导线相连。检查线路是否有因绝缘子击穿而造成的损伤。

图 1-4-14　绝缘子故障抢修

（5）松开紧线器，线路恢复原状态。拆除所有安装的工作接地线。

（6）作业结束，确认所有人员已撤离，办理工作票终结，恢复送电。

2．风险预控

（1）作业人员攀登杆塔前，应认真核对设备名称、编号、位置，检查现场安全措施无误后方可开始。

（2）登杆检查工作，所穿越的低压线、路灯线必须经验电并装设接地线。

（3）工作地段如有邻近、平行、交叉跨越和同杆塔架设线路，在需要接触或接近导线工作时，必须使用个人保安线，防止感应电。

（四）电缆故障

电缆故障是电缆在运行中由于自身老化或受外力破坏或进行预防性试验时发生绝缘击穿或因绝缘击穿、导线烧断等而迫使电缆线路停止供电的故障（见图1-4-15）。10kV电缆以地埋或缆沟敷设，应用于10kV配电网线路中。而0.4kV电缆则采用架空敷设，应用低压配电网线路及表箱接户线电缆。

图1-4-15　10kV电缆击穿故障图

1．故障分类

按故障性质划分，电缆线路故障可以分为：接地故障、短路故障、断线故障、闪络性故障和混合故障。

2．修复方法

（1）在电缆线路发生短路、接地或断路故障时，首先需要查明短路、接地故障的位置和范围，判断是否需要切断电源。其次需要检查故障的原因，包括接头老化、电缆绝缘破损、电缆绕组过热等。

（2）利用电缆故障测试仪辅助寻找，确定故障点之后，需要以钻孔或开挖等方式进行故障点暴露，再通过检查判断故障点的具体情况。

（3）根据故障点的情况，进行故障点修复或更换。

（4）对修复或更换的电缆进行耐压试验，确保其在运行标准值内。

（5）因受环境、地形等因素限制，无法快速抢修完成，且旁路柔性电缆满足故障线路负荷，敷设旁路电缆走廊平整干燥，符合防潮布敷设的环境，可先采用旁路电缆供电。

旁路电缆与旁路负荷开关连接并进行电缆试验；在杆上做好绝缘隔离措施后，旁路电缆与架空线连接。

（6）旁路后，再进行故障点破路，修复故障电缆。

（7）低压电缆故障根据现场故障情况，宜采用电压带电作业进行电缆更换，拆、搭前应先卸负荷。若无法进行带电作业，则应采取停电抢修。

3. 风险管控

（1）绝缘斗臂车使用前应空斗试操作，确认各系统工作正常，制动装置可靠，车体良好接地。

（2）对不规则带电部件和接地部件采用绝缘毯进行绝缘遮蔽，并可靠固定。搭接的遮蔽用具重叠部分不小于 15cm。

（3）敷设旁路电缆时，须由多名作业人员配合使旁路电缆离开地面整体敷设，防止旁路电缆与地面摩擦。

（4）带电断、接旁路电缆引线时，要保持带电体与人体、邻相及接地体的安全距离。作业前检查确认旁路电缆确为空载不带负荷，接地开关确已断开或无装设接地线。

（5）旁路作业设备使用前应进行外观检查并对组装好的旁路作业设备进行绝缘电阻检测，合格后方可投入使用。

（6）低压带电作业，应做好绝缘防护措施，使用合格的绝缘工器具，防止相间短路或相对地断路，严禁带负荷断开、连接电源。

二、常见的配电设备故障

（一）配电变压器故障

配电变压器是最常见的电力设备，常见故障主要有绕组故障、绝缘套管故障（见图 1-4-16）、起火等，常是由于设备本身质量问题、老化损耗等原因导致的。当发生变压器故障时，应首先判断故障点所在位置，然后进行相应的检修或更换。

图 1-4-16 变压器接线柱烧毁故障

1. 修复方法（更换变压器）

（1）事故应急抢修单已许可，确定线路已停电，并经验电、安装接地线。

（2）核对杆塔双重名称，拆除故障变压器各处引线。

（3）使用吊车将故障变压器吊离，吊装新变压器，并进行外观检查。固定配电变压器，器身与台架固定稳固、平整，不得倾斜。

（4）检测变压器，测量新装变压器的绝缘电阻和接地电阻，确保电阻值符合运行标准。

（5）连接配电变压器的上、下引线及接地引线，并调节分接开关在合适位置。自验收确认变压器安装水平、牢固，接头连接可靠。

（6）作业结束，拆除所有工作接地线，确认人员已全撤离，办理工作终结，恢复送电。

2. 风险预控

（1）变压器在人工搬运过程中，应有防止倾倒的措施。

（2）起吊作业必须有专人指挥；起吊前应检查起重机械及其安全装置；作业前要进行"三核对"（即核对吊车吨位和起吊绳具满足荷载要求；核对吊车摆放位置和吊臂仰角；核对吊臂活动范围与设备带电部位安全距离满足规程规定）；风力达到六级及以上时，不得进行起吊作业；起吊过程中，不得解开起重机吊钩防止脱钩的保险装置。

（3）变压器台架应牢固可靠，台架距地面高度不小于 2.5m，坡度不大于 1%，变压器应固定于变压器台上。

（二）开关故障

常见开关种类有柱上开关（真空断路器）、隔离开关、跌落式熔断器、低压计量箱内空气开关等。

开关在配电网中起隔离、保护作用，开关在运行中可能出现机构卡滞，有弹簧机构的开关弹簧疲劳、弹簧簧柱松动，会导致接触不良、触头烧毁等故障，使断路器不能正常分、合闸，造成停电事故。

跌落式熔断器常见故障有烧熔丝管、熔丝管误跌落、熔丝误断等，跌落式熔断器出现故障时，会丧失保护作用，甚至引起故障扩大化，导致上一级保护动作。

1. 修复方法（更换跌落式熔断器）

（1）现场检查，确认故障原因，采取相应的抢修措施。

（2）事故应急抢修单已许可，确定线路已停电，并经验电、安装接地线。

（3）核对线路设备双重名称，登杆作业，拆除故障跌落式熔断器管上、下桩头导线。拆除熔断器，用传递绳传递下去。

（4）用传递绳上传新熔断器，并安装，连接跌落式熔断器下桩头导线及上桩头导线。

（5）对跌落式熔断器外观进行目测，调校。检查熔断器安装牢固，三相排列整齐、高低一致，熔丝管轴线与地面的垂直夹角为 15°～30°。上下引线应压紧，与线路导线的连接应紧密可靠。

（6）拆除所有安装的工作接地线。

（7）作业结束，确认所有人员已撤离，办理工作票终结，恢复送电。

2. 风险预控

（1）将熔断器熔丝与被保护设备的参数容量进行核对，防止熔丝选用不当或质量不合格，在送电时产生二次故障。

（2）作业点下方如有人员往来，工作地点下面应有围栏，禁止无关人员在工作地点的下方通行或逗留，防止拆装熔断器时，熔管误掉伤人。

（3）上下传递物件应用绳索拴牢传递，严禁上下抛掷。

【任务实施】

一、10kV 线路隔离开关故障抢修

案例：2018 年 6 月 15 日，10kV 金溪线多户用户报修没电，经故障巡视后发现 10kV 金溪线 #115 杆 G151 隔离开关因发热烧毁，造成 10kV 金溪线 #115 后段线路停电，造成专用变压器 5 台、公用变压器 3 台没电，现在需进行抢修更换，该杆段环境位于田地，电气主接线图如图 1-4-17 所示。

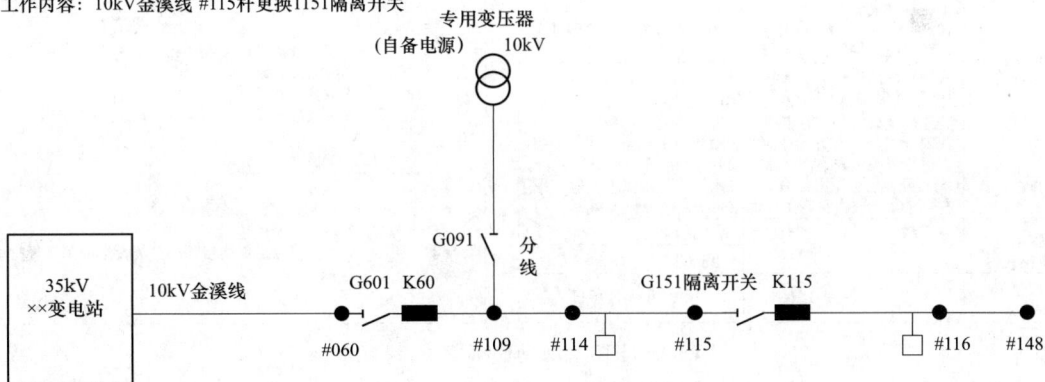

图 1-4-17　现场电气主接线图

根据以上事故案例描述 10kV 隔离开关更换抢修的全过程。

（1）故障查找及隔离。采用分段排查法进行查找故障。（参考任务实施：10kV 线路单相接地查找）

（2）现场勘察：根据电气主接线图、文中描述的现场情况，填写现场勘察单及材料单（见图 1-4-18）。

（一）启动应急预案

因故障区域位于田中，无法进行带电车带电更换作业，需组织一组抢修人员，进行线路停电更换故障隔离开关。接调度指令，并使用倒闸操作票断开 10kV 金溪线 #60 杆 K60 断路器、G601 隔离开关；断开 10kV 金溪线 #109 杆 G091 隔离开关，并悬挂"禁止合闸，线路有人工作"标示牌。

事故处理：

供电公司现场勘察单

勘察单位(部门)：抢修班　　　　　　　编号：×××××

工作名称	10kV金溪线G151隔离开关烧毁抢修	
工作范围	10kV金溪线#114杆至#116杆	
工作主要内容	10kV金溪线#115杆更换G151隔离开关	
现场勘察情况图示(电气接线图，保留带电部分标红；地下缆沟管线等布置图，电出路径、标高等)	（自备电源）　10kV专用变压器 35kV ××变电站　G601 K060 ╫ #114 G151 #116 #060　　#109 #115 #148 10kV金溪线　G091 K115	
现场勘察情况说明	保留带电部位或注意事项： 10kV金溪线#060杆及往小号侧侧线路带电； 10kV金溪线#109杆及往×××专用变压器侧线路带电	
	交叉跨越或临近带电情况(与作业线路距离)：无	
	工作地段周围环境(人口密集区、路边、道口、陡坡、水田等)：田地	
	地下管网布置情况：无	
	其他：无	
现场工作安全要求	停电范围：35kV××变电站10kV金溪线#061杆至#148杆	
	操作接地线装设地点：无	
	工作接地线装设地点： 10kV金溪线#114杆靠大号侧、10kV金溪线#116杆靠小号侧两组高压接地	
	现场安全围栏和标示牌装设要求： 10kV金溪线#115杆下方堕落半径装设围栏	
	其他安全要求和注意事项：(1)进入高处作业现场，必须戴安全帽。(2)高处作业时，必须使用工具袋，并在使用前进行外观检查；高空落物区下方不得堆放工具、材料。(3)高处作业点下方如有人员往来，工作地点下面应有围栏，禁止无关人员在工作地点的下方通行或逗留。	
勘察单位审核人	××	施工部门	××
		运行部门	××
监理单位审核人	略	勘察日期	2018年06月15日

工器具材料单

安全工器具、个人工器具的选择	1.安全帽(根据抢修人员人数配置) 2.绝缘手套2双 3.绝缘操作杆1副 4.10kV验电器2把 5.高压工频发生器2把 6.高压接地线2套 7.安全带2副 8.脚扣2副 9.安全围栏若干 10.警示牌 11.个人工具包(纱手套、钢丝钳、扳手、螺丝刀、电工刀等)2套 12.传递绳(大绳)2条
施工工器具的选择	1.电缆压接钳； 2.锉刀； 3.打孔器
抢修材料的选择	1.隔离开关GW10-630/10　1组 2.隔离开关架　　　　　1套 3.螺杆、螺母　　　　　若干 4.接线端子(铜铝过渡)　185/240 各一个
异动说明	1.是否异动：是 2.更新信息：更换后隔离开关投运时间、规格型号、厂家

图 1-4-18　现场勘察单及材料单

（1）根据现场勘查单，填写事故应急抢修单，并经签发。待接到调度对工作票的许可指令，明确需要停电线路已停电后，现场抢修负责人方可召开工前会，对抢修作业人员进行"三检查，三交底"（即着装检查、精神面貌检查、工器具检查；安全交底，技术交底，工作任务交底），明确人员职责分工，确保所有作业人员清楚且在工作票上签字确认。

（2）安全措施执行作业前应认真核对线路双重名称，确认线路已停电，并依据工作票做好安全措施，在 10kV 金溪线 #114 号杆靠大号侧、#116 杆靠小号侧验电，各装设一组高压接地线，工作负责人应确保工作票所列安全措施已执行到位后，方可下达开始抢修作业指令。

（3）工作班成员核对作业点杆号双重名称与工作票一致，在作业点 10kV 金溪线 #115 杆下方安装围网，并正确使用个人安全工器具，登杆并按照施工标准对故障隔离开关进行更换。

（4）解开烧毁隔离开关两侧的引线，拆除隔离开关固定螺栓，拆下烧毁隔离开关。更换安装新隔离开关，并恢复两侧引线，安装应符合规程规定，相间水平间距不小于 300mm，排列整齐且垂直；隔离开关安装方向正确，各螺栓朝向正确，螺栓安装紧固；固定板铁受力均匀，安装牢固；引线安装垂直美观且牢固；绝缘防护套安装牢固；接线端子应除锈除氧化层，使其接触良好。

（5）更换后的新隔离开关应做分合试验 2～3 次，确认分合正常，自验收合格。

（6）抢修作业结束后，抢修工作负责人下令拆除两组接地线，并进行现场清理。确保人员已全部撤离，现场无遗留物，具备送电条件，办理工作票终结，召开工后会，恢复送电。

（7）危险点、预控措施：

1）防高处坠落、落物伤人。

2）登杆工具除外观检查外，还要用正确的方法进行冲击试验。

3）登杆过程中以及作业中转移作业位置时，不能失去安全带的保护。

4）杆上有人作业时，不允许拆除拉线。

5）进入作业现场的人员，必须戴安全帽。

（二）总结分析

对抢修方案、现场作业、安全管理进行评估和总结，分析隔离开关发热烧毁原因，提出解决方案。

二、低压接户线断线故障抢修

案例：国网 ×× 供电公司 220kV 某变电站 10kV 莲中村 #8 公用变压器 A03 号杆至 01 号计量箱的接户线被车勾断，造成 01 箱内多户停电。根据以上事故案例描述接户线断线抢修的作业过程。

（一）抢修方案确定

（1）现场勘察，做好安全措施，制定抢修方案，采取低压带电作业。

图 1-4-19　低压带电作业绝缘包裹

（2）组织人员。根据抢修工作的内容确定所需各类人员数量并进行合理分工。

（3）根据断线情况进行人员分工，准备抢修工作所需带电作业工器具、材料和车辆。

（4）正确使用工作票，并经签发、许可。

危险点、预控措施：

（1）带电作业需使用绝缘毯对带电部位进行绝缘包裹（见图 1-4-19）。

（2）杆上工作使用的材料、工具应用绳索传递。正确绑扎拆料工具，杆上人员应防止掉东西，拆下的金具禁止抛扔。在工作现场要设遮栏并挂"止步，高压危险"警示牌。

（3）高空作业时不得失去监护。站位合适，安全带、后备保护绳使用规范，传递物件时受力脚正确。

（4）严禁带负荷拆、搭接户线。

（二）抢修作业方法

（1）抢修人员进入工作现场应戴安全帽，召开工前会，并进行交底。

（2）核对线路名称和杆号，应与工作票一致。

（3）检查杆根、拉线和登高工器具，所有安全工器具应具有有效试验合格证。

（4）断开表箱负荷开关，拆除表箱处断线的接户线，将新接户线接入表箱，并在表箱处横担绝缘子上进行接户线绑扎。固定符合工艺要求，绑扎长度不小于 8cm，收尾小辫不少于 3 花，接户线的绑扎采用花绑法。

（5）登高作业，应系好安全腰带。对带电部位进行绝缘包裹，拆除杆上断线的接户线，并检查横担是否存在倾斜、变形等，将横担调整或更换安装到正确的位置和方向上，使其与线路方向垂直，并处于水平状态。接户横担与上层线路横担安装位置距离 300±10mm；方向与接户线方向垂直；接户横担处于水平状态；横担平面朝上并安装牢固。将新接户线拉至杆上横担绝缘子处进行绑扎（绑扎同上要求）。

视频：低压接户电缆安装

（6）对导线搭接处重新缠绕铝包带，缠绕要紧密、无间隙，缠绕方向正确，端头需有回弯压紧，接户线与接户杆导线电源线连接操作正确，符合工艺要求。接户线线头、线夹是否要用 0 号砂皮打磨、清除氧化层、涂电力复合脂。接线相色与原相色一致，中性线、相线接线正确。

（7）进行自验收。确认接线正确后，办理工作票终结，召开工后会。恢复送电。

三、低压开关故障抢修

案例：国网 ×× 供电公司抢修人员接到故障报修，诉为同一表箱两户没电，经现场排查后发现是 0.4kV 表箱表前开关 A 相内部烧毁故障，没有电的两户均为该相供电。

根据以上事故案例描述接 0.4kV 表箱表前开关更换抢修的作业过程。

（一）抢修方案确定

（1）经现场勘察，确定抢修方案，采取低压带电更换表前开关。

（2）进行人员的组织，抢修人员两名，一人监护，一人作业。

（3）准备抢修工作所需带电作业工器具、材料，见表 1-4-5。

（4）正确使用工作票，并经签发、许可。

表 1-4-5　　　　　　　　　　　　　　工器具、材料单

安全工器具、个人工器具的选择	1. 低压绝缘手套 1 副 2. 安全帽 2 个 3. 0.4kV 验电笔 1 把 4. 低压工频发生器 1 个 5. 围网（围栏）若干 6. 警示路牌 2 个 7. 路锥若干 8. 绝缘毯 3 条 9. 绝缘夹若干 10. 绝缘工具 1 套 11. 护目镜 1 个 12. 绝缘梯 / 绝缘凳 1 个 13. 绝缘护套若干
施工工器具的选择	万用表 1 台
抢修材料的选择	开关 1 个（与故障开关型号规格、容量、大小一致）
异动流程跟踪	是否异动：是； 异动内容：投运时间、开关厂家

（二）危险点，预控措施

（1）带电作业期间应佩戴护目镜、手套，使用合格低压绝缘工器具。

（2）采取绝缘隔离措施，防止相间短路或单相接地。

（3）拆、接导线前应核对相线、中性线。拆导线时应先拆相线后拆中性线，接导线时顺序相反。严禁带负荷断、接导线。

（4）没有绝缘防护的情况下，人体不能同时接触两根线头。

（5）严禁带负荷拉、合负荷刀开关，拆、接引线应先卸负荷。

（三）抢修作业方法

（1）召开工前会，进行"三检查，三交底"，并签字确认。

（2）根据原开关型号、容量选择正确的新开关，并对新开关进行检查及通断试验。

（3）正确核对设备名称，并在接触前进行验电。

（4）断开表后负荷开关、表前开关及其他需要断开的表前隔离开关等。（根据表箱种类）

（5）核对电源侧相序及相线、中性线，并对带电部位进行绝缘包裹。

（6）拆除烧毁的开关，先按A、B、C、N的相序逐相拆除空气开关上端进线，每拆除一相应立即对本相导线进行绝缘包裹；然后按上述方法依次拆除开关下端出线；最后再按上下对角原则拆除空气开关固定螺栓；注意防止空气开关掉落砸坏下方设备。

（7）安装新开关，安装前确认开关处于断开位置，按拆卸空气开关时的相反步骤依次固定好新空气开关本体与桥架螺栓、新空气开关本体与母线螺栓。

（8）进行自验收。确认接线正确后，将相间绝缘挡板及原空气开关编号恢复；整理工具，检查现场有无遗留物，并进行恢复送电，送电顺序与停电顺序相反。检查运行正常后，关闭箱门并对表箱进行封印。

（9）记录缺陷处理登记表。办理工作票终结，召开工后会，恢复送电。

模块五 配电倒闸操作

【模块描述】

本模块的任务是配电倒闸操作，知识点包括操作票填写的规范要求、倒闸操作的方式、分类、基本条件和作业流程规范。关键技能项包括操作票的填写和常见配电设备倒闸操作的方法。

【模块目标】

通过本模块学习，应达到以下目标：

（一）知识目标

（1）熟悉常见配电设备的结构，能够正确判断设备状态。

（2）掌握调度指令对应的设备状态。

（3）了解配电倒闸操作的专业协同和责任分工。

（二）技能目标

（1）掌握操作票的填写，可根据指令票正确填写操作票。

（2）熟练掌握配电各类常见设备的倒闸操作方法和注意事项。

（3）熟练掌握倒闸操作的组织实施和作业规范。

（三）素质目标

（1）培养学员安全生产的底线思维、红线意识，防止出现恶性操作时间。

（2）提高学员对于现场设备结构、功能的认识，促进理论与实践的结合。

（3）进一步提升学员作业规范化、流程化和标准化，满足职业化技能队伍建设要求。

任务 配电倒闸操作

【任务目标】

（1）掌握倒闸操作有关规定、操作术语和设备状态指令，可根据指令票内容规范填写操作票。

（2）熟悉配电设备结构、操作技能和安全规定，规范执行操作票并开展现场倒闸操作。

（3）了解倒闸操作工作流程，对供电所倒闸操作有深入认识。

【任务描述】

（1）根据指令票操作任务和操作内容规范填写操作票。

（2）熟悉各类设备的操作方法、操作顺序和注意事项。

（3）现场开展柱上开关、柱上变压器、箱式变电站、环网柜、配电室开关柜等倒闸操作。

【知识准备】

一、倒闸操作的方式

倒闸操作有就地操作和遥控操作两种方式，具备条件的设备可进行程序操作，即应用可编程计算机进行的自动化操作。

二、倒闸操作的分类

（一）监护操作

（1）监护操作时，其中对设备较为熟悉者做监护。

（2）经设备运维管理单位考试合格、批准的检修人员，可进行配电线路、设备的监护操作，监护人应是同一单位的检修人员或设备运维人员。检修人员操作的设备和接、发令程序及安全要求应由设备运维管理单位批准，并报相关部门和调度控制中心备案。

（二）单人操作

（1）若有可靠的确认和自动记录手段，可实行远方单人操作。

（2）实行单人操作的设备、项目及操作人员需经设备运维管理单位或调度控制中心批准。

三、倒闸操作的基本条件

（1）具有与现场高压配电线路、设备和实际相符的系统模拟图或接线图（包括各种电子接线图）。

（2）操作的设备应具有明显的标志，包括名称、编号、分合指示、旋转方向、切换位置的指示及设备相色等。

（3）配电设备的防误操作闭锁装置不应随意退出运行，停用防误操作闭锁装置应经工区批准；短时间退出防误操作闭锁装置，由配电运维班班长批准，并应按程序尽快投入。

（4）机械锁应一把钥匙开一把锁，钥匙应编号并妥善保管。下列三种情况应加挂机械锁：

1）配电站、开关站未装防误操作闭锁装置或闭锁装置失灵的隔离开关（刀闸）手柄和网门；

2）当电气设备处于冷备用、网门闭锁失去作用时的有电间隔网门；

3）设备检修时，回路中所有来电侧隔离开关（刀闸）的操作手柄。

四、操作发令

（1）倒闸操作应根据值班调控人员或运维人员的指令，受令人复诵或核对无误后执行。

发布指令应准确、清晰，使用规范的调度术语和线路名称、设备双重名称。

（2）发令人和受令人应先互报单位和姓名，发布指令的全过程（包括对方复诵指令）和听取指令的报告时，高压指令应录音并做好记录，低压指令应做好记录。

（3）操作人员（包括监护人）应了解操作目的和操作顺序。对指令有疑问时应向发令人询问清楚无误后执行。

（4）配调操作指令一般采用综合指令、单项指令的下令方式，凡涉及改变设备状态的调度指令应明确设备的初始状态和目标状态。调度操作指令不论采取何种形式发布，都必须使受令人员完全明确该操作的目的和要求。设备状态及其指令见下方二维码。

参考资料：设备状态及其指令

五、操作票填写

（1）高压电气设备倒闸操作一般应由操作人员填用配电倒闸操作票（以下简称操作票）。每份操作票只能用于一个操作任务。其中事故紧急处理、拉合断路器（开关）的单一操作、程序操作、低压操作、工作班组的现场操作可不用操作票。

（2）以下项目应填入操作票内：

1）拉合设备断路器（开关）、隔离开关（刀闸）、跌落式熔断器、接地开关等，验电，装拆接地线，合上（安装）或断开（拆除）控制回路或电压互感器回路的空气开关、熔断器，切换保护回路和自动化装置，切换断路器（开关）、隔离开关（刀闸）的控制方式，检验是否确无电压等。

2）拉合设备断路器（开关）、隔离开关（刀闸）、接地开关等，检查设备的位置。

3）停、送电操作，在拉合隔离开关（刀闸）或拉出、推入手车开关前，检查断路器（开关）确在分闸位置。

4）在倒负荷或解、并列操作前后，检查相关电源运行及负荷分配情况。

5）设备检修后合闸送电前，检查确认送电范围内接地开关已拉开、接地线已拆除。

6）根据设备指示情况确定的间接验电和间接方法判断设备位置的检查项。

（3）操作人和监护人应根据模拟图或接线图核对所填写的操作项目，分别手工或电子签名。

（4）操作票应逐项填写，填写及涂改的规范与工作票要求相同。

六、操作要求

（1）操作人和监护人应根据模拟图或接线图核对所填写的操作项目，分别手工或电子签名。

（2）倒闸操作前，应核对线路名称、设备双重名称和状态。

（3）现场倒闸操作应执行唱票、复诵制度，宜全过程录音。操作人应按操作票填写的顺序逐项操作，每操作完一项，应检查确认后做一个"√"记号，全部操作完毕后进行复查。复查确认后，受令人应立即汇报发令人。

（4）监护操作时，操作人在操作过程中不应有任何未经监护人同意的操作行为；操作中产生疑问、故障或异常时，不应更改操作票，应立即停止操作，并向发令人报告。继续操作前应经发令人再行许可。任何人不应随意解除闭锁装置。

（5）配电设备操作后的位置检查应以设备实际位置为准；无法看到实际位置时，应通过间接方法如设备机械位置指示、电气指示、带电显示装置、仪表及各种遥测、遥信等信号的变化来判断设备位置。确认该设备已操作到位至少应有两个非同样原理或非同源的指示发生对应变化，且所有这些确定的指示均已同时发生对应变化。检查中若发现其他任何信号有异常，均应停止操作，查明原因。

（6）断路器（开关）与隔离开关（刀闸）无防误操作闭锁装置时，在拉开隔离开关（刀闸）前应确认断路器（开关）已完全断开。

（7）操作机械传动的断路器（开关）或隔离开关（刀闸）时，应戴绝缘手套。操作没有机械传动的断路器（开关）、隔离开关（刀闸）或跌落式熔断器时，应使用绝缘棒。雨天室外高压操作，应使用有防雨罩的绝缘棒，并穿绝缘靴、戴绝缘手套。

（8）装卸高压熔断器，应戴护目镜和绝缘手套，必要时使用绝缘操作杆或绝缘夹钳。

（9）雷电时，不应就地倒闸操作和更换熔丝。

七、操作顺序

（1）停电拉闸操作应按照断路器（开关）—负荷侧隔离开关（刀闸）—电源侧隔离开关（刀闸）的顺序依次进行，送电合闸操作应按与上述相反的顺序进行。不应带负荷拉合隔离开关（刀闸）。

（2）装设柱上开关（包括柱上断路器、柱上负荷开关）的配电线路停电，应先断开柱上开关，后拉开隔离开关（刀闸）。送电操作顺序与此相反。

（3）配电变压器停电，应先拉开低压侧开关（刀闸），后拉开高压侧熔断器。送电操作顺序与此相反。

（4）拉跌落式熔断器、隔离开关（刀闸），应先拉开中相，后拉开两边相。合跌落式熔断器、隔离开关（刀闸）的顺序与此相反。

（5）低压电气操作：

1）有总断路器（开关）和分路断路器（开关）的回路停电，应先断开分路断路器（开关），后断开总断路器（开关）。送电操作顺序与此相反。

2）有刀开关和熔断器的回路停电，应先拉开刀开关，后取下熔断器。送电操作顺序与此相反。

3）有断路器（开关）和插拔式熔断器的回路停电，取下熔断器前，应先断开断路器（开关），并在负荷侧逐相验明确无电压。

【任务实施】

一、10kV 柱上变压器倒闸操作

（一）操作任务

2023 年 06 月 15 日 07 时 50 分，×× 配调张三下达 10kV 华大支线 #4 杆实训变压器停电操作指令，×× 供电所外勤一班吴三作为监护人，蔡三作为操作人。操作开始时间为 2023 年 06 月 15 日 08 时 00 分，操作终了时间为 2023 年 06 月 15 日 08 时 20 分。

（二）操作步骤

（1）正确办理操作票（画横线部分为现场操作时填写）。

配 电 倒 闸 操 作 票

班组：**外勤一班**　　　　　　　　　　编号：×××××××

发令人：**张三**　受令人：**吴三**　发令时间：**2023 年 06 月 15 日 07 时 50 分**			
操作开始时间：**2023 年 06 月 15 日 08 时 00 分**　　操作终了时间：**2023 年 06 月 15 日 08 时 20 分**			
操作任务：10kV 华大支线 #4 杆实训变压器检修前停电			
√	顺序	操 作 项 目	
√	1	断开 10kV 华大支线 #4 杆实训变压器低压综合配电箱 4101 断路器，查确已断开	
√	2	断开 10kV 华大支线 #4 杆实训变压器低压综合配电箱 41013 隔离开关至中间位置，查确已断开	
√	3	断开 10kV 华大支线 #4 杆实训变压器低压综合配电箱 4102 断路器，查确已断开	
√	4	断开 10kV 华大支线 #4 杆实训变压器低压综合配电箱 41023 隔离开关至中间位置，查确已断开	
√	5	断开 10kV 华大支线 #4 杆实训变压器低压综合配电箱 4001 断路器，查确已断开	
√	6	断开 10kV 华大支线 #4 杆实训变压器高压跌落式熔断器，查确已断开	
√	7	检查 10kV 华大支线 #4 杆实训变压器低压综合配电箱 41013 隔离开关三相均无电压	
√	8	合上 10kV 华大支线 #4 杆实训变压器低压综合配电箱 41013 隔离开关至接地位置，查确已合上	
√	9	检查 10kV 华大支线 #4 杆实训变压器低压综合配电箱 41023 隔离开关三相均无电压	
√	10	合上 10kV 华大支线 #4 杆实训变压器低压综合配电箱 41013 隔离开关至接地位置，查确已合上	
√	11	在 10kV 华大支线 #4 杆悬挂"禁止合闸！线路有人工作"标示牌	
		以下空白	

备注:	
操作人:　蔡三	监护人:　吴三

评价情况:

　　经检查本票为_____票, 存在_____

_____问题, 已向_____指出。

检查人: _____　_____年____月____日

图 1-5-1　工前会召开示意图

（2）召开工前会（见图 1-5-1），开展"三检查、三交底"。操作人和监护人根据模拟图核对所填写的操作项目，分别手工或电子签名。

（3）操作前核对当前工作位置为 10kV 华大支线 #4 杆实训变压器台架，实训变压器处于运行状态（见图 1-5-2），工作线路名称、设备双重名称及状态均与操作票一致，防止走错间隔误操作。

（4）登高前检查杆根是否牢固、杆基是否夯实、杆身有无裂纹、电杆埋深是否足够；检查拉线是否受力均匀，拉线棒基础是否夯实，埋深是否足够（见图 1-5-3）；对登高工具及安全带进行冲击试验（见图 1-5-4）。

图 1-5-2　核对工作地点及设备状态示意图

图 1-5-3　登高前检查电杆及拉线示意图

（5）第一次接触综合配电箱箱体前应验明无电压，验电时应戴绝缘手套，伸缩式验电笔

图 1-5-4　登高工具冲击试验图

应拉伸至最长，手握地方不超过验电笔黑色护环处（见图 1-5-5）；操作人员应避免正面面对箱门，操作后随手关门。

（6）梯子应选择合适的放置位置，与地面斜角度为 60° 左右；操作人登梯动作规范熟练，站位合适，安全带系绑正确，梯子有人扶持（见图 1-5-6）。

图 1-5-5　打开箱门前在箱门把手上验电示意图

图 1-5-6　梯子使用示意图

（7）监护人按照操作票操作顺序唱票并指明操作设备，操作人指明操作设备、复诵操作内容无误后操作设备，监护人确认操作无误后在操作票相应操作项目打"√"。操作时应戴绝缘手套，注意须逐项操作，逐项确认并打"√"，不得跳项、漏项。

（8）断开 10kV 华大支线 #4 杆实训变压器低压综合配电箱 4101 断路器并查本体机械位置指示确已在分闸位置（见图 1-5-7）。

（9）将 10kV 华大支线 #4 杆实训变压器低压综合配电箱 41013 隔离开关拉至中间位置，并查确已在中间位置，操作刀闸前应解开隔离开关闭锁按钮（见图 1-5-8）。

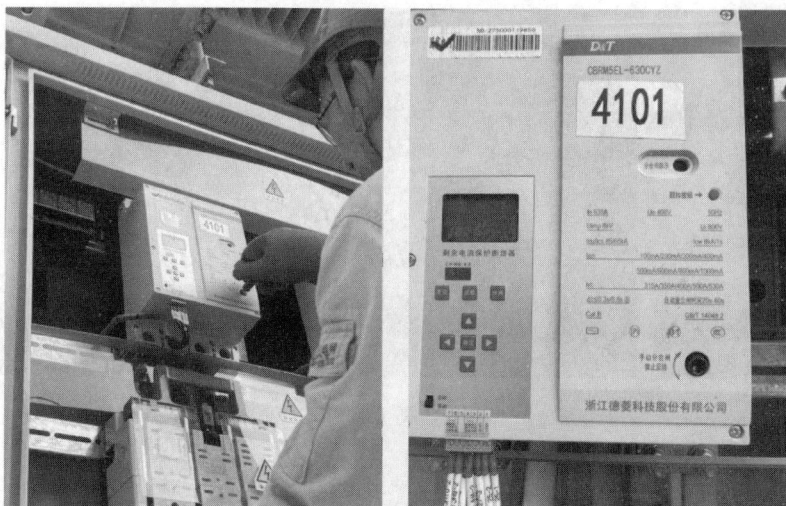

图 1-5-7　断开 4101 开关及操作后机械位置指示检查示意图

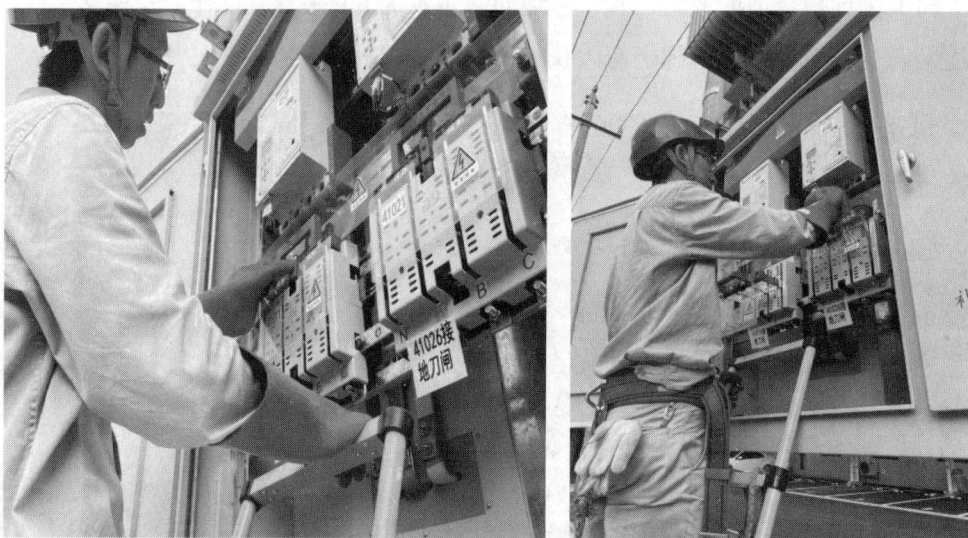

图 1-5-8　解开闭锁及拉开 41013 隔离开关至中间位置示意图

（10）断开 10kV 华大支线 #4 杆实训变压器低压综合配电箱 4102 开关并查已断开；将 10kV 华大支线 #4 杆实训变压器低压综合配电箱 41023 隔离开关拉至中间位置并查确已在中间位置。（注：按照操作票顺序进行操作，操作方法与 4101 断路器、41013 隔离开关相同）

（11）断开 10kV 华大支线 #4 杆实训变压器低压综合配电箱 4001 断路器，查确已断开（见图 1-5-9）。

（12）按照"先中间，后两边"的顺序断开 10kV 华大支线 #4 杆实训变压器高压跌落式熔断器，操作时应将操作棒套在熔管铁环内，动作规范熟练且流畅，防止熔丝断或熔断掉落，操作后确认跌落式熔断器确已分闸（见图 1-5-10）。

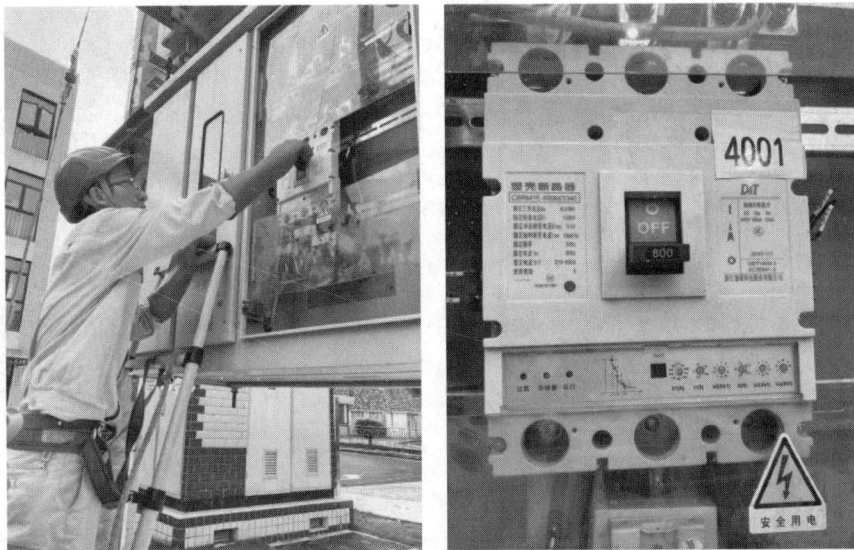

图 1-5-9　断开 4001 断路器及操作后机械位置指示检查示意图

图 1-5-10　高压跌落式熔断器断开操作示意图

（13）检查 10kV 华大支线 #4 杆实训变压器低压综合配电箱 41013 隔离开关负荷侧三相均无电压后，将 41013 隔离开关合至接地位置。（注：可通过验电器或检查隔离开关本体带电指示灯判断刀闸负荷侧三相均无电压）

（14）检查 10kV 华大支线 #4 杆实训变压器低压综合配电箱 41013 隔离开关负荷侧三相均无电压后，将 41013 隔离开关合至接地位置（见图 1-5-11）。

（15）悬挂"禁止合闸，线路有人工作"标示牌（见图 1-5-12）。

（16）全部操作完毕后应进行复查。复查确认后，受令人应立即汇报发令人；组织对现场进行清理、回收工器具，召开工后会点评操作过程存在的不足和改进措施并总结好的方面。

图 1-5-11 合上 41013 隔离开关至接地位置示意图

图 1-5-12 标示牌装设示意图

二、10kV 联络线路倒闸操作

（一）操作任务

2023 年 06 月 15 日 07 时 50 分，×× 配调张三下达 10kV 培训线与 10kV 华大线恢复正常运行方式的转电指令，×× 供电所外勤一班吴三作为监护人，蔡三作为操作人。操作开始时间为 2023 年 06 月 15 日 08 时 00 分，操作终了时间为 2023 年 06 月 15 日 08 时 20 分。配调下达的指令如下：

（1）10kV 培训线 #045 杆 K5118 断路器由冷备用转运行。

（2）10kV 华大线 #019 杆 K5108 断路器由运行转冷备用。

（二）操作步骤

（1）正确办理操作票（横线部分为现场操作时填写）。

配 电 倒 闸 操 作 票

班组：__外勤一班__　　　　　　　　　　　　　　　编号：×××××××

发令人：__张三__　　受令人：__吴三__　　发令时间：__2023 年 06 月 15 日 07 时 50 分__

操作开始时间：__2023 年 06 月 15 日 08 时 00 分__
操作终了时间：__2023 年 06 月 15 日 08 时 20 分__

操作任务：110kV× 变电站 10kV 培训线 611 线路与 110kV ×× 变电站 10kV 华大线 621 线路恢复正常运行方式

√	顺序	操 作 项 目
√	1	检查 10kV 培训线 #045 杆 K5118 断路器本体机械位置指示确在分闸位置
√	2	合上 10kV 培训线 #045 杆 G4118 隔离开关，检查确已合上

√	顺序	操 作 项 目
√	3	合上 10kV 培训线 #045 杆 K5118 断路器
√	4	检查 10kV 培训线 #045 杆 K5118 断路器本体机械位置指示确在合闸位置
√	5	（08 点 13 分）汇报配调（张三）已完成以上操作，操作间断"待令"
√	6	（08 点 15 分）接配调（张三）通知待令结束，继续以下操作
√	7	断开 10kV 华大线 #019 杆 K5108 断路器
√	8	检查 10kV 华大线 #019 杆 K5108 断路器本体机械位置指示确在分闸位置
√	9	断开 10kV 华大线 #019 杆 G4108 隔离开关，检查确已断开
		以下空白
备注：		
操作人：　蔡三　　　　　　　　　监护人：　吴三		

评价情况：

经检查本票为_____票，存在_____

_____问题，已向_____指出。

检查人：_____　　_____年___月___日

（2）召开工前会，开展"三检查、三交底"。操作人和监护人根据模拟图核对所填写的操作项目，分别手工或电子签名。

（3）操作前核对当前工作位置为 10kV 培训线 #045 杆，10kV 培训线 #045 杆 K5118 断路器处于冷备用状态，工作线路、设备双重名称及状态均与操作票一致，防止走错间隔误操作；核实 10kV 培训线与 10kV 华大线相序一致，线路具备合环条件。

（4）登高前检查杆根是否牢固、杆基是否夯实、杆身有无裂纹、电杆埋深是否足够；检查拉线是否受力均匀，拉线棒基础是否夯实，埋深是否足够；对登高工具及安全带进行冲击试验；梯子应选择合适的放置位置，与地面斜角度为 60°左右；操作人登梯动作规范熟练，站位合适，安全带系绑正确，梯子有人扶持。

（5）监护人按照操作票操作顺序唱票并指明操作设备，操作人指明操作设备、复诵操作内容无误后操作设备，监护人确认操作无误后在操作票相应操作项目打"√"。操作时应戴绝缘手套，注意须逐项操作，逐项确认并打"√"，不得跳项、漏项。

（6）查 10kV 培训线 #045 杆 K5118 断路器本体机械位置指示确在分闸位置。

（7）合上 10kV 培训线 #045 杆 G4118 隔离开关，查确已合上。合上隔离开关时应按照"先两边后中间"的顺序进行操作，动作应熟练、规范且流畅，隔离开关应操作到位，操作后检查隔离开关确已合闸（见图 1-5-13）。

图 1-5-13 合上 10kV 培训线 #045 杆 G4118 隔离开关示意图

（8）合上 10kV 培训线 #045 杆 K5118 断路器。操作前应对断路器进行储能，待储能指示指在已储能后，方能在断路器相应操动机构上进行合闸操作。操作后应检查 10kV 培训线 #045 杆 K5118 断路器本体机械位置指示确在合闸位置（见图 1-5-14）。

图 1-5-14 断路器储能操作及断路器合上前后本体机械位置指示变化示意图

（9）向配调汇报合环操作已完成，待令；待配调确认可以继续操作后开始线路解环操作。

（10）操作前核对当前工作位置为 10kV 华大线 #019 杆，10kV 华大线 #019 杆 K5108 断路器处于运行状态，工作线路、设备双重名称及状态均与操作票一致，防止走错间隔误操作。断开 10kV 华大线 #019 杆 K5108 断路器，10kV 华大线 #019 杆 K5108 断路器本体机械位置指示确在分闸位置（见图 1-5-15）。

图 1-5-15　断路器断开操作及操作前后本体机械位置指示变化示意图

（11）断开 10kV 华大线 #019 杆 G4108 隔离开关，查确已断开。断开隔离开关时应按照"先中间后两边"的顺序进行操作，动作应熟练、规范且流畅，隔离开关应操作到位，操作后检查隔离开关确已分闸（见图 1-5-16）。

图 1-5-16　高压隔离开关操作顺序及操作方法示意图

（12）全部操作完毕后应进行复查。复查确认后，受令人应立即汇报发令人；组织对现场进行清理、回收工器具，召开工后会点评操作过程存在的不足和改进措施并总结好的方面。

三、10kV 箱式变电站倒闸操作

（一）操作任务

2023 年 06 月 15 日 07 时 50 分，×× 配调张三下达 10kV 华大线 #3 实训箱式变电站（美式变电站）停电操作指令，×× 供电所外勤一班吴三作为监护人，蔡三作为操作人。操作开始时间为 2023 年 06 月 15 日 08 时 00 分，操作终了时间为 2023 年 06 月 15 日 08 时 20 分。调度指令为：10kV 华大线 #3 实训箱式变电站由运行转检修并挂标示牌。

注：此次操作因在实训设备开展，10kV 华大线 #3 实训箱式变电站无二次操作电源，故

操作均在机械操动机构上执行。

（二）操作步骤

（1）正确办理操作票（横线部分为现场操作时填写，括号内字体为备注）。

配 电 倒 闸 操 作 票

班组：　外勤一班　　　　　　　　　　　　编号：　×××××××××

发令人：　张三　　受令人：　吴三　　发令时间：　2023 年 06 月 15 日 07 时 50 分

操作开始时间：　2023 年 06 月 15 日 08 时 00 分
操作终了时间：　2023 年 06 月 15 日 08 时 20 分

操作任务：10kV 华大线 #3 实训箱式变电站检修前停电

√	顺序	操 作 项 目
√	1	断开 10kV 华大线实训 #3 箱式变电站低压室 4001 低压总开关
√	2	检查 10kV 华大线实训 #3 箱式变电站低压室 4001 低压总开关本体机械位置指示确已在分闸位置，电流表指示为 0，分闸指示灯亮（根据设备现场情况选择"二元法"）
√	3	将 10kV 华大线实训 #3 箱式变电站低压室 4001 低压总开关摇至分离位置
√	4	检查 10kV 华大线实训 #3 箱式变电站高压室 SF₆ 气体压力正常
√	5	断开 10kV 华大线实训 #3 箱式变电站高压室（至 10kV 实训 #3 变压器）912 断路器
√	6	检查 10kV 华大线实训 #3 箱式变电站高压室（至 10kV 实训 #3 变压器）912 断路器本体机械位置指示确已在分闸位置，电流表指示为 0，分闸指示灯亮（根据设备现场情况选择"二元法"）
√	7	查 10kV 华大线实训 #3 箱式变电站高压室（至 10kV 实训 #3 变压器）912 断路器线路侧带电显示器三相指示灯确已灭
√	8	合上 10kV 华大线实训 #3 箱式变电站高压室 9126 接地开关，检查确已合上
√	9	在 10kV 华大线实训 #3 箱式变电站高压室（至 10kV 实训 #3 变压器）912 开关柜上悬挂"禁止合闸，有人工作"标示牌
		以下空白

备注：
操作人：　蔡三　　　　　　　监护人：　吴三

评价情况：

　　经检查本票为＿＿＿＿票，存在＿＿＿＿＿＿＿＿＿＿＿＿＿＿＿＿＿＿＿＿＿＿

＿＿＿＿＿＿＿＿＿问题，已向＿＿＿＿指出。

　　　　　　　　　　　　　　　　　　检查人：＿＿＿＿＿　　＿＿＿年＿＿月＿＿日

（2）召开工前会，开展"三检查、三交底"。操作人和监护人根据模拟图核对所填写的操作项目，分别手工或电子签名。

（3）操作前应核对当前操作设备为 10kV 华大线 #3 箱式变电站，设备双重名称与操作票一致；核对高压室、低压室、变压器室标识正确完整，防止走错间隔误操作。

（4）第一次接触箱式变电站箱体前应验明无电压，验电时应戴绝缘手套，伸缩式验电笔应拉伸至最长，手握地方不超过验电笔黑色护环处。

（5）操作前对箱式变电站高、低压室进行检查，确保指示灯、带电显示器指示正常；电流、电压表指示正常；分、合闸位置指示器与实际运行方式相符，柜内无异味；接地牢固；密封情况检查正常（见图1-5-17）。

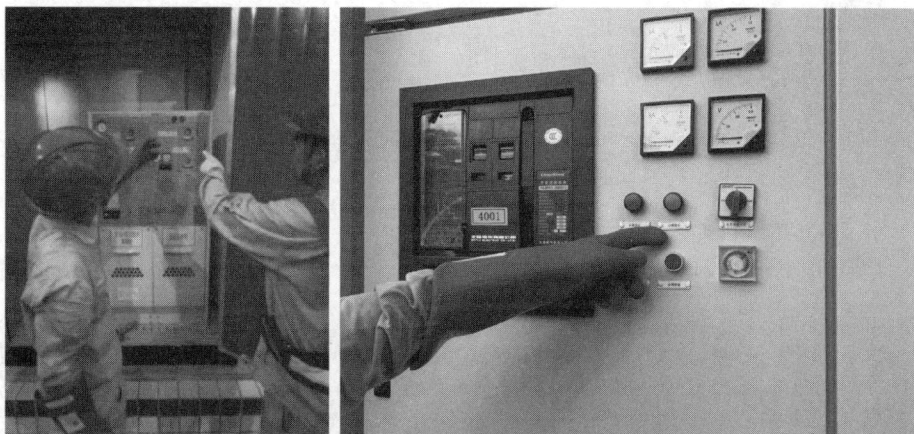

图1-5-17　高、低压室各指示及设备状态指示检查示意图

（6）监护人按照操作票操作顺序唱票并指明操作设备，操作人指明操作设备、复诵操作内容无误后操作设备，监护人确认操作无误后在操作票相应操作项目打"√"。操作时应戴绝缘手套，注意须逐项操作，逐项确认并打"√"，不得跳项、漏项。

（7）打开箱式变电站低压室柜门，核对当前操作位置为10kV华大线实训#3箱式变电站4001低压总开关间隔，断开10kV华大线实训#3箱式变电站低压室4001低压总开关（见图1-5-18）。（注：断开总开关前，应先断开各支路开关；采用机械机构操作时合上4001低压总开关需先储能，断开时不用储能。）

图1-5-18　4001低压总开关断开操作示意图

（8）检查 10kV 华大线实训 #3 箱式变电站低压室 4001 低压总开关本体机械位置指示确已

图 1-5-19　用"二元法"判断 4001 低压总开关确已分闸示意图

在分闸位置，电流表指示为 0，分闸指示灯亮。应根据现场设备实际，至少应有两个非同样原理或非同源的指示发生对应变化，且所有这些确定的指示均已同时发生对应变化，此时才能确认 4001 低压总开关确处于分闸位置（见图 1-5-19）。

（9）将 10kV 华大线实训 #3 箱式变电站低压室 4001 低压总开关摇至分离位置。摇出时应注意旋转方向并同步观察位置指示变化，直至位置指示指在分离位置（见图 1-5-20）。

图 1-5-20　4001 低压总开关摇至分离状态操作及分离位置指示示意图

（10）检查 10kV 华大线实训 #3 箱式变电站高压室 SF$_6$ 气体压力正常（见图 1-5-21）。（注：该开关为 SF$_6$ 开关，灭弧介质为 SF$_6$ 气体，为确保开关断开时能充分灭弧，避免安全事故发生，故操作前需先检查 SF$_6$ 气压表是否指示在压力正常的位置。）

（11）打开箱式变电站高压室柜门，核对操作位置为 10kV 华大线实训 #3 箱式变电站 912 断路器间隔。断开 10kV 华大线实训 #3 箱式变电站高压室（至 10kV 实训 #3 变压器）912 断路器，操作前应核对设备双重名称、操动机构孔、旋转方向，以免造成误操作（见图 1-5-22）。（注：912 断路器处于合闸位置时，9126 接地开关操动机构

图 1-5-21　检查高压室 SF$_6$ 气体压力指示在正常位置

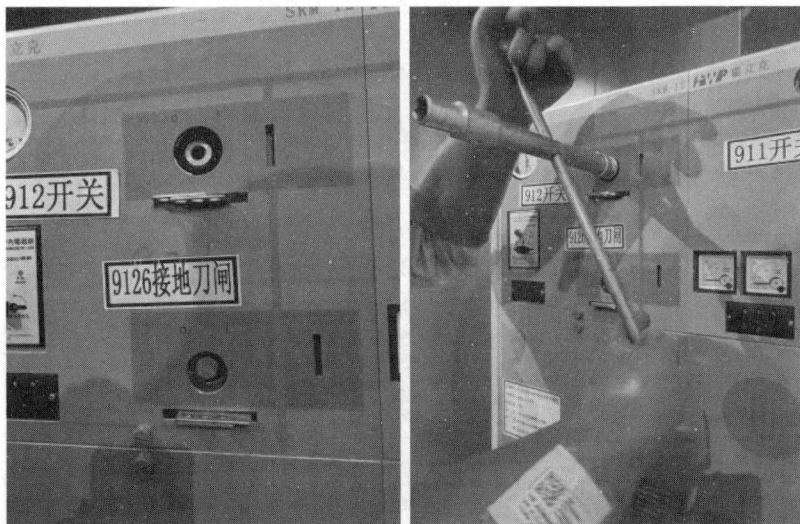

图 1-5-22 断开 912 断路器操作示意图

孔闭锁，无法插入操作杆，避免带电合接地开关的恶性误操作事故发生。只有当 912 断路器处于分闸位置，9126 接地开关防误闭锁装置退出时，才能合上 9126 接地开关。）

（12）检查 10kV 华大线实训 #3 箱式变电站高压室（至 10kV 实训 #3 变压器）912 断路器本体机械位置指示确已在分闸位置，电流表指示为 0，分闸指示灯亮；应根据现场设备实际，至少应有两个非同样原理或非同源的指示发生对应变化，且所有这些确定的指示均已同时发生对应变化，此时才能确定 912 断路器确处于分闸位置（见图 1-5-23）。

（13）检查 10kV 华大线实训 #3 箱式变电站高压室（至 10kV 实训 #3 变压器）912 开关线路侧带电显示器三相指示灯确已灭（见图 1-5-24）。

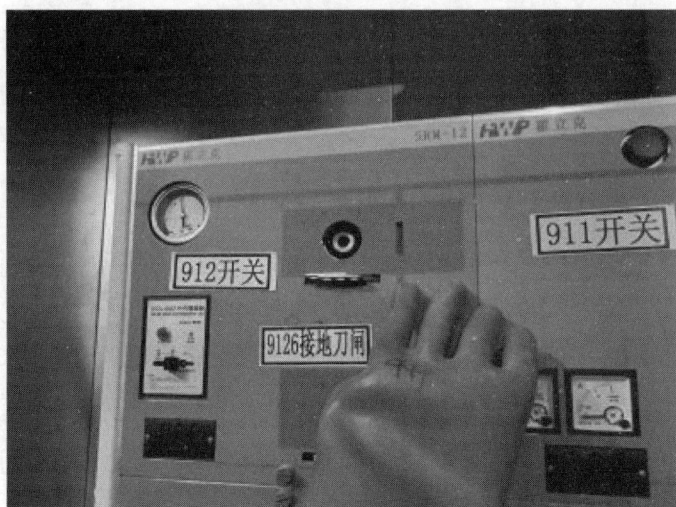

图 1-5-23 用"二元法"判断 912 断路器确已分闸示意图

图 1-5-24 检查线路侧带电显示器三相指示灯确已灭示意图

（14）合上 10kV 华大线实训 #3 箱式变电站高压室 9126 接地开关，查确已合上。（见图 1-5-25）操作前应核对设备双重名称、操动机构孔、旋转方向，以免造成误操作。（注：9126 接地开关合上后，912 断路器操动机构孔闭锁，此时无法插入操作杆，避免了接地开关未断开送电的恶性误操作事故。只有当 9126 接地开关处于分闸位置，912 开关防误闭锁装置退出时，才能合上 912 断路器。）

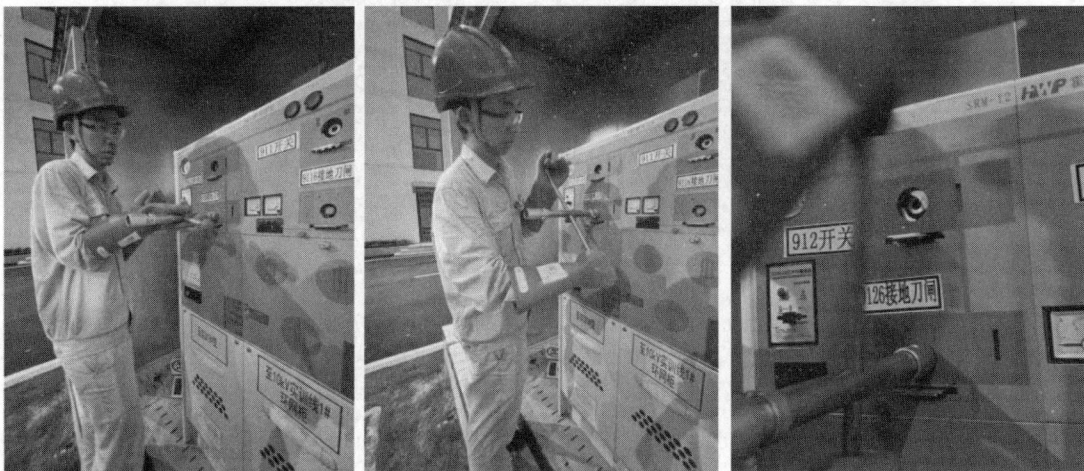

图 1-5-25　合上 9126 接地开关操作示意图

图 1-5-26　操作完成后悬挂标示牌

（15）在 10kV 华大线实训 #3 箱式变电站高压室（至 10kV 实训 #3 变压器）912 开关柜上悬挂"禁止合闸，有人工作"标示牌（见图 1-5-26）。

（16）全部操作完毕后应进行复查。复查确认后，受令人应立即汇报发令人；组织对现场进行清理、回收工器具，召开工后会点评操作过程存在的不足和改进措施并总结好的方面。

四、10kV 环网柜倒闸操作

（一）操作任务

2023 年 06 月 15 日 07 时 50 分，×× 配调张三下达 10kV 实训线 #1 环网柜 911 断路器间隔停电操作指令，×× 供电所外勤一班吴三作为监护人，蔡三作为操作人。操作开始时间为 2023 年 06 月 15 日 08 时 00 分，操作终了时间为 2023 年 06 月 15 日 08 时 20 分。调度指令为：10kV 实训线 #1 环网柜 911 断路器由运行转线路检修并挂标示牌。

备注：此次操作因在实训设备开展，10kV 实训线 #1 环网柜无二次操作电源，故操作均在机械操动机构上执行。

（二）操作步骤

（1）正确办理操作票（横线部分为现场操作时填写，括号内字体为备注）。

配 电 倒 闸 操 作 票

班组：__外勤一班__   编号：×××××××××

发令人：__张三__ 受令人：__吴三__ 发令时间：__2023 年 06 月 15 日 07 时 50 分__		
操作开始时间：__2023 年 06 月 15 日 08 时 00 分__ 操作终了时间：__2023 年 06 月 15 日 08 时 20 分__		
操作任务：10kV 实训线 #1 环网柜 911 开关由运行转线路检修		
√	顺序	操 作 项 目
√	1	检查 10kV 实训线 #1 环网柜 SF$_6$ 气体压力正常
√	2	将 10kV 实训线 #1 环网柜（至 10kV 实训 #1 杆）911 断路器"远方/就地"切换开关由"远方"位置切换至"就地"位置
√	3	断开 10kV 实训线 #1 环网柜（至 10kV 实训 #1 杆）911 断路器
√	4	检查 10kV 实训线 #1 环网柜（至 10kV 实训 #1 杆）911 断路器本体机械位置指示确已在分闸位置，电流表指示为 0，线路侧带电显示器三相指示灯已灭（根据设备现场情况选择"二元法"）
√	5	断开 10kV 实训线 #1 环网柜（至 10kV 实训 #1 杆）911 断路器操作控制电源空气开关，查确已断开（实训设备若未通过控制电源进行电动操作，可不断开）
√	6	检查 10kV 实训线 #1 环网柜（至 10kV 实训 #1 杆）911 断路器线路侧带电显示器三相指示灯确已灭
√	7	合上 10kV 实训线 #1 环网柜 9116 接地开关，检查确已合上
√	8	在 10kV 实训 #1 环网柜（至 10kV 实训 #1 杆）911 开关柜上悬挂"禁止合闸，线路有人工作！"标示牌
		以下空白
备注：		
操作人：__蔡三__ 监护人：__吴三__		

评价情况：

    经检查本票为_____票，存在_____

_____问题，已向_____指出。

检查人：_____ _____ 年___ 月___ 日

（2）召开工前会，开展"三检查、三交底"。操作人和监护人根据模拟图核对所填写的操作项目，分别手工或电子签名。

（3）操作前应核对当前操作设备为 10kV 实训线 #1 环网柜，设备双重名称与操作票一致，防止走错间隔误操作。

（4）第一次接触环网柜柜体前应验明无电压，验电时应戴绝缘手套，伸缩式验电笔应拉伸至最长，手握地方不超过验电笔黑色护环处；操作人员应避免正面面对箱门，操作后随手关门。

（5）操作前核对当前操作位置为 10kV 实训线 #1 环网柜 911 断路器间隔，对环网柜仪表等进行检查，包括电流、电压、指示灯、带电显示器指示等应正常，分、合闸位置指示与实际运行方式相符，柜内应无异味（见图 1-5-27）。

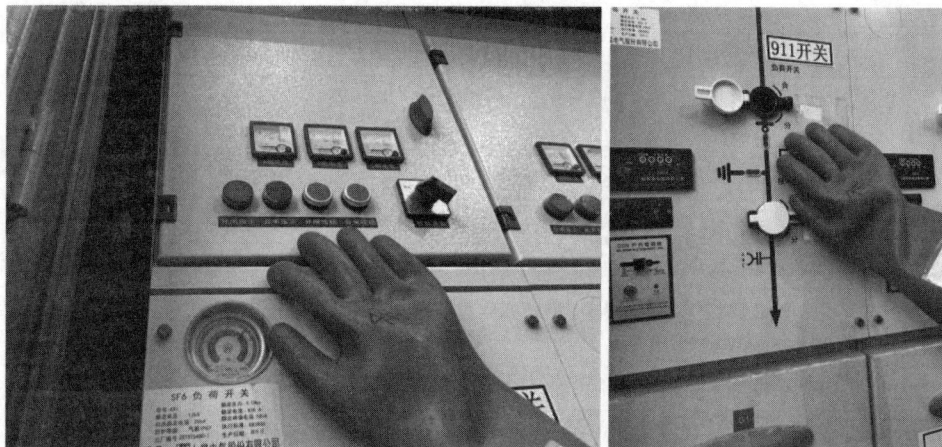

图 1-5-27　环网柜各电气指示及设备状态指示检查示意图

（6）监护人按照操作票操作顺序唱票并指明操作设备，操作人指明操作设备、复诵操作内容无误后操作设备，监护人确认操作无误后在操作票相应操作项目打"√"。操作时应戴绝缘手套，注意须逐项操作，逐项确认并打"√"，不得跳项、漏项。

（7）检查 10kV 实训线 #1 环网柜 SF_6 气体压力正常（见图 1-5-28）。

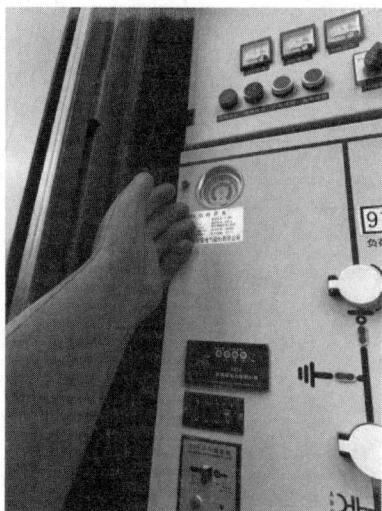

图 1-5-28　检查环网柜 SF_6 气体压力指示在正常位置

（8）核对当前位置为 10kV 实训线 #1 环网柜 911 断路器间隔，将 10kV 实训线 #1 环网柜（至 10kV 实训 #1 杆）911 断路器"远方/就地"切换开关由"远方"位置切换至"就地"位置（见图 1-5-29）。注意："远方"位置时设备通过遥控操作，现场操作时应将切换开关切换至"就地"位置，否则无法操作。

（9）断开 10kV 实训线 #1 环网柜（至 10kV 实训 #1 杆）911 断路器（见图 1-5-30）。操作前应核对设备双重名称、操动机构孔、旋转方向，以免造成误操作。

（10）检查 10kV 实训线 #1 环网柜（至 10kV 实训 #1 杆）911 断路器本体机械位置指示确已在分闸位置，电流表指示为 0，线路侧带电显示器三相指示灯已灭。应根

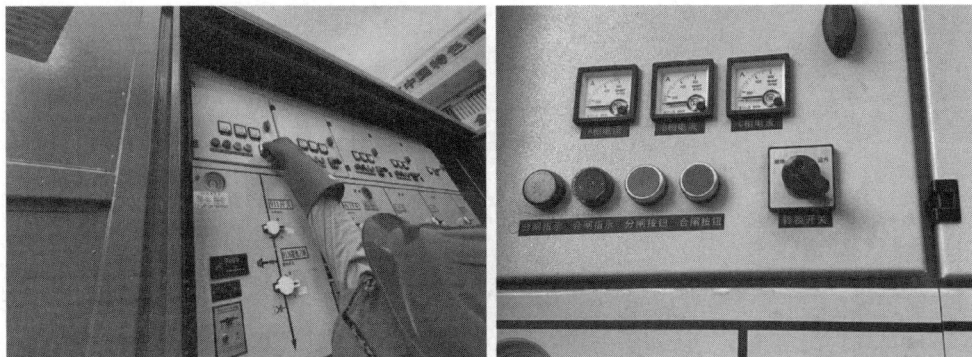

图 1-5-29 "远方/就地"转换开关操作示意图

图 1-5-30 911 断路器断开操作示意图

据现场设备实际，至少应有两个非同样原理或非同源的指示发生对应变化，且所有这些确定的指示均已同时发生对应变化，此时才能确定 911 断路器确处于分闸位置（见图 1-5-31）。

（11）断开 10kV 实训线 #1 环网柜（至 10kV 实训 #1 杆）911 断路器操作控制电源空气开关，检查确已断开（见图 1-5-32）。需注意的是，若实训设备不是通过二次控制电源进行电动操作，可不断开控制电源。

（12）检查 10kV 实训线 #1 环网柜（至 10kV 实训 #1 杆）911 断路器线路侧带电显示器三相指示灯确已灭（见图 1-5-33）。

（13）合上 10kV 实训线 #1 环网柜 9116 接地开关，检查确已合上（见图 1-5-34）。需注意的是：

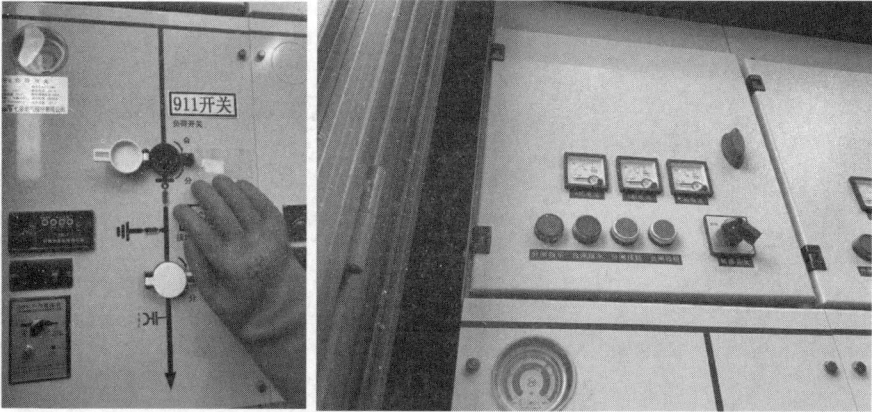

图 1-5-31　用"二元法"判断 911 断路器确已分闸示意图

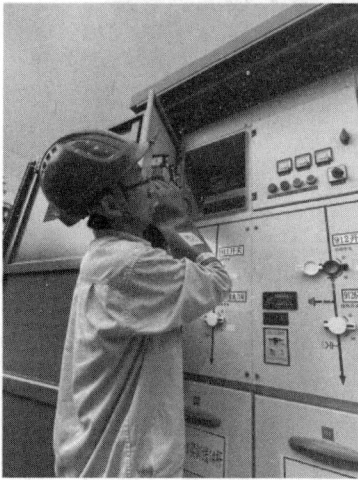

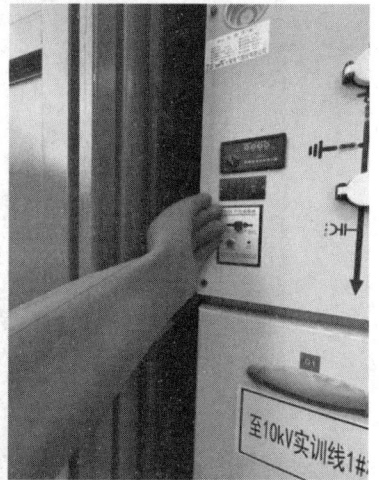

图 1-5-32　911 断路器操作控制电源断开操作示意图

图 1-5-33　911 断路器线路侧带电显示器三相指示灯熄灭示意图

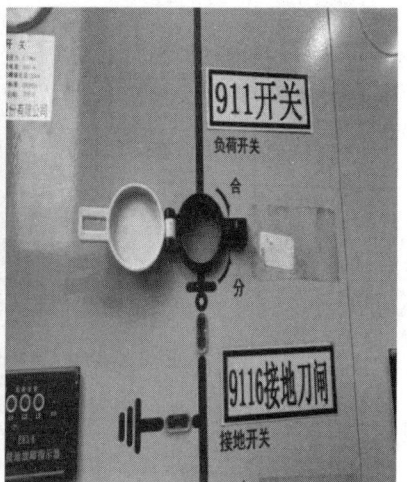

图 1-5-34　9116 接地开关合上操作及断路器闭锁装置示意图

1）911 断路器及 9116 接地开关互为闭锁，当 911 断路器合上后，9116 接地开关操动机构孔闭锁，操作杆无法插入进行操作；当 9116 接地开关合上后，911 断路器操动机构孔闭锁，无法进行操作。这时配电设备的防误闭锁装置动作，避免带电和接地开关的恶性操作事件发生，操作人员操作时不得强行退出防误闭锁装置进行操作。

2）断开 911 断路器后，911 断路器本体机械位置指示及分闸指示灯亮等已同步变化，可以确定 911 断路器已断开；但是如果线路侧带电显示器三相指示灯仍亮着，此时 911 断路器所连接的电缆线路是带电的，不得合上 9116 接地开关。

（14）在 10kV 实训 #1 环网柜（至 10kV 实训 #1 杆）911 开关柜上悬挂"禁止合闸，线路有人工作！"标示牌。

（15）全部操作完毕后应进行复查。复查确认后，受令人应立即汇报发令人；组织对现场进行清理、回收工器具，召开工后会点评操作过程存在的不足和改进措施并总结好的方面。

五、10kV 配电室开关柜倒闸操作

（一）操作任务

2023 年 06 月 15 日 07 时 50 分，×× 配调张三下达 10kV 华大线培训中心实训配电室 912 断路器间隔停电操作指令，×× 供电所外勤一班吴三作为监护人，蔡三作为操作人。操作开始时间为 2023 年 06 月 15 日 08 时 00 分，操作终了时间为 2023 年 06 月 15 日 08 时 20 分。调度指令为：10kV 华大线培训中心实训配电室 912 断路器及线路转检修并挂标示牌。

（二）操作步骤

（1）正确办理操作票（横线部分为现场操作时填写，括号内字体为备注）。

配 电 倒 闸 操 作 票

班组：　外勤一班　　　　　　　　　　编号：　×××××××

发令人：张三	受令人：吴三	发令时间：2023 年 06 月 15 日 07 时 50 分		
操作开始时间：2023 年 06 月 15 日 08 时 00 分				
操作终了时间：2023 年 06 月 15 日 08 时 20 分				
操作任务：110kV 华大线培训中心实训配电室 912 断路器及线路由运行转检修				
√	顺序	操 作 项 目		
√	1	将 10kV 华大线培训中心实训配电室（至 10kV 培训中心实训配电室 #1 变压器）912 断路器"远方/就地"切换开关由"远方"位置切换至"就地"位置		
√	2	断开 10kV 华大线培训中心实训配电室（至 10kV 培训中心实训配电室 #1 变压器）912 断路器		
√	3	检查 10kV 华大线培训中心实训配电室（至 10kV 培训中心实训配电室 #1 变压器）912 断路器本体机械位置指示确已在分闸位置，电流表指示为 0，线路侧带电显示器三相指示灯已灭（根据设备现场情况选择"二元法"）		

续表

√	顺序	操作项目
√	4	将 10kV 华大线培训中心实训配电室（至 10kV 培训中心实训配电室 #1 变压器）912 断路器小车由工作位置摇至试验位置，检查确已在试验位置
√	5	取下 10kV 华大线培训中心实训配电室（至 10kV 培训中心实训配电室 #1 变压器）912 断路器小车二次插头
√	6	将 10kV 华大线培训中心实训配电室（至 10kV 培训中心实训配电室 #1 变压器）912 断路器小车由试验位置拉出至检修位置，锁好柜门，并悬挂"止步，高压危险！"标示牌
√	7	检查 10kV 华大线培训中心实训配电室（至 10kV 培训中心实训配电室 #1 变压器）912 断路器线路侧带电显示器三相指示灯确已灭
√	8	合上 10kV 华大线培训中心实训配电室 9126 接地开关，检查确已合上
√	9	断开 10kV 华大线培训中心实训配电室（至 10kV 培训中心实训配电室 #1 变压器）912 断路器操作控制电源空气开关，检查确已断开
√	10	在 10kV 华大线培训中心实训配电室 912 开关柜上悬挂"禁止合闸，线路有人工作！"标示牌
		以下空白
备注：		
操作人：　蔡三		监护人：　吴三

评价情况：

经检查本票为_____票，存在_____问题，已向_____指出。

检查人：_____　　_____年___月___日

（2）召开工前会，开展"三检查、三交底"。操作人和监护人根据模拟图核对所填写的操作项目，分别手工或电子签名。

（3）操作前应核对当前操作设备为 10kV 华大线培训中心实训配电室 912 断路器间隔，设备双重名称与操作票一致，防止误入间隔；第一次接触柜体前应验明无电压，验电时应戴绝缘手套，伸缩式验电笔应拉伸至最长，手握地方不超过验电笔黑色护环处。

（4）操作前对 10kV 华大线培训中心实训配电室 912 开关柜面板进行全面检查，分、合闸位置指示器应与实际运行方式相符，柜内应无异味，接地应牢固；密封情况等（见图 1-5-35）。

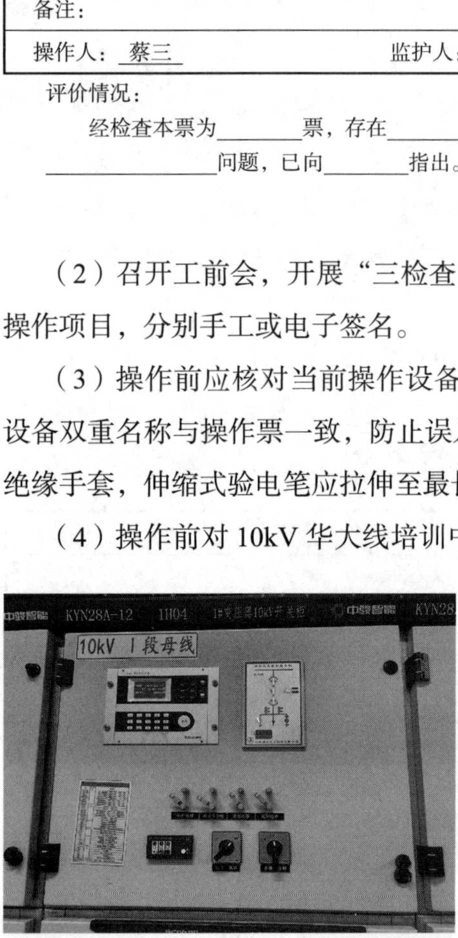

（5）监护人按照操作票操作顺序唱票并指明操作设备，操作人指明操作设备、复诵操作内容无误后操作设备，监护人确认操作无误后在操作票相应操作项目打"√"。操作时应戴绝缘手套，注意须逐项操作，逐项确认并打"√"，不得跳项、漏项。

图 1-5-35　912 开关柜面板示意图

（6）将 10kV 华大线培训中心实训配电室（至

10kV培训中心实训配电室#1变压器）912断路器"远方/就地"切换开关由"远方"位置切换至"就地"位置（见图1-5-36）。（注："远方"位置时设备通过遥控操作，现场操作时应将切换开关切换至"就地"位置，否则无法操作。）

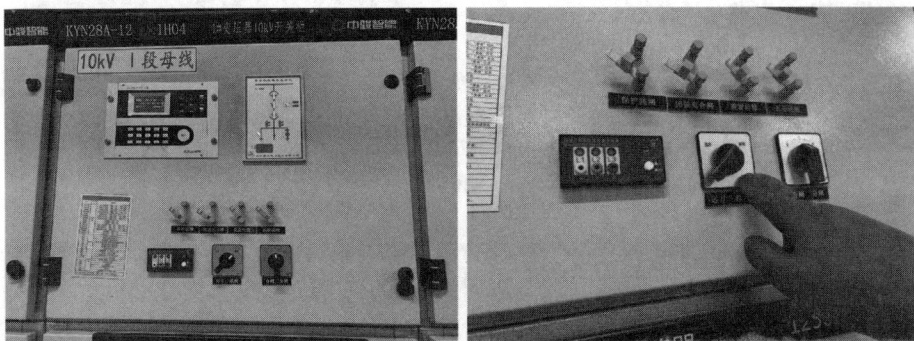

图1-5-36 "远方/就地"转换开关操作示意图

（7）断开10kV华大线培训中心实训配电室（至10kV培训中心实训配电室#1变压器）912断路器（见图1-5-37）。

图1-5-37 912断路器断开操作示意图

（8）检查10kV华大线培训中心实训配电室（至10kV培训中心实训配电室#1变压器）912断路器本体机械位置指示确已在分闸位置，开关状态模拟显示仪显示发生对应变化，线路侧带电显示器三相指示灯已灭（见图1-5-38）。应根据现场设备实际，至少应有两个非同样原理或非同源的指示发生对应变化，且所有这些确定的指示均已同时发生对应变化，此时才能确定912断路器确处于分闸位置。

（9）将10kV华大线培训中心实训配电室（至10kV培训中心实训配电室#1变压器）912断路器小车由工作位置摇至试验位置，检查确已在试验位置（见图1-5-39）。操作时应选择正确的操作杆，核对操动机构孔，注意操作旋转方向。

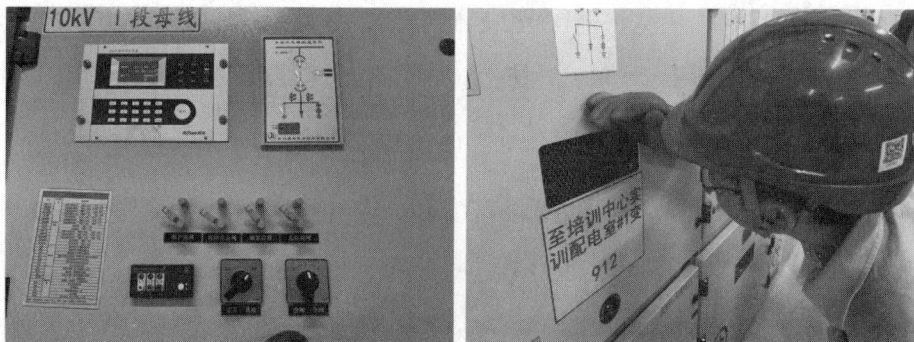

图 1-5-38 用"二元法"判断 912 断路器确已分闸示意图

图 1-5-39 912 断路器摇至检修试验位置及开关状态模拟显示仪显示示意图

（10）打开柜门，取下 10kV 华大线培训中心实训配电室（至 10kV 培训中心实训配电室 #1 变压器）912 断路器小车二次插头（见图 1-5-40）。

图 1-5-40 取下 912 断路器小车二次插头操作示意图

（11）将 10kV 华大线培训中心实训配电室（至 10kV 培训中心实训配电室 #1 变压器）912 断路器小车由试验位置拉出至检修位置（见图 1-5-41），锁好柜门，并悬挂"止步，高压危险！"标示牌。需注意小车要调整好高度和位置，确保与柜体应正确、牢固连接。连接后将小车轮子制动装置固定，在确认小车稳定后方能将开关拉出。

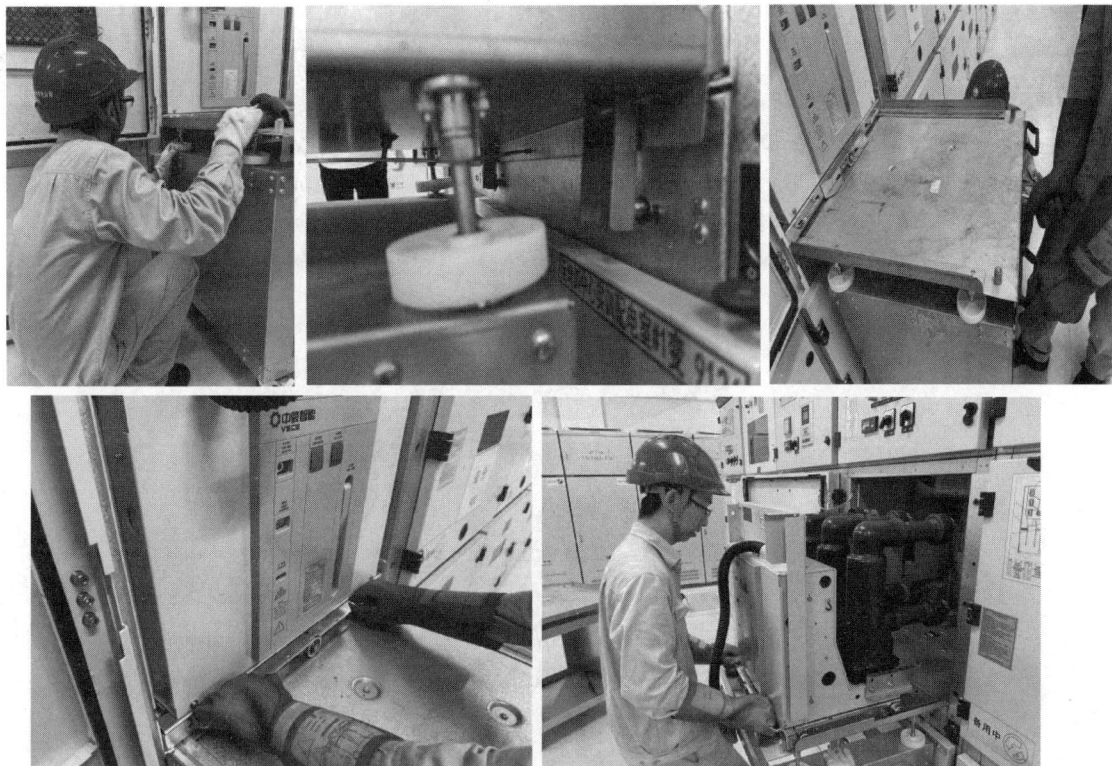

图 1-5-41　912 断路器拉出至检修位置操作示意图

（12）检查 10kV 华大线培训中心实训配电室（至 10kV 培训中心实训配电室 #1 变压器）912 断路器线路侧带电显示器三相指示灯确已灭。

（13）合上 10kV 华大线培训中心实训配电室 9126 接地开关，检查确已合上（见图 1-5-42）。需注意的是，912 断路器本体机械位置指示及开关状态模拟显示仪均已同步变化，可以确定 912 断路器已断开；但是如果线路侧带电显示器三相指示灯仍亮着，此时 912 断路器所连接的电缆线路是带电的，不得合上 9126 接地开关。

（14）打开上柜门，断开 10kV 华大线培训中心实训配电室（至 10kV 培训中心实训配电室 #1 变压器）912 断路器操作控制电源空气开关，检查确已断开（见图 1-5-43）。

（15）在 10kV 华大线培训中心实训配电室 912 开关柜上悬挂"禁止合闸，线路有人工作！"标示牌。

（16）全部操作完毕后应进行复查。复查确认后，受令人应立即汇报发令人；组织对现场进行清理、回收工器具，召开工后会点评操作过程存在的不足和改进措施并总结好的方面。

视频：10kV
环网柜倒闸
操作

视频：10kV
联络线路倒
闸操作

视频：10kV
配电站房 KYN
开关倒闸操作

视频：10kV 箱
式变电站（欧
式）倒闸操作

视频：10kV
柱上变压器停
电倒闸操作

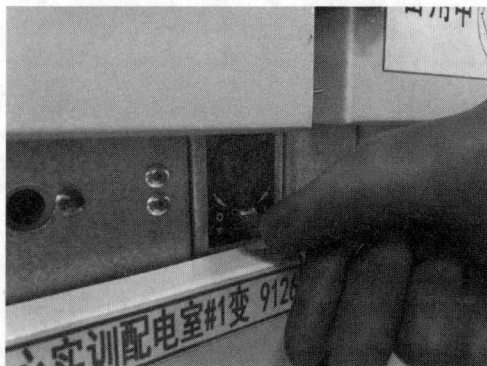

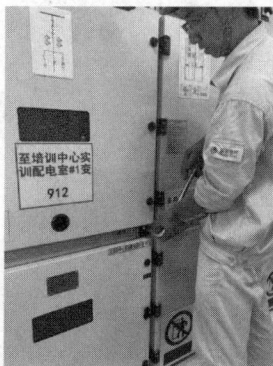

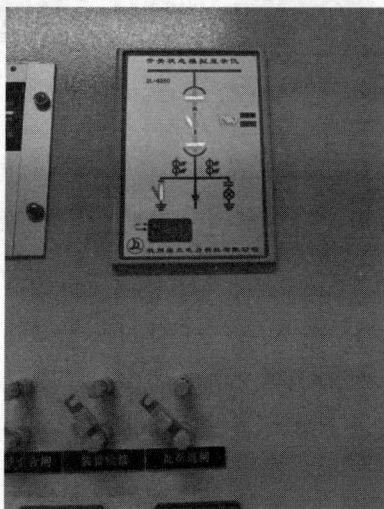

图 1-5-42　9126 接地开关合上操作及开关状态模拟显示仪显示示意图

图 1-5-43　断开 912 断路器操作控制电源示意图

第二部分

营 销 管 理

模块一　业 扩 报 装

【模块描述】

本模块主要包括新装（增容）业务受理、供电企业上门服务、供用电合同编制、业扩工程竣工检验及送电四个工作任务。

核心知识点包括业务受理的方式；用电新装（增容）的分类；用电类别、行业分类与电价政策；现场勘察的要点及要求；供电方案编制原则与方法；业务费用收取；业扩工程施工及出资界面；各类业扩报装相关表单填写规范及要求；各类业扩报装的流程环节及时限要求。

关键技能项包括新装（增容）业务受理、现场勘察要求和安全注意事项、业务费用收取、供用电合同及其他协议签订规范、计量装置现场安装、业扩工程竣工检验及送电等内容。

【模块目标】

通过本模块学习，应达到以下目标：

（一）知识目标

了解业扩报装的方式；掌握业扩报装的分类原则，能够明确界定低压居民新装（增容）、低压非居民新装（增容）、高压新装（增容）等流程的分类；掌握电价的政策与各类客户用电类别、行业分类之间的关系；掌握供电方案编制原则与方法；掌握业扩工程施工及出资界面要求；掌握各类业扩报装相关表单的填写规范；掌握各类业扩报装的流程环节及时限要求；了解业扩报装的服务规范及要求。

（二）技能目标

根据《供电营业规则》《业扩报装管理规则》《供电服务十项承诺》等文件要求，掌握以下技能：独立完成业扩报装受理工作全流程操作；独立完成现场勘察及供电方案编制；独立完成业务费收取；独立完成供用电合同及其他协议的编制与签订；独立完成计量装置现场安装工作。

（三）素质目标

业扩报装是供电企业与用电客户产生用电关系的重要环节，关系到供电企业与用电客户双方的切身利益，是供电企业留给用电客户的第一印象。要求供电企业员工在业扩报装的每一个环节都要严格按照规范流程及管理规定进行，以客户为中心，用实际行动践行"你用电、我用心"的服务理念，树立供电企业的良好形象。

任务一 新装（增容）业务受理

📖【任务目标】

（1）了解业务受理的渠道与方式。

（2）熟悉业扩报装的分类原则与流程。

（3）掌握业务受理的服务规范及要求。

（4）掌握业扩报装相关表单填写及系统录入。

（5）了解业务受理各环节的时限要求及流程管控。

📚【任务描述】

本项操作任务是通过各类业务受理渠道，根据有关业务受理制度要求和优质服务规范，完成用电客户新装（增容）业务的办理工作。

📖【知识准备】

一、业务受理的方式

用电客户用电申请可通过营业厅受理和电子渠道受理（简称线下和线上）两种方式，实行"一证受理"。

（1）实行营业厅"一证受理"。受理时应询问客户申请意图，向客户提供业务办理告知书，告知客户需提交的资料清单、业务办理流程、收费项目及标准、监督电话等信息。对于申请资料暂不齐全的客户，在收到其用电主体资格证明并签署"承诺书"后，正式受理申请并启动后续流程，现场勘察时补收资料。已有客户资料或资质证件尚在有效期内，则无须客户再次提供。推行居民客户"免填单"服务，业务办理人员了解客户申请信息并录入营销业务应用系统，生成用电登记表，打印后交由客户签字确认。

（2）线上办理。提供"网上国网"手机 APP、95598 网站等线上办理服务。通过电子渠道业务办理指南，引导客户提交申请资料、填报办电信息。对于申请资料暂不齐全的客户，按照"一证受理"要求办理，由电子坐席人员告知客户在现场勘察时收取资料。

二、业扩报装的分类

业扩报装分为高压业扩报装和低压业扩报装两种类型。低压业扩报装又分为低压居民新装（增容）和低压非居民新装（增容）两类。

（1）低压居民客户办理新装（增容）的适用对象是实际用电性质为居民生活用电的客户。

（2）低压非居民新装（增容）适用于除申请居民生活用电以外的低压客户。

197

（3）新装，是指客户因用电需要，初次申请报装用电。

（4）增容，是指客户在原有基础上增加用电容量的业务。

三、业务受理的服务规范

（1）实行"受理回执制"。受理时营业人员应根据客户的用电需求，向客户提供业务办理告知书，一次性告知客户需提交的资料清单、业务办理流程、收费项目及标准、监督电话等信息，重点告知客户 160kW 及以下小微企业"三零"（零审批、零上门、零投资）服务具体内容，正式受理后，通过"网上国网"站内信息、短信等形式同步向客户发送受理回执。

（2）实行"首问负责制"。对客户咨询问题应一次性告知，做到有问必答；当客户对咨询结果不理解时，应做好相应的解释工作；对不能马上答复客户的，在查询知识库无果后，首问责任人必须将办理业扩申请或咨询业务的客户信息录入业扩咨询工单并跟进直至完成，避免引发诉求。

四、业务受理的时限要求

国家电网有限公司供电服务"十项承诺"规定：低压非居民客户，以及高压单电源客户、高压双电源客户的业扩报装供电企业各环节合计办理时间分别不超过 6、22、32 个工作日。居民客户全过程办电时间不超过 5 个工作日。

业务受理人员在正式受理时，同步与客户预约上门服务时间下派工单，勘察装表人员在 1 个工作日内签收工单并联系客户，在约定时间内完成上门服务，供电服务指挥中心负责对工单流转情况进行跟踪管控。

【任务实施】

根据《供电营业规则》第十六条规定，任何单位或个人需要新装用电、增加用电容量等，都需要到供电企业办理用电手续。用电客户可以通过供电营业场所、"95598"电话（网站）、网上国网 APP（微信公众号）等渠道，办理用电手续，实现线上一网通办、线下一站式服务。

用电客户在办理用电申请时，应提供以下申请材料：

（1）用电人身份证明（个人客户需提供身份证、户口本、军官证或士兵证、台胞证、港澳通行证原件、外国居民护照、外国永久居留证等；单位客户需提供营业执照、法人登记证书或者组织机构代码证等）。若受用电人委托办理业务，还需提供用电人授权委托书原件和经办人的有效身份证明。

（2）用电人的房屋、土地权属或合法使用证明。

一、营业厅柜台受理

用电客户因用电需求，前往供电营业厅柜台，营业人员根据客户提供的资料和信息，在营销应用系统中录入客户申请相关信息，办理客户的用电申请手续。

二、自助终端机办理

为了减少用电客户临时柜台办理的等候时长，用电客户也可以在自助终端机上办理用电申请手续。通过自助终端机将相关的材料录入营销应用系统，办理用电申请手续。

三、网上国网 APP 申请

为提升优质服务水平，供电企业提供线上用电申请服务，实现用电报装"一次都不跑"的便捷服务。用电客户可通过手机登录网上国网 APP，根据要求录入相关信息，办理用电申请手续，如图 2-1-1 所示。

图 2-1-1　网上国网受理界面

用电客户办理用电申请后，综合柜员均需进行审查，并打印《低压居民生活用电登记表》，在上门服务环节由用电客户签字确认。对于申请资料暂不齐全的客户，按照"一证受理"要求办理，并提供低压（高压）业务受理一次性告知书，告知用电客户需要提供的材料，由工作人员在现场勘察时收取。

参考资料：低压居民生活用电登记表

参考资料：低压非居民用电登记表

参考资料：低压业扩业务受理告知单

参考资料：高压业扩业务受理告知单

视频：低压非居民业扩报装受理（营销2.0 系统）

任务二 供电企业上门服务

【任务目标】

（1）了解供电企业上门服务的主要内容和服务规范。

（2）掌握现场勘察的要点与安全注意事项。

（3）掌握供电方案答复书的编制要求。

【任务描述】

本项操作任务是模拟供电企业受理用电客户新装（增容）业务后，组织人员进行现场勘察，结合现场电网的条件和客户的实际用电情况，制定相应的供电方案答复客户，完成现场勘察、上门收取资料、特殊客户上门业务办理等工作。

【知识准备】

一、确定供电方案的基本原则

（1）应能满足供用电安全、可靠、经济、运行灵活、管理方便的要求，并留有发展余度。

（2）符合电网建设、改造和发展规划要求；满足客户近期、远期对电力的需求，具有最佳的综合经济效益。

（3）具有满足客户需求的供电可靠性及合格的电能质量。

（4）符合相关国家标准、电力行业技术标准和规程，以及技术装备先进要求，并应对多种供电方案进行技术经济比较，确定最佳方案。

二、编制供电方案的基本要求

（1）根据电网条件以及客户的用电容量、用电性质、用电时间、用电负荷重要程度等因素，确定供电方式和受电方式。

（2）根据重要客户的分级确定供电电源及数量、自备应急电源及非电性质的保安措施配置要求。

（3）根据确定的供电方式及国家电价政策确定电能计量方式、用电信息采集终端安装方案。

（4）根据客户的用电性质和电价政策确定计费方案。

（5）客户自备应急电源及非电性质保安措施的配置、谐波负序治理的措施应与受电工程同步设计、同步建设、同步验收、同步投运。

（6）对于有受电工程的，应按照产权分界划分的原则，确定双方工程建设出资界面。

三、供电电压等级

对于客户供电电压，应根据用电容量、用电设备特性、供电距离、供电线路的回路数、当地公共电网现状、通道等社会资源利用效率及其发展规划等因素，经技术经济比较后确定。

（1）客户单相用电设备总容量在 13kW 及以下时可采用低压 220V 供电。

（2）客户用电设备总容量在 100kW 及以下或客户受电容量需用变压器在 50kVA 及以下者，可采用低压三相四线制供电，特殊情况也可采用 10kV 供电。

（3）用电负荷密度较高的地区，经过技术经济比较，采用低压供电的技术经济性明显优于 10kV 供电时，低压供电的容量可适当提高。

（4）客户受电变压器总容量在 50kVA～10MVA 时（含 10MVA），宜采用 10kV 供电，无35kV 电压等级地区，10kV 供电容量可扩大至 15MVA。

（5）客户申请容量超过 15MVA 时，应综合考虑客户申请容量、用电设备总容量，并结合生产特性兼顾主要用电设备需要系数、同时系数等因素，并根据当地电网情况，确定采用高电压等级供电或采用 10kV 多回路供电。若采用 10kV 多回路供电，则供电容量不应超过40MVA，占用变电站 10kV 间隔不应超过 4 个。

四、重要电力用户分类

根据供电可靠性的要求和中断供电的危害程度，重要电力客户分为特级重要电力客户、一级重要电力客户、二级重要电力客户和临时性重要电力客户。

（1）特级重要电力客户是指在管理国家事务中具有特别重要作用，中断供电将可能危害国家安全的电力客户。

（2）一级重要电力客户是指中断供电将可能产生下列后果之一的：

1）直接引发人身伤亡的；

2）造成严重环境污染的；

3）发生中毒、爆炸或火灾的；

4）造成重大政治影响的；

5）造成重大经济损失的；

6）造成较大范围社会公共秩序严重混乱的。

（3）二级重要电力客户是指中断供电将可能产生下列后果之一的：

1）造成较大环境污染的；

2）造成较大政治影响的；

3）造成较大经济损失的；

4）造成一定范围社会公共秩序严重混乱的。

（4）临时性重要电力客户是指需要临时特殊供电保障的电力客户。

（5）除重要电力客户以外的其他客户，统称为普通电力客户。

五、供电电源点确定的一般原则

（1）电源点应具备足够的供电能力，能提供合格的电能质量，以满足客户的用电需求；在选择电源点时应充分考虑各种相关因素，确保电网和客户端受电装置的安全运行。

（2）对于多个可选的电源点，可进行技术经济比较后确定。

（3）根据客户的负荷性质和用电需求，确定电源点的回路数和种类。

（4）根据城市地形、地貌和城市道路规划要求，就近选择电源点，由规划部门审批路径时确定电缆或架空方式供电。电源路径应短捷顺直，减少与道路交叉，避免近电远供、迂回供电。

（5）客户受电变压器总容量在 600kVA 及以下时，可就近接入电网公共连接点。

（6）客户受电变压器总容量超过 600kVA，工业客户小于 5000kVA、商业客户小于 8000kVA、住宅小区小于 10000kVA 时，应接入配电站房等电网公共连接点。农村地区和非缆化城网可根据当地电网情况，T 接架空电网公共连接点。

（7）为统筹利用变电站 10kV 间隔资源，应根据客户所处行业用电负荷及特点确定是否批复客户专用间隔接入。

六、低压客户计量装置额定容量标准

计量装置额定容量按照以下规则计算。

（一）直接式

（1）单相客户额定容量（kW）=220（V）× 表计最大电流值（A）/1000。

（2）三相客户额定容量（kW）=3（相）× 220（V）× 表计最大电流值（A）/1000。

（二）经电流互感器接入式

（1）单相客户额定容量（kW）=220（V）× 互感器额定一次电流值（A）/1000。

（2）三相客户额定容量（kW）=3（相）× 220（V）× 互感器额定一次电流值（A）/1000。

三相客户额定容量对应方案见表 2-1-1。

表 2-1-1 三相客户额定容量对应方案

合同约定容量（kW）	电压等级（V）	互感器方案	电能表方案
13	220	无	5（60）A
39	380	无	3×5（60）A
49	380	75/5	3×1.5（6）A
66	380	100/5	3×1.5（6）A

续表

合同约定容量（kW）	电压等级（V）	互感器方案	电能表方案
99	380	150/5	3×1.5（6）A
132	380	200/5	3×1.5（6）A
160	380	250/5	3×1.5（6）A

七、工程出资界面

（1）供电企业出资建设客户零散低压新装（增容）用电，工程建设范围包括从公共电源接入点至客户的电能计量装置（含表箱材料）的所有供配电设施；建设内容包括低压业扩工程的设计、安装、调试、设备材料、运行维护费用；工程施工过程中，涉及路径协调时由供电企业和客户共同协调，涉及行政审批事宜、电缆下地工程、青苗赔偿等时由供电企业负责协调解决并出资。

（2）零散低压新装客户的表箱原则上安装在客户所申请用电的建筑物上。表后线施工，表箱至客户户外第一级开关的线路长度不超过25m且为明线敷设的，客户现场自备好材料的，免费敷设至户外第一级开关处。

（3）统一低压新装客户产权分界点，以产权分界点履行运行维护责任，在供用电合同中给予明确。低压客户产权分界点为表箱内电能表表后（间接式为互感器后）开关往负荷侧10cm，开关由电网企业维护。

（4）依据《供电营业规则》的有关规定，供电设施运行维护管理范围一般按产权归属确定，并按其第四十七条的原则予以划分。对于《供电营业规则》未明确规定的采用电缆供电的供电设施，其维护责任点遵照便于维护管理的原则予以划分。

（5）目前由客户出资建设带有公共性质供电设施的情况非常普遍，为保证这些供电设施的安全运行以及电网的安全，其维护责任点的界定，按照目前各地的实际做法，暂时回避产权问题，待客户工程出资问题及资产移交问题解决后，一并解决产权与维护责任不一致的问题。

【任务实施】

一、现场勘察

供电企业勘察人员根据与客户预先约定的时间上门进行现场勘察。

现场勘察实行合并作业和联合勘察，推广应用移动作业终端，提高现场勘察效率。

（1）低压客户实行勘察装表"一岗制"作业。具备直接装表条件的，在勘察确定供电方案后当场装表接电；不具备直接装表条件的，在现场勘察时答复客户供电方案，由勘察人员同步提供设计简图和施工要求，根据与客户约定时间或配套电网工程竣工当日装表接电。

（2）高压客户实行"联合勘察、一次办结"，营销部（客户服务中心）负责组织相关专业人员共同完成现场勘察。

现场勘察应重点核实客户负荷性质、用电容量、用电类别等信息，结合现场供电条件，初步确定供电电源、计量和计费方案，并填写现场勘察单。勘察主要内容包括：

1）对申请新装、增容用电的居民客户，应核定用电容量，确认供电电压、用电相别、计量装置位置和接户线的路径、长度。

2）对申请新装、增容用电的非居民客户，应审核客户的用电需求，确定新增用电容量、用电性质及负荷特性，初步确定供电电源、供电电压、供电容量、计量方案、计费方案等。

3）对拟定的重要电力客户，应根据国家确定的重要负荷等级有关规定，审核客户行业范围和负荷特性，并根据客户供电可靠性的要求以及中断供电的危害程度确定供电方式。

4）对申请增容的客户，应核实客户名称、用电地址、电能表箱位、表位、表号、倍率等信息，检查电能计量装置和受电装置运行情况。

对现场不具备供电条件的，应在勘察意见中说明原因，并向客户做好解释工作，并做好拒绝报装原因收集和拍照取证、录音等工作。

勘察人员发现客户现场存在违约用电、窃电嫌疑等异常情况，应做好记录，及时报相关责任部门处理，并暂缓办理该客户用电业务。在违约用电、窃电嫌疑排查处理完毕后，重新启动业扩报装流程。

对符合报装条件的，按现场实际情况填写低压现场勘察单，核实客户现场实际用电情况是否与客户申请内容一致。与客户现场确定供电电源、用电地址、用电类别、供电电压、用电容量、用电性质、安装位置、产权分界等内容并经客户签字确认。涉及新装表箱或接户线等业扩工程的，应与客户共同协商线路通道和表箱安装位置等工作。

供电企业勘察人员在现场勘察时，应遵守以下服务规范：

（1）不得在资料齐全、有效情况下拒绝受理或者无故拖延，勘察不到位导致多次修改供电方案。

（2）应在服务过程中向业务办理人做好一次性告知，并主动告知联系方式。

（3）现场服务工作中使用执法记录仪，穿戴工作服、工作牌，音频记录需保存三个月。

（4）服务工作中应主动出示工作证件，禁止借用客户物品不归还、损坏客户设施。

（5）如遇流程延期和终止审批，原因要写清楚，与客户沟通同意，相关附件佐证要上传。

二、上门收取资料

根据"一证受理"和"容缺受理"的要求，在业务受理时申请资料不齐全的情况下，可提供低压业扩业务受理一次性告知书，请客户补充准备好相关材料，由供电企业人员上门服务时收取。

三、供电方案答复

现场勘察以后，除居民客户和低压无工程的客户，均需要编制供电方案，答复给客户，作为客户受电工程规划立项及设计、施工建设的依据。

供电方案内容主要包括客户基本信息，供电容量，供电方式，负荷分级，供电电源位置，出线方式，供电线路敷设，供电回路数、走廊路径、跨越，电能计量方式，运行方式，电能质量及无功补偿，配电站房选址及智能辅助监控系统相关配套要求，电能信息采集装置，重要负荷，应急电源及应急电源接口配置，电动汽车充电设施，调度通信及自动化，非线性负荷治理，产权分界，出资界面，政策性收费，有效期等内容。

供电方案的有效期是指从供电方案正式通知书发出之日起至交纳供电贴费并受电工程开工日为止。高压供电方案的有效期为一年，低压供电方案的有效期为三个月，逾期注销。

国家电网有限公司供电服务"十项承诺"中高压客户供电方案答复期限：单电源供电15个工作日，双电源供电30个工作日。

参考资料：低压
现场勘察单

参考资料：供电
方案答复单

视频：低压非
居民业扩报装
供电方案编制
（含现场勘察
作业）

任务三　供用电合同编制

📖【任务目标】

（1）了解供用电合同的分类。

（2）掌握供用电合同的编制规范及要求。

（3）掌握有关合同和协议的签订要求。

（4）掌握相关业务费用和收费标准。

📑【任务描述】

本项操作任务是供电企业根据《国家电网公司供用电合同管理细则》等制度要求，编制相应的供用电合同及其他协议，并与用电客户进行签订，明确双方在电力交易过程中，双方的权利和义务关系。

【知识准备】

一、现行电价制度

（1）单一制电价制度，是以在客户安装的电能表计每月计算出的实际用电量为计费依据的一种电价制度。实行单一制电价的客户，每月应付的电费与其设备和用电时间均不发生关系，仅以实际用电量计算电费。

（2）两部制电价制度，包括基本电价和电度电价两部分。两部制电价制度是指基本电费按客户的最大需量或客户接装设备的最大容量计算，电度电费按客户每月记录的用电量计算的电价制度。

（3）梯级电价制度，是将客户每月用电量划分成两个或多个级别，各级别之间的电价不同。

（4）峰谷电价制度，是指按电网日负荷的不同时段规定不同的电价，峰谷时段电价上下浮动水平根据各省的实际有所差别。

（5）功率因数调整电费办法，为了改善电压质量、减少损耗，需根据电网中无功电源的经济配置及运行上的要求，确定集中补偿无功电力的措施。考核功率因数的目的在于检验客户无功功率补偿的情况，通过功率因数的考核，实现改善电压质量、减少损耗、减少电费支出，使供用电双方和社会都能取得最佳的经济效益。

二、销售电价的概念

销售电价是指电网经营企业对终端客户销售电能的价格。

（1）销售电价由上网电价、上网环节线损费用、输配电价、系统运行费用、政府性基金及附加组成。

（2）目前的销售电价根据用电分类分为三类。第一类为居民生活用电电价，第二类为农业用电电价，第三类为工商业电价。

三、供用电合同的定义

（1）供用电合同是供电人向用电人供电，用电人向供电人支付电费的合同。合同主体是供电人和用电人，是经济合同的一种。

（2）《供电营业规则》第九十三条规定：供用电合同应采取书面形式。经双方协商同意的有关修改合同的文书、电报、电传和图表也是合同的组成部分。

（3）供用电合同书面形式可分为标准格式和非标准格式两类。标准格式合同适用于供电方式简单、一般性用电需求的客户；非标准格式合同适用于供用电方式特殊的客户。省电网经营企业可根据用电类别、用电容量、电压等级的不同，分类制定出适应不同类型客户需要的标准格式的供用电合同。

（4）供用电合同应具备以下几个内容：

1）供电方式、供电质量和供电时间。

2）用电容量和用电地址、用电性质。

3）计量方式和电价、电费结算方式。

4）供电用设施维护责任的划分。

5）合同的有效期限。

6）违约责任。

7）双方共同认为应当约定的其他条款。

四、供电用合同管理要求

（1）根据《国家电网公司供用电合同管理细则》规定，各级供电单位与客户签订供用电合同，应使用公司统一合同文本。供用电合同的起草严格按照统一合同文本的条款格式进行。如需变更，应在"特别约定"条款中进行约定。

（2）供用电合同签订前应详细了解对方的主体资格、资信情况、履约能力。对方资信情况不明的，应要求提供有效担保，并对担保人主体资格进行审查，确定担保范围、责任期限、担保方式等内容。

（3）供用电合同的签订应严格履行审批流程。对供电方案的经济性、可行性、安全性以及核定的电价，签约人员必须认真审查。供用电合同在签约过程中，供电企业必须履行提请注意和异议答复程序：对电力客户书面提出的异议，供电企业必须书面答复，并留有相应的答复记录。

（4）供用电合同编号应符合公司合同编号规则。签订的供用电合同均应经法定代表人（负责人）或授权委托代理人签字，并加盖供用电合同专用章，所有供用电合同应加盖合同骑缝章。供用电合同专用章由负责经济法律工作的部门授权供用电业务相关部门使用。

（5）供用电合同根据适用对象不同可分为六大类，分别为：

1）高压供用电合同。

2）低压供用电合同。

3）临时供用电合同。

4）趸售电合同。

5）转供电合同。

6）居民供用电合同。

（6）供用电合同在具备合同约定条件和达到合同约定时间后生效。书面供用电合同期限为：

1）高压用户不超过 5 年。

2）低压用户不超过 10 年。

3）临时用户不超过 3 年。

4）委托转供电用户不超过 4 年。

（7）供用电合同在履行过程中发生争议的，应当在法定期限内，通过以下步骤和方式解决：

1）双方自行协商解决。

2）提请电力管理部门调解。

3）供用电合同有明确的仲裁条款的，向约定的仲裁机构申请仲裁。

4）供用电合同未约定仲裁或约定不明的，依法向人民法院提起诉讼。

5）供用电合同争议经裁决后，对方拒不执行的，应及时申请法院强制执行。

五、产权分界

（1）对于实行一户一表供电的居民客户，其供电设施维护责任分界按照便于维护管理的原则予以划分，但对住宅小区内由用电方出资建设的供配电设施，原则上物业管理部门应当委托供电企业代维护。

（2）对于在用电方受电装置内安装的电能计量装置及电力负荷管理装置，无论供电设施维护责任分界如何界定，均由供电企业维护管理，用电方负责保护并监视其正常运行。

（3）电气上的具体分界点的规定为指导性意见，须由供用电双方协商一致后在供用电合同中进行约定。

（4）供电设施维护责任分界见表 2-1-2。

表 2-1-2　　　　　　　　　　供电设施维护责任分界

序号	供电电压	电源进线接线类型		维护责任分界点	合同分界点描述
1	35kV 及以上	公用架空线路		以用电方厂界（或变电站）外第一基电杆为分界点，第一基电杆属供电企业	××线路××号杆负荷侧耐张线夹出线 3m 处
		专用	架空进线	以用电方专用线路接引的公用变电站外第一基电杆为分界点，专用线第一基电杆属用电企业	××变电站××供电馈线××号杆电源侧耐张线夹出线 3m 处
			电缆进线	以变电站出线间隔设备与用电方专用电缆的电气连接端子为分界点，连接端子属供电企业	××变电站××供电馈线××断路器（隔离开关）电缆接线端靠近负荷侧出线 20cm 处

续表

序号	供电电压	电源进线接线类型		维护责任分界点	合同分界点描述
2	10kV	电缆	电缆经断路器 T 接公用架空线	以该断路器为分界点，断路器属供电企业	××变电站××供电馈线××号杆××断路器（隔离开关）电缆 T 接点靠近负荷侧出线 20cm 处
			电缆直接 T 接公用架空线	以 T 接点接线端子为分界点，接线端子属供电企业	××变电站××供电馈线××号杆电缆 T 接点靠近负荷侧出线 20cm 处
			接于变电站（开关站）馈出柜的专用线	以用电方专用电缆与供电方开关设备的电气连接端子为分界点，连接端子属供电企业	××变电站××供电馈线××断路器（隔离开关）电缆接线端负荷侧出线 20cm 处
			接于电缆分支箱（柜）或环网柜的专用线	以客户专用电缆与公用电缆分支箱（环网柜）的电气连接端子为分界点，连接端子属供电企业	××供电馈线××分支箱/柜（或环网柜）电缆接线端负荷侧出线 20cm 处
		架空专用线路	通过变电站（开关站）内的馈线柜经电缆（用电方出资）与用电方专用架空线连接	以用电方电缆与馈线柜设备的电气连接端子为分界点，连接端子属供电企业	××变电站××供电馈线××断路器电缆接线端靠近负荷侧出线 20cm 处
			通过变电站内门型架与客户专用架空线连接	以用电方该线路所接引的公用变电站外第一基电杆为分界点，第一基电杆属用电企业	××变电站××供电馈线××号杆电源侧耐张线夹出线 1m 处
			T 接公用架空线路	以用电方专用线路所 T 接的公用线路分支杆为分界点，分支杆属供电企业	××变电站××供电馈线××号杆负荷侧耐张线夹出线 1m 处
		架空公用线路	架空线路经客户厂区供电的	以用电方厂界外第一断路器为分界点，第一断路器属供电企业	××变电站××供电馈线××号杆××断路器（隔离开关）靠近负荷侧出线 20cm 处
			连接至客户配电室	以客户配电室前第一断路器或支持物为分界点，第一断路器或支持物属供电企业	××变电站××供电馈线××号杆××断路器（隔离开关）靠近负荷侧出线 20cm 处
			连接至专用配电变压器台架的	以该台架上 10kV 断路器为分界点，断路器属供电企业	××变电站××供电馈线××配电变压器高压侧断路器靠近负荷侧出线 20cm 处
3	380/220V	单相	装设单独电能计量箱的零散单相客户	以电能表为分界点，电能表属供电企业	电能表表后开关往负荷侧 10cm 处
			装设集装表箱的客户	以电能表箱为分界点，电能表箱属供电企业	电能表表后开关往负荷侧 10cm 处
		三相	三相直接式客户	以电能表箱为分界点，电能表箱属供电企业	电能表表后开关往负荷侧 10cm 处
			三相间接式客户	以互感器一次侧接线为分界点，电能表、互感器属供电企业	电能表箱出线开关靠近负荷侧 10cm 处

【任务实施】

供电企业在装表接电之前，应与用电客户签订供用电合同。如遇有高可靠性用电需要的客户，应在签订供用电合同前根据收费标准收取高可靠性费用。

供电企业应根据现场勘察的结果，在营销业务系统中，编制供用电合同，打印出来与客户进行签订。

供用电合同的主要内容应包括以下几个方面：

（1）供电的方式。

（2）供电质量。

（3）供电时间。

（4）用电容量。

（5）用电地址。

（6）用电性质。

（7）计量方式。

（8）电价。

（9）电费的结算方式。

（10）供电设施的维护责任。

（11）供用电双方义务。

（12）合同的变更、转让和终止条款。

（13）供用电双方违约责任。

（14）合同效力、说明以及特别约定等其他附则。

除供用电合同外，供电企业还可以根据用电客户的实际情况，编制代理购电合同、智能缴费协议等其他协议作为供用电合同的补充。

| 参考资料：低压供用电合同 | 参考资料：智能交费电费结算协议 | 视频：持筹握算 利析秋毫之销售电价分类简介 | 视频：低压非居民供用电合同制作（营销 2.0 系统） |

任务四　业扩工程竣工检验及送电

【任务目标】

（1）了解业扩工程竣工检验的相关规定。

（2）掌握业扩工程验收标准和规范要求。

（3）掌握业扩工程竣工检验及送电的流程。

（4）掌握竣工检验的危险点、安全防范措施和注意事项。

【任务描述】

本项操作任务按照业扩工程竣工检验的标准化流程，完成业扩工程竣工检验标准作业指导书的编制，开展现场工程竣工检验，填写业扩工程竣工检验报告单和业扩工程启动送电通知单等工作任务。

【知识准备】

业扩工程的验收由客户在施工单位自检合格后提出报验申请，由供电公司负责组织验收。验收人员一般由业扩项目经理、用电检查及计量、配电运行维护、监理、施工及客户代表组成。参加人员均应在验收报告单上签字，并按上述分工对各自负责部分的验收意见负责。

一、验收程序

（1）业扩工程竣工后，客户应在施工单位自检自验合格的基础上，提交竣工报告和有关竣工资料，并向供电企业申请验收。

（2）业扩项目管理部门在确认具备验收条件后，应在三个工作日内组织验收。验收条件包括以下三条：

1）完成工程设计和施工合同规定的各项工程安装内容，工程质量符合施工项目相应的施工及验收规范标准，自检合格。

2）具备完整的工程技术档案、竣工图纸资料、自检报告。

3）具备完整的调试、试验报告。

（3）对于验收中发现的问题及整改意见，应在一个工作日内以书面形式一次性提出，客户整改后应向业扩项目管理部门申请复验，业扩项目管理部门应在三个工作日内组织复验，直至合格。

（4）验收合格后业扩项目管理部门应及时向营销部门提交验收报告。

二、验收内容和标准

（一）验收内容

业扩工程验收包括架空线路、电缆线路、开关站配电室等专业工程的资料与现场验收，业扩工程中的杆塔基础、设备基础、电缆管沟及线路、接地系统等隐蔽工程及配电站房等土建工程应做中间验收。

（二）验收标准

业扩工程的验收应符合相关的国家标准及电力行业规范，如所验收的工程设备属供电企业运行维护的，还应符合供电企业的相关技术和管理规定。

（三）业扩工程验收主要项目及标准

业扩工程验收主要项目及标准见表2-1-3。

表 2-1-3　　　　　　　　　　　　　业扩工程验收主要项目及标准

一、架空线路部分	
验收项目	标准
（一）图纸、技术资料、试验报告、验收变动单	
1. 图纸、资料是否齐全	有无完整、正确、与现场相符的电气接线图、设备参数图；设计及设计变更图纸是否齐全；有关杆位及拉线协议、有关路径文件是否齐全
2. 试验报告是否完整	包括继电保护、绝缘耐压等
3. 主要设备的技术文档是否齐全	包括技术说明、出厂试验及合格证是否齐全
（二）线路、器材检验	
1. 导线	裸导线不应有松股、交叉、折叠及破损等缺陷，绝缘导线无变形和绝缘层破损；导线型号、规格正确；导线无锈蚀
2. 钢绞线	钢绞线、镀锌铁线不应有松股，表面镀锌良好，不应锈蚀
3. 金具	金具应热镀锌，应无锈蚀等缺陷
4. 绝缘子	绝缘子无裂纹、斑点等缺陷，安装时应清除表面污垢、附着物等
5. 电杆	电杆不应有露筋、跑浆等现象，不应有纵向裂纹，环形钢筋混凝土电杆横向裂纹不应超过0.1mm，预应力混凝土电杆应无纵、横向裂缝
（三）电杆、铁塔基坑及组立	
1. 杆位位移	直线杆杆位位移顺线路方向不应超过设计档距的5%，垂直线路方向不应超过50mm；转角杆杆位位移不应超过50mm
2. 双杆组立	双杆基础的根开误差不应超过30mm，杆深高差不应超过20mm。双杆立好后，应正直。双杆中心与中心桩之间的横向位移不应超过50mm；迈步不应超过30mm；两杆高低差不应超过20mm
3. 电杆埋设深度	电杆基础坑深度的允许偏差应为+100、-50mm

续表

一、架空线路部分	
验收项目	标准
4. 电杆基础处理	电杆埋设后，回填土应夯实，应有防沉土台，其培土高度应超出地面 300mm，沥青路面、水泥地面或砌有水泥花砖的路面不应有防沉土台，应恢复原状
5. 电杆偏移	直线杆横向位移不应大于 50mm，电杆的倾斜不应使杆梢的位移大于半个杆梢；转角杆应向外角预偏，紧线后不应向内角倾斜，向外角倾斜不应使杆梢位移大于一个杆梢；终端杆应向拉线侧预偏，紧线后不应向拉线反方向倾斜，向拉线侧倾斜不应使杆梢位移大于一个杆梢
6. 铁塔基础	应有保护倒角，防止塔材浸水腐蚀
7. 钢圈连接钢筋混凝土电杆工艺要求	钢圈连接钢筋混凝土电杆，焊接应符合规定，钢圈应除锈、涂刷防锈漆。钢圈连接钢筋混凝土电杆的分段弯曲度及整杆弯曲度均不得超过对应长度的 2/1000
8. 线路横担的安装	直线杆单横担应装于受电侧，90°转角及采用单横担时，应装于拉线侧。横担安装应平整，端部上下倾斜不应超过 20mm，左右扭斜不应超过 20mm。导线为水平排列时上层横担与杆顶距离不宜小于 20mm
9. 螺栓安装的穿入方向	螺栓的穿入方向顺线路方向，双面构件由内向外，单面构件由送电侧穿入或按统一方向；横线路方向，两侧由内向外，中间由左向右（面向受电侧）或按统一方向；垂直方向，由下向上
10. 同杆架设的双回路或多回路线路，横担间的距离	同杆架设的双回路或多回路线路，横担间的垂直距离应满足规程规定。即不应小于：1～10kV 与 1～10kV 同杆架设线路横担的最小垂直距离为 800mm（直线杆）、500mm（分支或转角杆）；1～10kV 与 10kV 以下同杆架设线路横担的最小垂直距离为 1200mm（直线杆）、1000mm（分支或转角杆）；1kV 以下与 1kV 以下同杆架设线路横担的最小垂直距离为 600mm（直线杆）、900mm（分支或转角杆）
（四）拉线及导线安装	
1. 拉线安装	拉线与电杆的夹角不小于 30°，拉线下把采用防盗螺栓，直线杆每隔 3～5 基加装 1 组防风拉线
2. 导线连接	同一档距，同一根导线上的接头不得超过一个。绝缘导线不应有接头。跨越公路、铁路等不应有接头。不同金属、不同规格、不同绞向的导线严禁在档距内连接。不同导线的连接应有可靠的过渡设备，如安普线夹、穿刺线夹等；同金属导线，原则上使用可靠的过渡设备，采用绑扎连接时，绑扎长度应符合规程规定
3. 导线安装	观察弛度的误差不应超过设计弛度的 ±5%；导线紧好后，同档内各导线弛度力求一致，水平排列的导线弛度相差不应大于 50mm。直线跨越杆，导线应双固定
4. 导线对周围环境的距离	应满足 DL/T 602—1996《架空绝缘配电线路施工及验收规程》第 9 章的规定
（五）电杆上的电气设备	
1. 杆上变压器的安装	一、二次引线应排列整齐、绑扎牢固；变压器安装后，套管表面应光洁，不应有裂纹、破损等现象
2. 杆上避雷器的安装	① 相间距离不小于 350mm；② 引下线应短而直，铜绝缘线截面积不应小于 25mm²；③ 引下线应可靠接地，接地电阻应符合规定

续表

一、架空线路部分	
验收项目	标准
3. 杆上隔离开关的安装	①瓷件良好，安装牢固；②操动机构动作灵活；③隔离刀刃合闸时应接触紧密；④与引线的连接应紧密可靠；⑤隔离刀刃分闸时应使静触头带电，变电站、开关站送出的电缆出线杆除外
4. 跌落式熔断器的安装	①各部分零件完整、安装牢固；②转轴光滑灵活，铸件不应有裂纹、沙眼；③瓷件良好，熔丝管不应有吸潮膨胀或弯曲现象；④熔断器安装牢固，熔管轴线与地面的垂线夹角为15°～30°；⑤动作灵活可靠、接触紧密；⑥上、下引线应压紧，与线路导线的连接应紧密可靠
5. 杆上真空开关等断路器的安装	①安装牢固，水平倾斜不应大于托架的1/100；②引线应排列整齐、绑扎牢固；③瓷件良好、外壳干净，不应有漏油现象；④动作正确可靠，分、合闸指示正确；⑤外壳接地应可靠，接地电阻应符合规定
（六）接户线	
1. 接户线安装后，各项距离	应满足DL/T 602—1996《架空绝缘配电线路施工及验收规程》第10章的规定
2. 接户线安装要求	接户线不应从1～10kV引下线间穿过，接户线不应跨铁路。两个不同电源的接户线不宜同杆架设。不同金属、不同规格的接户线不应在档距内连接；跨越通车道的接户线不应有接头；绝缘导线的接头必须用绝缘胶带包扎
3. 接户线的其他要求	接户线应采用绝缘导线，接户线至表箱应穿管，管子应固定牢固；导线在管内不得有接头和扭结；管内导线（包括外护层）不应超过管子总截面的40%；管子应有防水弯，底部弯头应有滴水孔
二、电缆线路部分	
验收项目	标准
（一）图纸、技术资料、试验报告、验收变动单	
1. 电缆线路工程设计资料	包括设计资料图纸、电缆清册、变更设计的证明文件和竣工图
2. 电缆线路路径协议文件	相关单位批文
3. 电缆线路路径平面	比例为1∶500或1∶1000的准确、清晰的实际电缆线路路径平面。直埋敷设的电缆要标明与其相邻的管线的相对位置
4. 电缆敷设断面图	断面图中新敷设的每一条电缆应标注电缆线路名称。原有电缆可统一标注"非本工程施工的原有电缆"
5. 电缆竣工验收报告	完整的电缆竣工验收报告，各类人员的签名齐全、规范
6. 电缆工程电气接线图	电缆工程电气接线图应标有完整的开关柜号、开关编号、杆（塔）号、门牌号和电缆型号、规格、长度及电缆始终端接到的电气设备，并与路径平面图能对应一致
7. 电缆试验报告	是否符合标准
8. 电缆长度	电缆实际敷设总长度及分段长度
9. 中间验收资料	电缆隐蔽工程的签证和技术记录及土建部分等中间验收资料
10. 电缆线路相关设备的技术资料	电缆箱柜设备技术说明、出厂试验及合格证是否齐全，基础图、接地电阻数据资料是否齐全

续表

二、电缆线路部分	
验收项目	标准
（二）现场验收部分	
与竣工图核对	与电气接线图核对是否相符。与电缆路径平面图、断面图核对相符，特别是标志桩埋设是否符合规范。排管敷设和电缆沟敷设的电缆要检查所使用的管位或支架位置是否按设计排列，与竣工图所标注的位置是否相符

三、开关站、配电站、配电室部分	
验收项目	标准
（一）图纸、技术资料、试验报告、变动单及电缆竣工	
1. 工程竣工图	与设计图纸相对应
2. 设计变更证明文件	相关文件清晰完整，与竣工图相符
3. 调整试验记录	试验报告是否完整（包括继电保护、绝缘耐压及电缆试验）
4. 设备技术文件	电缆及相关设备制造厂提供的产品说明书、调试大纲、试验方法、试验记录、合格证件及安装图纸等技术文件
5. 备品备件清单	根据合同提供的备品备件清单
6. 资产文件	有关房屋使用证书、移交协议、有关批准文件是否齐全
（二）土建部分，照明及消防设施	
1. 配电室位置	配电室不应设在厕所、浴室或其他经常积水场所的正下方，且不宜与上述场所相贴邻；不应设在地势低洼和可能积水的场所，且通风、防尘、防潮良好
2. 配电室门窗	配电室应设防火门并向外开启，相邻配电室之间如有门应能双向开启，出口处应有 1m 高的防鼠门。窗户应加装网窗及防盗窗，门窗应紧密、不留缝隙
3. 地面及墙面	配电室的内墙表面应刷白，地面铺防滑钢砖或在打平的水泥地上涂耐磨涂料。配电室不得有排水管、排污管
4. 接地装置	接地外露部分标志应齐全，有两个以上接地点，测量处用螺栓连接（配电室接地电阻不大于 4Ω，动力箱接地电阻不大于 10Ω），动力箱、表箱应做重复接地
5. 室内照明	室内照明符合设计要求，配备足够的应急灯，设备上方不应布置灯具和明线敷设
6. 安全用具	高、低压及变压器室应配备灭火器，安全工、器具，并按规定上架
7. 规范要求	站名、图板、双重编号等按实际要求制作
（三）高、低压盘柜	
1. 盘柜基本要求	接地可靠；漆层完好、整洁，柜内无杂物；柜内加热、防潮装置齐全；盘、柜及电缆管道安装后应做好封堵；盘、柜有统一、醒目的编号；一、二次接线是否牢靠，是否按图施工
2. 抽屉式配电柜	手车或抽屉开关柜操作灵活、机械闭锁可靠
3. 断路器（负荷开关）	断路器（负荷开关）与其操动机构的联动正常，无卡阻。分、合闸指示正确并能满足二元判断的要求；辅助开关动作应准确可靠
4. 高压熔断器	熔管无裂纹、变形，与钳口接触紧密，撞针指示朝向正确
5. 双电源切换装置	双电源切换装置接触器、闭锁装置完好，经试验动作无误
6. 操作工具、遮栏等	遮栏、围网、标示牌、操作工具齐全，可用

续表

三、开关站、配电站、配电室部分	
验收项目	标准
（四）避雷器、电容器、互感器及直流屏	
1. 避雷器	避雷器外部应完整、无缺损，封口处密封良好，引线牢固，接地良好，接地电阻满足要求
2. 电容器组	电容器组的布置与接线应正确，电容器外壳无凹凸或渗漏。引出端子连接牢固，垫圈、螺母齐全。电容器外壳及构架的接地应可靠，放电回路应完整且连接可靠
3. 互感器	互感器有机绝缘物无裂纹，安装整齐，同一组互感器的极性方向应一致
4. 避雷器	蓄电池组外观完好，绝缘良好，绝缘电阻不小于 $0.5M\Omega$；布线排列整齐，极性标志应清晰、正确；外壳无凹凸或渗漏现象，引线端子连接牢靠
5. 电能计量装置	检查计量方式的正确性与合理性；检查一次与二次接线的正确性；核对电流互感器（TA）、电压互感器（TV）倍率；核对电能表的检验证（单）
6. 变压器	本体、温控器及所有的附件无可见缺陷；变压器及母排上无遗留杂物，各部位连接牢固可靠；接地引下线及其与主接地网的连接应满足设计要求，接地应可靠；分接头位置应符合运行要求；变压器安装朝向满足规定要求

【任务实施】

一、业扩工程竣工检验送电申请

业扩工程竣工检验应由客户提交业扩工程竣工检验送电申请表，通过供电营业窗口审核并正式受理，由供电公司工作人员确认具备竣工检验条件后，方可组织开展工程竣工检验工作，编制停（送）电计划申请和竣工检验报告单。

具备竣工检验的条件：业扩工程经业主组织验收合格；客户提供完整的竣工资料、受电设备继电保护整定调试报告、设备异动基础资料（含异动设备照片）、现场安全确认函并附现场设备安装、场地清理和接地措施落实情况照片；施工企业资质材料、有关工程资料齐全、合格；委托施工企业承接本工程的书面说明材料。

二、编制业扩工程竣工检验标准作业指导书

（1）业扩工程竣工检验工作应使用竣工检验标准作业指导书，由工作负责人在组织现场竣工检验时填用。

（2）编制业扩工程竣工检验标准作业指导书，应严格执行现场勘察制度。客户经理根据运检部门确定的竣工检验时间，提前通知供电方工作许可人、客户方工作许可人，工作票签发人（或工作负责人）组织供电方工作许可人及客户方工作许可人进行竣工检验前现场勘察并在勘察单上签字确认。

三、现场竣工检验

（1）严格执行工作票（派工单）制度。经现场勘察确认客户受电设备未接入电网，且没

有其他倒供电可能的，填用现场工作任务派工单后开展作业；其他情况需填用第一种工作票；参与竣工检验的用电检查、计量等工作班成员名单由客户经理确认。

（2）严格执行工作许可制度。竣工检验采用"双签发""双许可"方式，客户方（或施工单位）不具备签发资格的可由供电单位签发人签发。供电方签发人由运检人员担任，客户方签发人由客户方（或施工单位）有权签发的人员担任；供电方现场工作许可人由用电检查人员担任，客户方工作许可人由客户（或施工单位）电工担任。开工前，供电方及客户方工作许可人会同工作负责人到现场检查工作票所列安全措施已执行正确完备，确认受电设备确无电压，具备现场验收安全条件后，办理工作票许可手续。

（3）严格执行工前会、工后会制度。现场工作前，工作负责人应组织全部工作班成员召开工前会，做好危险点分析，进行"三检查、三交底"；工作结束后，工作负责人应召集所有工作班成员，总结讲评当班工作和安全情况。

（4）现场检验时不得代替客户电工作业。

竣工检验后，填写业扩工程竣工检验报告单，一式两份，由供用电双方盖章或签字确认。

四、申请送电

（1）业扩工程竣工检验合格后，供电公司工作人员应组织做好供用电合同、双电源调度协议签订工作。

（2）运检部根据接电作业计划，进行现场勘察并向配电网调度提交设备状态变更申请单（设备停役、带电申请），办理设备异动单和工作票。运检部在办理设备状态变更申请单时，应通知客户经理办理业扩工程启动送电通知单，启动送电通知单经过营业、计量、用电检查、运检等各专业会签后，在业扩工程接电前一天送达配电网调度运方审批，没有启动送电通知单，配电网调度员不得下达启动送电指令。

（3）具备接电的条件：业扩工程启动送电通知单已送达配电网调度；业扩工程竣工检验合格，电能表、用电信息采集终端已安装到位；受电装置设备具备带电条件；供用电合同及相关协议已签订，业务相关费用已结清；客户电气人员（电工）具备上岗资质、客户安全措施已齐备（受电装置设备已编号、安全工器具齐全且试验合格、技术规程或运行管理制度已编制合格）等。

（4）在接电作业当天接电作业工作结束后，由工作负责人向当值调度员汇报工作结束与异动单现场异动、断路器和隔离开关设备状态情况，办理工作票终结与异动单生效手续，当值调度员发布异动、更新全网图接线。由用电检查人员向当值调度员汇报确认业扩工程受电设备具备送电条件，当值调度员下达启动送电指令。

参考资料：受电
工程竣工检验
送电申请表

参考资料：业扩
工程竣工检验标准
作业指导书

参考资料：业扩
工程竣工检验
报告单

参考资料：业扩
工程启动送电
工作通知单

参考资料：配电
设备异动申请单

模块二　抄　表　催　费

【模块描述】

本模块主要包括现场抄表及营销现场缺陷登记处理、催收电费流程操作两个工作任务。

核心知识点包括计量装置的分类、高压计量装置和低压计量装置、营销现场缺陷分类及处理要求、电费抄核收相关管理规定、抄表的分类及安全注意事项、缴纳电费的渠道、催收电费的方式及优质服务等内容。

关键技能包括现场工作任务派工单填写、现场抄表规范、营销现场缺陷分类及处理要求、催收电费全流程操作等内容。

【模块目标】

通过本模块学习，应达到以下目标：

（一）知识目标

熟悉有关电费抄核收管理方面的相关规定和要求；熟悉电能计量装置技术管理规程相关内容；熟悉营销现场缺陷管理要求；熟悉抄表的方式；掌握抄表的方法；熟悉缴纳电费的渠道和要求；掌握催收电费的方式和优质服务相关规定；了解现场作业危险点及防范措施。

（二）技能目标

能够根据相关规程和制度，按照规范流程进行现场抄表和营销现场缺陷分类及处理；能够根据规范完成催收电费全流程操作等工作。

（三）素质目标

（1）培养学生在抄表催费工作中，与客户进行沟通交流的过程中，保持良好的职业道德和服务规范。

（2）培养学生严谨、专注、一丝不苟的工作态度。

（3）牢固树立抄表催费工作安全风险防范意识，以客户为中心不断提升优质服务水平。严格按照规章制度开展抄表催费工作，形成严谨、规范的良好职业习惯。

任务一　现场抄表及营销现场缺陷登记处理

【任务目标】

（1）正确完成现场抄表及营销现场缺陷登记处理全流程操作。

（2）熟悉填写现场工作任务派工单。

（3）掌握现场抄表作业危险点及防范措施，正确抄录表计相关数据和信息。

（4）掌握营销现场缺陷分类和处理办法，正确发现现场存在的各种缺陷，并按照要求进行登记和处理。

【任务描述】

本项操作任务为手工填写现场工作任务派工单，根据相关规程和规定要求，独立完成指定计量装置的现场抄表工作，发现计量装置存在的各种缺陷，并按照要求填写现场工作任务派工单、现场抄表记录卡和营销现场缺陷登记表。

【知识准备】

一、电费抄表管理规则

（1）对所有用电行为均应纳入抄表管理。对于临时用电，对于单点容量小、安装分布广、持续用电的有线电视、网络通信、交通信号灯、移动基站等用户，具备装表条件的必须装表计量，确实不具备装表条件的，纳入协议定量户专项管理，签订供用电协议，明确设备数量、设备容量、定量电量等内容，按期算量算费。

（2）严格按规定的抄表周期和抄表例日对电力客户进行抄表。抄表数据原则上必须是抄表例日当日零时用电计量装置冻结数据。应严格通过远程自动化抄录用电计量装置记录的数据，严禁违章抄表作业，不得估抄、漏抄、错抄。具备条件的省公司可以分步建立所有电力客户或部分重要电力客户的全省抄表集中模式，不断提升公司的集约化、精益化管理水平。

（3）抄表周期管理执行以下规定：

1）电力客户的抄表周期为每月一次。

2）对高耗能高污染及产业过剩、存在关停并转风险的企业，经营状况差、存在欠费记录或列入社会征信体系黑名单实施联合惩戒的企业，以及临时用电的电力客户，按国家有关规定或合同约定实行购电制、分次结算、分次抄表、电费担保、电费抵押等方式防范回收风险。

3）对高压新装电力客户应在接电后的当月完成采集建档调试并在客户归档后第一个抄表周期进行首次远程自动化抄表。对在新装接电归档后当月抄表确有困难的其他电力客户，应在下一个抄表周期内完成采集建档调试并进行首次远程自动化抄表。

4）抄表周期变更时，应履行审批手续，并事前告知相关电力客户。因抄表周期变更对居民阶梯电费计算等带来影响的，应按相关要求处理。

（4）抄表例日管理执行以下规定：

1）电力客户抄表例日应安排在每月 25 日及以后。参与市场化交易电力客户的抄表例日应与协议约定时间一致。稳步推进按自然月购售同期抄表。

2）对同一台区的电力客户、同一供电线路的高压电力客户、同一户号有多个计量点的电力客户、同一售电公司名下的电力客户、存在转供关系等特殊情况的电力客户，抄表例日、抄表周期应同步。

3）对每月多次抄表的电力客户，应按供用电合同或电费结算协议有关条款约定的日期安排抄表。

4）抄表例日不得随意变更。确需变更的，应履行审批手续并告知相关电力客户和线损管理部门。因抄表例日变更对基本电费、阶梯电费计算等带来影响的，应按相关要求处理。

（5）抄表段设置应遵循抄表效率最高的原则，综合考虑电力客户类型、抄表周期、抄表例日、地理分布、便于线损管理等因素。

1）抄表段一经设置，应相对固定。调整抄表段应不影响相关电力客户正常的电费计算。新建、调整、注销抄表段，须履行审批手续。

2）存在共用变压器的电力客户、存在转供电关系的电力客户以及发用电关联的电力客户应设在同一抄表段。

3）新装电力客户应在归档当月编入抄表段；注销电力客户应在下一抄表计划发起前撤出抄表段。

（6）制定抄表计划应综合考虑抄表周期、抄表例日、抄表现场作业人员、抄表工作量及抄表区域的计划停电等情况。抄表计划全部制定完成后，应检查抄表段或电力客户是否有遗漏。采集未覆盖区域，现场抄表作业人员应定期轮换抄表区域，同一抄表作业人员对同一抄表段的抄表时间最长不得超过三年。抄表计划不得擅自变更。因特殊情况不能按计划抄表的，应履行审批手续。对高压电力客户不能按计划抄表的，应事先告知电力客户。

（7）抄表计划制定、抄表数据准备、远程抄表等环节由系统自动实现。抄表员在抄表例日当日核查是否存在特殊原因而未制定计划的抄表段，并及时进行手工制定抄表计划。

（8）抄表例日三天前由采集运维人员进行采集质量检查，对发现采集失败的应在两天内完成现场消缺。

（9）抄表示数上传后24h内，应按抄表数据审核规则，完成全部审核工作，对自动抄表数据失败、数据异常的应立即发起补抄和异常处理，特殊原因当天来不及到现场补抄的，应在第二天完成补抄，抄表数据核对无误后，在规定时限内将流程传递至下一环节。

（10）补抄应通过现场作业终端（或抄表机）进行。当抄表例日无法正确抄录数据时，可使用抄表例日前一日和抄表例日后一日的数据（即 $T-1$、$T+1$），但电厂和市场化用户应在抄表例日当天现场抄表取数，不允许手工录入，特殊情况下需要手工录入的，应上传翔实佐证材料，佐证材料包括现场表计示数照片等。

（11）现场补抄应严格遵循采集运维现场作业规范和安全工作规程。

1）补抄时，应认真核对电力客户电能表箱位、表位、表号、倍率等信息，检查电能计量装置运行是否正常，封印是否完好。对新装及用电变更电力客户，应核对并确认用电容量、最大需量、电能表参数、互感器参数等信息，做好核对记录。

2）采用现场作业终端（或抄表机）抄表的，应在现场完成数据核对工作。当抄见数据与现场电能表显示的示数不符时，应暂以现场电能表显示的示数完成抄表，并及时报办相关部门。

3）与带电设备保持规定的安全距离，不得操作电力客户用电设备。如需登高时，必须采取安全防护措施。抄表过程中应加强自我防护意识，防止意外伤害，并严格遵守交通安全法规。人工读取电能表示数时尽量通过红外唤醒电能表屏显，避免开启计量箱（柜）门。需要入户抄表的，认真执行现场服务规范，应出示工作证件，遵守电力客户的出入制度。

（12）现场作业发现异常按下列原则处理：发现表计损坏、停走、倒走、飞走、采集示数与现场不符等异常情况，使用现场作业终端录入异常现象并发起换表流程，并进行相应处理。

（13）发现窃电、表位移动、高价低接、用电性质变化等违约用电现象时，做好相应的记录。现场作业不得自行处理和惊动电力客户，应及时与供电企业用电检查人员联系，待供电企业有关人员到达现场配合检查取证后方可离开，如仍有抄表工作未完成应先完成抄表工作。

（14）定期开展抄表质量检查：

1）新接电电力客户应在两个抄表周期内进行现场核对抄表。发现数据异常，立即处理。

2）应重点针对连续三个抄表周期的零度表通过远程召测分析，对于分析异常的应及时消缺处理，无法确认的异常应到现场核实后处理。

3）连续出现三个抄表周期采集失败（手工抄表）的电力客户，应安排不同的工作人员对抄表示数进行复核。

4）对实行远程自动采集抄表方式的电力客户，应定期安排现场核抄。

5）对于存在总分表的电力客户，应对总表、分表示数进行核查，如出现分表电量大于总表电量的情况，应立即安排现场核查。

6）通过采集系统相关功能模块定期对采集示数进行核对检查，发现异常立即安排现场核查。

7）对于协议定量户，要与定量设备产权方在供用电合同中明确定量设备数量、设备容量、定量电量、收费方式等内容；每年至少对定量设备现场核定一次，原供用电合同中相关内容发生变化的，应立即进行调整，确保电量电费及时准确发行。

二、抄表方式分类及抄表差错原因

（一）现场人工抄表

现场人工抄表分为两种：一种是抄表员到现场对用户表计示数手工录入采用普通抄表器；另一种是抄表员到现场对用户表计示数抄录到移动作业终端（抄表机或掌上电脑）上，然后在抄表流程环节通过电脑直接录入表指数。采用这种抄表方式的表计示数时间截点为抄表时的电能表底度。容易存在人工录入错误、估抄等抄表差错。

（二）现场红外抄表机抄表

现场红外抄表机抄表又称为红外零点抄表，是指抄表员到现场对用户表计示数通过远红外方式收入抄表机，且抄表到位。采用这种抄表方式的表计示数时间截点为抄表日零点电能表底度。这种方式不存在估抄，错误率极小。如有差错，也是智能电能表与抄表设备在数据传输过程中产生的错误，非人为错误。

（三）远程抄表

远程抄表是指在营销系统中，通过远程控制负控终端、采集终端、低压载波系统集中抄表等方法获取抄表数据。这种方式不存在估抄，错误率极小。如有差错，也是智能电能表与抄表设备在数据传输过程中产生的错误，非人为错误。

三、抄表现场作业行为红线条款

（1）严禁低压带电作业未戴手套、未穿绝缘鞋。

（2）严禁未落实防高坠措施对设备进行拍照。

（3）严禁未落实防触电措施对带电设备进行拍照。

（4）严禁替代用户操作设备。

四、营销现场缺陷

（一）缺陷分类

营销现场缺陷按照严重程度、安全风险等级以及影响范围分为危急缺陷、严重缺陷、一般缺陷（轻度）、一般缺陷（轻微），具体定级标准如下：

（1）危急缺陷：指直接影响电网、设备、人身安全或计量计费准确性，必须立即消除或安排消缺的缺陷。

（2）严重缺陷：指在短期内虽不会造成电网、设备、人身安全或直接影响计量计费准确性，引发用户投诉，需在近期内安排消除的缺陷。

（3）一般缺陷（轻度）：指不涉及电网、设备、人身安全或不影响计量计费准确性，可结合各类营销现场消缺作业在规定的时间内处理的一般性缺陷。

（4）一般缺陷（轻微）：指不涉及电网、设备、人身安全或不影响计量准确性，且在较长时间不会有明显加剧或恶化的一般性缺陷。

（二）缺陷整改

（1）现场巡视发现封印或标识缺失、无锁、存在杂物、箱表档案异常等适宜当场整改的，应当场整改并记录处理情况；发现计量差错，应联系计量人员发起电量电费退补流程；发现疑似窃电行为的，应立即联系用电检查人员调查处理。

（2）对于无法当场整改的缺陷，应安排缺陷处理人员检查上报的缺陷信息，按照缺陷定级，在缺陷处理期限到期前完成整改。

（3）缺陷处理人员应在整改完成后，通过移动作业终端反馈异常原因与处理结果，并拍摄上传现场照片。

（三）缺陷处理时限

（1）危急缺陷消除时间不超过 2 个工作日。

（2）严重缺陷消除时间不超过 5 个工作日。

（3）一般缺陷（轻度）消除时间不超过 3 个月。

（4）一般缺陷（轻微）消除时间各单位根据承担能力据实安排。

（5）营销现场缺陷按照缺陷对象可分为计量箱（柜、屏）、采集终端、电能表、互感器及其二次回路等。营销现场缺陷的类型与缺陷定级可分为四大层级共 116 小类，详见表 2-2-1。

表 2-2-1　　　　　　　　　　营销现场缺陷的类型与缺陷定表

序号	故障对象	故障小类（一级）	故障小类（二级）	缺陷等级
1	计量箱	安装质量	计量箱脱落	危急缺陷
2			计量箱倾斜	一般缺陷（轻微）
3			计量箱安装不牢固	严重缺陷
4			计量箱安装高度太低	一般缺陷（轻微）
5			计量箱安装高度太高	一般缺陷（轻微）
6			计量箱安装在电杆、窗户上	一般缺陷（轻微）
7			计量箱安装在户内或围墙内	严重缺陷
8			计量箱安装在木头房子墙体上	危急缺陷
9			计量箱安装在不牢固墙体上	危急缺陷
10			计量箱进线无套管	一般缺陷（轻微）

续表

序号	故障对象	故障小类（一级）	故障小类（二级）	缺陷等级
11		安装质量	计量箱进线套管破损	一般缺陷（轻微）
12			多个计量箱进线电源在箱内连接	一般缺陷（轻微）
13			金属计量箱箱体或箱门未接地	一般缺陷（轻度）
14			金属计量箱接地线安装不牢固	一般缺陷（轻度）
15			金属计量箱接地线线径不满足要求	一般缺陷（轻度）
16		箱体	计量箱丢失	危急缺陷
17			计量箱烧毁	危急缺陷
18			计量箱变形、锈蚀、老化	一般缺陷（轻度）
19			计量箱破损	一般缺陷（轻度）
20			计量箱漏电	危急缺陷
21			计量箱渗水	严重缺陷
22	计量箱		箱体有孔洞未封堵	一般缺陷（轻度）
23		箱门	计量箱铭牌信息缺失、错误或模糊不清	一般缺陷（轻度）
24			警示标识缺失、破损	一般缺陷（轻度）
25			计量箱封印柱损坏	一般缺陷（轻度）
26			计量箱封铅缺失	严重缺陷
27			箱门无法上锁	一般缺陷（轻度）
28			计量箱无门	严重缺陷
29			箱门损坏	一般缺陷（轻度）
30			计量箱视窗模糊	一般缺陷（轻微）
31			计量箱视窗破损	一般缺陷（轻度）
32			箱内运维标识缺失、不规范	一般缺陷（轻微）
33			箱门运维标识缺失、不规范	一般缺陷（轻微）
34		雨遮	无雨遮（户外）	一般缺陷（轻度）
35			雨遮不防雨（户外）	一般缺陷（轻度）
36		进线（总）开关	未安装进线（总）开关	严重缺陷
37			进线（总）开关老化、破损	严重缺陷
38			进线（总）开关额定容量配置不合理	严重缺陷
39	采集终端		表前分路隔离开关烧毁	危急缺陷
40			表前分户隔离开关老化、破损	严重缺陷
41			表前分户隔离开关的分断观察窗模糊	严重缺陷
42			表前分户隔离开关额定容量配置不合理	一般缺陷（轻度）
43			塑壳开关灭弧室栅板发黑、发黄，端钮表面严重发热氧化	严重缺陷

续表

序号	故障对象	故障小类（一级）	故障小类（二级）	缺陷等级
44		表后开关	未安装表后开关	严重缺陷
45			表后开关烧毁	危急缺陷
46			表后开关老化、破损	严重缺陷
47			表后开关额定容量与用户申请容量不匹配	一般缺陷（轻度）
48		接线盒	接线盒烧毁	危急缺陷
49			接线盒盒盖缺失	严重缺陷
50			接线盒封铅缺失	严重缺陷
51			接线盒老化、破损	一般缺陷（轻度）
52			接线端子烧毁	危急缺陷
53		箱内导线与接线工艺	导线线头绝缘层发胀、发黑	严重缺陷
54			铝质导线未经铜铝过渡	一般缺陷（轻微）
55			铜铝过渡金具表面、导线连接处或线皮破损处的绝缘缺失或老化	严重缺陷
56	采集终端		铜铝过渡金具压痕方向不正确	一般缺陷（轻微）
57			铜铝过渡金具表面的飞边未处理	一般缺陷（轻微）
58			螺栓明显未压紧、螺栓缺失、螺栓发热氧化	严重缺陷
59			螺栓生锈	一般缺陷（轻微）
60			导线线径太细，与用户负荷不匹配	一般缺陷（轻度）
61			多芯铜导线未经铜鼻子过渡	一般缺陷（轻微）
62			计量箱内接线杂乱无章	一般缺陷（轻微）
63		安装环境	无抄表通道	一般缺陷（轻度）
64			计量箱体被严重遮挡或封闭	一般缺陷（轻度）
65			计量箱旁堆积杂物不满足防火要求等	严重缺陷
66		档案质量	计量箱编号、规格、型号与系统不一致	一般缺陷（轻度）
67		运行质量	采集终端烧毁	严重缺陷
68			采集终端丢失	严重缺陷
69			外观损坏、表尾盖缺失	一般缺陷（轻度）
70			液晶屏黑屏、白屏、缺字、模糊、漏液、破损	一般缺陷（轻微）
71			按键失灵或缺失	一般缺陷（轻微）
72			天线丢失、损坏	一般缺陷（轻度）
73			通信模块损坏	危急缺陷
74			通信端口损坏	严重缺陷
75			采集终端电池欠压或电池故障	一般缺陷（轻微）
76			终端死机	危急缺陷

续表

序号	故障对象	故障小类（一级）	故障小类（二级）	缺陷等级
77	采集终端	运行质量	终端内部异常声响	严重缺陷
78			误差超差	危急缺陷
79		终端封印	终端封印异常	危急缺陷
80			终端封印缺失	严重缺陷
81		安装接线	接线错误	危急缺陷
82			安装不牢固	一般缺陷（轻微）
83	电能表	运行质量	电能表烧毁	危急缺陷
84			电能表丢失	危急缺陷
85			液晶屏黑屏、白屏、闪烁	危急缺陷
86			电能表液晶屏缺字、模糊、漏液、破损	一般缺陷（轻度）
87			电能表死机	危急缺陷
88			电能表内部异常声响	严重缺陷
89			电能表电池故障	严重缺陷
90			电能表电池欠压	一般缺陷（轻度）
91			电能表时钟超差	一般缺陷（轻度）
92			电能表按键失灵或缺失	一般缺陷（轻度）
93			电能表表壳损坏、表尾盖缺失	一般缺陷（轻度）
94			通信端口损坏	严重缺陷
95			通信模块损坏	危急缺陷
96			误差超差	危急缺陷
97		安装接线	单相电能表未按"两进两出"接线	一般缺陷（轻微）
98			接线串户	危急缺陷
99			接线错误	危急缺陷
100			裸表安装	危急缺陷
101			电能表安装不牢固	一般缺陷（轻微）
102		电能表封印	电能表封印异常	危急缺陷
103			电能表封印缺失	严重缺陷
104		档案错误	户变隶属关系错误	严重缺陷
105			户表档案关系错误	危急缺陷
106			箱表档案关系错误	一般缺陷（轻度）
107	互感器	运行质量	烧毁	危急缺陷
108			互感器开裂、变形、冒烟、烧毁	危急缺陷
109			互感器异常声响	危急缺陷
110			互感器铭牌缺失或参数不清晰	一般缺陷（轻度）
111			误差超差	危急缺陷

续表

序号	故障对象	故障小类（一级）	故障小类（二级）	缺陷等级
112	互感器	安装接线	接触不良	危急缺陷
113			接线错误	危急缺陷
114			极性错误	危急缺陷
115		档案错误	互感器编号与系统不一致	危急缺陷
116			互感器变比与系统不一致	危急缺陷

五、电能表常见故障代码

电能表常见故障代码见表 2-2-2。

表 2-2-2 电能表常见故障代码

异常名称	异常类型	异常代码	异常名称	异常类型	异常代码
控制回路错误	电能表故障	Err-01	时钟故障	电能表故障	Err-08
ESAM 错误	电能表故障	Err-02	过载	事件类异常	Err-51
内卡初始化错误	电能表故障	Err-03	电流严重不平衡	事件类异常	Err-52
时钟电池电压低	电能表故障	Err-04	过压	事件类异常	Err-53
内部程序错误	电能表故障	Err-05	功率因数超限	事件类异常	Err-54
存储器故障或损坏	电能表故障	Err-06	有功电能方向改变（电能表反向）	事件类异常	Err-56

六、现场抄表作业危险点分析及控制措施

现场抄表作业危险点分析及控制措施见表 2-2-3。

表 2-2-3 现场抄表作业危险点分析及控制措施

序号	危险点	控制措施
1	接触表箱前未验电	接触箱（屏、柜）体前应验电，并站位至侧面打开箱（屏、柜）门
2	误碰、误动其他运行设备	检查前应核对设备信息
3	发现缺陷及异常单人处理	禁止巡视作业过程单人处理设备缺陷及异常
4	发现缺陷及异常时，未及时汇报	发现设备缺陷及异常时，做好登记及时汇报
5	与设备保持距离不够，造成触电伤害	检查时应与带电设备保持足够的安全距离
6	未按规定佩戴安全防护用具	按规定着装，并佩戴相应的安全防护用具
7	使用不合格的安全工器具	安全工器具定期检查试验。作业前，检查所使用的安全工器具完好
8	检查户外设备时，被小动物咬伤造成人身伤害	（1）行走时要注意脚下，尽量避免在草地行走。 （2）进村入户时应注意防范用户养狗阻挠

【任务实施】

一、工作前准备

抄表工作人员能在指定抄表日前做好抄表的准备工作。对需使用抄表机进行现场抄表的用户，抄表工作人员应在规定时间将需要现场补抄的抄表数据信息下载至抄表机，并检查信息的正确性及完整性。在使用抄表机前，还应检查抄表器的内存、电池是否能满足正常使用的要求等。

开展现场抄表工作应先开具低压工作票。召开工前会，检查人员着装是否规范、精神状态是否良好、劳动防护用品和工器具是否合格齐备，并布置工作任务和现场安全措施，进行危险点分析和采取防控措施。

二、现场抄表

现场抄表过程中应遵守相关安全生产要求。接触设备前先验电，对电能表计量装置进行检查，正确核对客户现场相关信息；按要求正确、完整抄录和记录电能表各项数据。

（一）使用抄表机（或移动作业终端）进行抄表

对远程抄表失败的用户应通过抄表机（或移动作业终端）进行现场补抄（见图2-2-1）。因抄表机的型号有多种，此处以网能ALW204-1P的型号为例进行介绍。

（1）打开抄表机主界面，单击"运行"菜单。

（2）进入菜单后，选择对应的抄表段。

（3）选择抄表的顺序，如续上次抄表、抄漏抄的表、从第一户抄等方式。

图2-2-1　抄表器

（4）如果该抄表段中有多户非连续进行的补抄，也可通过按户号或按用户表号快速定位用户进行补抄。

（5）选择好用户并在核对所选的用户信息及表计资产编号与现场一致后，按抄表机上的黄色红外抄表按键进行远红外抄表。

（6）抄表机会提示"请对准电能表"按确认键继续；将抄表机的红外接口靠近电能表后按确认键进行抄表。

（7）抄表完成后，用户信息界面右上角未抄标志自动变更为"已抄"，且显示本次示数及本月电量。

（二）现场手工抄表

（1）如遇表计故障或其他原因造成抄表机（或移动作业终端）现场无法进行远红外补抄的，方可采用手工抄表和手工录入的方式。现场手工抄表应正确核对户名、户号、表计资产编号，用电地址等内容。根据现场手工抄表记录卡正确、完整抄录表计示数和相关信息，并将数据录入抄表机。

（2）现场手工抄表后应上传翔实佐证材料，佐证材料包括现场表计示数照片等。现场表计示数照片应能清晰、正确地体现表计资产号及当前示数等信息（见图2-2-2）。

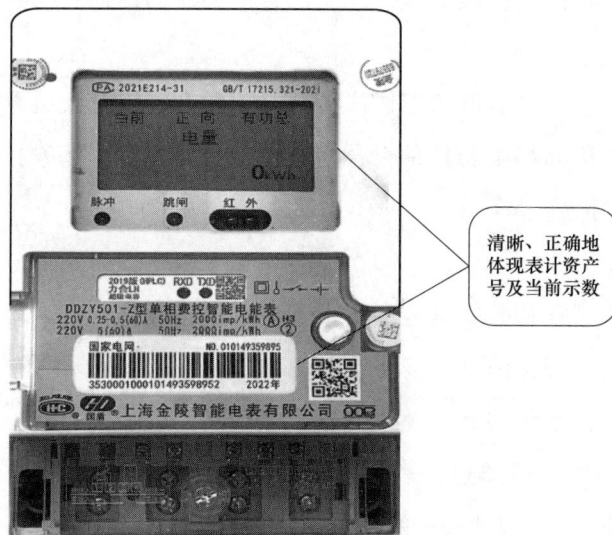

图 2-2-2　电能表图片

（三）现场抄表过程中的要求及注意事项

（1）抄表人员在抄表时应遵守相关安全规程，注意现场工作安全。入户抄表时应当出示有关证件并遵守客户的保卫保密规定，不得在现场替代客户进行电工作业。

（2）应根据抄表机提示的项目，逐项核对输入数据，以避免发生漏抄信息。特别是在抄表机发出异常信息提示后，要求能再次复抄用户的全部数据，只有在确认无误后方可将数据上传至系统。

（3）在当天抄表工作结束前，完成对全部用户数据信息的检查工作，特别是要检查是否有新增客户出现，避免现场出现漏抄客户情况。

（4）抄表完成后应进行抄表现场的"三核对"工作，即核对用户是否正确，核对用户安装的计量装置是否正确，核对用户计量装置的倍率是否正确等。

（5）抄表人员应学会与客户进行沟通，及时了解客户的生产生活用电情况等；应能正确解答客户提出的有关问题，并做好有关用电知识的宣传工作。

三、营销现场缺陷登记及处理

（1）抄表人员在现场抄表时，在完成正常抄表的同时，检查客户计量装置的运行情况。

（2）现场抄表时，发现在运或备用的营销现场设备，发生可能威胁电网或人身安全、影响计量计费准确性，发生现场设备与系统记录信息不符等异常现象，应填写营销现场缺陷登记表，进行登记、督办和处理。表箱现场缺陷如图 2-2-3 所示。

图 2-2-3　表箱现场缺陷

参考资料：低压工作票

参考资料：现场抄表记录卡

参考资料：营销现场缺陷登记表

视频：现场抄表及异常缺陷处理

任务二　催收电费流程操作

【任务目标】

（1）熟悉交费期限、催交电费流程、催交电费方式。

（2）掌握欠费信息查询、催交费通知单打印、人工发送催费短信、物联停电申请发起的操作方法。

（3）能够按照规范及要求完成欠费查询及停电流程发起。

【任务描述】

本任务主要是在营销服务系统中，在 30min 内独立完成指定的欠费用户查询，欠费短信的发送、交费提醒函的打印及物联停电的操作等流程操作。

【知识准备】

一、《电力供应与使用条例》《供电营业规则》等相关文件规定

（1）供电企业应当按照国家核准的电价和用电计量装置的记录，向用户计收电费。用户应当按照国家批准的电价，并按照规定的期限、方式或者合同约定的办法，交付电费。

（2）供电企业可根据具体情况，确定向用户收取电费的方式。用户应按供电企业规定的期限和交费方式交清电费，不得拖延或拒交电费。

（3）用户在供电企业规定的期限内未交清电费时，应承担电费滞纳的违约责任。电费违约金从逾期之日起计算至交纳日止。每日电费违约金按下列规定计算：

1）居民用户每日按欠费总额的千分之一计算；

2）其他用户：

a. 当年欠费部分，每日按欠费总额的千分之二计算；

b. 跨年度欠费部分，每日按欠费总额的千分之三计算。

（4）电费发行后，电量电费信息应及时以电子账单方式或其他与电力客户约定的方式告知电力客户。账单内容包括本期电量电费信息、交费方式、交费时间、服务电话及网站等。

（5）采用智能交费业务方式的，应根据平等自愿原则，与电力客户协商签订协议，条款中应包括电费测算规则、测算频度，预警阈值、停电阈值，预警、取消预警及通知方式，停电、复电及通知方式，通知方式变更，有关责任及免责条款等内容。

（6）采用（预）购电交费方式的，应与电力客户签订（预）购电协议，明确双方权利和义务。协议内容应包括购电方式、预警方式、跳闸方式、联系方式、违约责任等。

（7）实行分次划拨电费的，每月电费划拨次数一般不少于三次，具体电费划拨次数、划拨金额经双方协商后在合同（协议）中确定，于抄表例日统一结算。实行分次结算电费的，每月应按协议约定的次数和抄表时间，按时抄表后进行电费结算。

（8）采用柜台收费（坐收）方式时，应核对户号、户名、地址等信息，告知电力客户电费金额及收费明细，避免错收，收费后应主动向电力客户提供收费票据。电力客户同时采取现金、支票与汇票支付一笔电费的，应分别进行账务处理。严格按照电力客户实际交费方式在营销系统中进行收费操作，确保系统中收费方式、实收金额与实际一致。

（9）采用代扣、代收与特约委托方式收取电费的，供电公司、电力客户与银行等金融机构应签订协议，明确各方的权利义务。

1）采用分次划拨或分次结算方式的，协议内容应增加分次划拨或分次结算次数及时间等内容。

2）应严格按约定时间与银行发送、接收并处理交费信息，及时做好对账和销账工作，发现异常情况及时按约定程序处理。电力客户银行账户资金不足以实现电费扣款或扣款失败时，应及时通知电力客户。

3）采用代收、代扣收费方式时，代收、代扣协议机构应按协议约定时间将当日代收、代扣电费资金转至供电公司电费账户。

（10）采用自助终端收费方式时，应每日对自助交费终端收取的现金进行当日解款。每日对充值卡和银行卡在自助终端交费的数据进行对账并及时处理单边账。电力客户在自助终端交费成功后应向其提供交费凭证。

（11）采用银行卡刷卡收费方式时，应每日核对当日刷卡签单凭据金额与营销系统是否一致，每日与 POS 机发行单位进行对账并及时处理单边账。妥善保管电力客户银行卡刷卡签单凭据备查。

（12）采用充值卡收费方式时，应每日对当日销售的电费充值卡数量、充值记录、充值金额、充值账户抵交电费情况进行核对，并编制日报表。销售充值卡与充值卡交费不能重复开具发票。

（13）严格落实相关要求，不得收取商业承兑汇票，从严控制银行承兑汇票收取。完善营销系统银行承兑收费功能，全面推进银行电子承兑应用，纸质银行承兑汇票须经财务确认登记后，方可进行收费。

（14）实施多元化交费。统筹考虑本地区特点和电力客户群体差异，做好原有网点坐收、银行代扣代收等行之有效的交费方式外，应利用网络信息技术、先进支付手段，拓展网站、电费网银、APP、第三方支付等新型交费渠道，加大电子化及社会化交费推广力度。

（15）应逐步取消走收。确因地区偏远等原因造成电力客户交费困难的，可使用手持终端上门收费。现场收费时，收费人员应执行现场服务规范，出示工作证件，注意做好人身及资金安全工作，必要时两人前往。收取电力客户电费时，应注意核对电力客户信息，避免错交电费，收费后立即通过手持终端销账并打印票据给电力客户。

（16）电费收取应做到日清日结，收费人员每日将现金交款单、银行进账单、当日实收电费汇总表传递至电费账务人员。

1）每日必须进行现金盘点，做到日清日结，按日编制现金盘点表。每日收取的现金及支票应当日解交银行，由专人负责每日解款工作并落实保安措施，确保解款安全。当日解款后收取的现金及支票应做好台账记录，统一封包存入专用保险柜，于下一工作日解交银行。如遇双休日、节假日，则顺延至下一个工作日。

2）收取现金时，应当面点清并验明真伪。收取支票时，应仔细检查票面金额、日期及印鉴等是否清晰、正确。

3）电力客户实交电费金额大于电力客户应交电费金额时，征得电力客户同意后可作预收电费处理。

4）供电营业厅（所）负责人每月应对窗口现金监盘一次，并在盘点表上签字备查。

5）严格区分电费资金和个人钱款，严禁截留、挪用、侵吞、非法划转、混用电费资金，严禁工作人员利用信用卡还款周期滞留电费资金或套取现金。收费网点应安装监控和报警系统，将收费作业全过程纳入监控范围。

二、交费期限

交费期限一般为:

(1)居民用户:

1)电费发行日为 10 日及以前(包含 10 日),交费期限为每月 25 日前,每月 26 日起计收违约金。

2)电费发行日为 10 日以后(不包含 10 日),交费期限为 $T+15$ 日前,$T+16$ 日起计收违约金。

(2)非居民用户:

1)电费发行日为 10 日及以前(包含 10 日),交费期限为每月 15 日前,每月 16 日起计收违约金。

2)电费发行日为 10 日以后(不包含 10 日),交费期限为 $T+5$ 日前,$T+6$ 日起计收违约金。

(3)按关联户号合并交费的客户(系统查询显示为临时交费关系号),按主关联号(临时交费关系号)的规定计算违约金,主关联号参照上述规定。若在交费期限内遇到法定节假日(周末除外),交费期限顺延。物业代收及铁路用户根据签订的电费结算协议执行。

三、催交电费流程

(1)在交费期限前,对尚未交费的客户,以短信、电话等方式提醒客户尽快缴纳电费。

(2)逾期后,一般以短信、电话和张贴交费提醒函方式提醒客户电费已经逾期,已产生违约金,请客户尽快缴纳电费。目前常见的欠费停电通知方式有:短信+电话、现场签收、挂号信函、公证送达四种。

(3)逾期 30 天后,对仍未缴纳电费的客户,供电企业可通过发送欠费停电通知书,告知停电时间(采用不安抗辩权进行催缴的,可不用等到逾期 30 天)。

四、催交电费方式

催交电费方式包含电话催费、短信催费、上门催费、函件催费、公证催费、法律诉讼等,客户可以自行选择催费方式。目前各地区均已开通短信催费,信息系统会在用户产生当月应交费用后,每天以催费包为单位按照催费策略,对未生成计划的欠费用户生成催费计划,并按时通过智能语音电话、短信、微信等电子化催交方式执行自动催费的工作。

五、"智能交费"业务

"智能交费"业务是为方便广大用户的用电交费方式,通过智能用电模式可实现电费实时计算、余额自动提醒、复电远程自动、用电自助查询等多种功能。智能交费即电力机构负控购电，签约智能交费的用户根据所签协议预存购电的一种收费方式。

六、欠费停复电方式分类

（一）欠费停电方式

1. 系统远程停电

用户欠费后，系统发出自动断电指令进行停电。

2. 现场人工停电

现常见的停电方式有断开表计内置开关、断开表前空气开关、断开电能表表下线及拆除电能表等。

（二）欠费复电方式及通知

1. 系统复电

复电前系统会触发复电提醒短信给客户，复电成功后不会给客户发送短信。

2. 现场复电

系统复电不成功，由工作人员现场操作送电，无短信通知。

七、欠费停复电规定

（一）欠费停电规定

1. 预付费用户

（1）本地费控（卡表）用户／量控（卡表）用户：电能表剩余电费（电量）等于0时，电能表自动停电。（福建省无此类用户）

（2）智能缴费（远程费控）用户：根据协议约定，当可用余额低于预警值时，应通知电力客户及时交费；当可用余额小于停电阈值时，采取停电措施。

2. 后付费用户

根据《电力供应与使用条例》规定，客户逾期未缴纳电费的，自逾期之日起计算超过30日，经催交仍未交付电费的，供电企业可以按照国家规定的程序停止供电。

（二）欠费复电规定

根据《国家电网有限公司电费抄核收管理办法》第五十六条规定：电力客户结清电费及违约金后，应在24h内恢复供电，如特殊原因不能恢复供电的，应向电力客户说明原因。

八、欠费停电流程

欠费停电流程如图2-2-4所示。

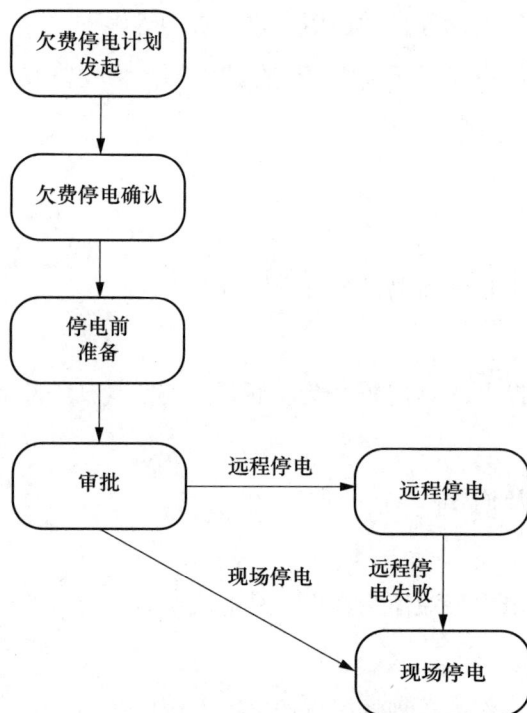

图 2-2-4　欠费停电流程

【任务实施】

一、欠费信息查询

查询路径：计费结算 – 支付结算 – 支付结算查询 – 欠费信息查询。

在营销应用系统欠费信息查询菜单中，根据给定条件信息如供电单位、应收年月、抄表包编号、催费责任人、用户分类等相关信息查询欠费信息。所有带"*"标记的对话框均为必填项。

查询结果如图 2-2-5 所示。在欠费信息列别中可显示电量、发行日期、应收金额、实收电费、违约金额、总金额、费用状态、银行账号及名称、费用类别、联系电话、催费责任人、停电标志等信息。在欠费信息下方可显示当前查询结果的汇总情况。

二、催交费通知单打印

查询路径：计费结算 – 支付结算 – 支付结算查询 – 催交费通知单打印。

在营销应用系统催交费通知单打印菜单中，输入相应的抄表包或者户号，单击打印，可对查询出的用户进行交费提醒函打印。输入起始抄表包和截止抄表包，截止日期、欠费金额、欠费笔数，单击打印按钮，可批量打印出催交费通知单。查询界面如图 2-2-6 所示。

系统打印的催交费通知单内容如图 2-2-7 所示。

│查询条件

*供电单位 ［XX镇供电所］	*起始应收年月 ［2023-03］	*截止应收年月 ［2023-03］
显示在途电费 ［　　　　］	抄表包编号 ［　　　　］	催费责任人 ［　　　　］
交费方式 ［　　　　］	用户分类 ［　　　　］	交费期限截止日期 ［　　　　］
费用类别 ［正常电费］	编号类型 ［用户编号］ ［3501234567890］	费控标志 ［　　　　］

［重置］　［查询］

│欠费信息

序号	供电单位	台区名称	合同账户编号	用户编号	用户名称	应收年月	电量(kWh)	发行日期	应收金额(元)	实收电费(元)	违约金额(元)	总金额(元)	费用状态
1	XX镇供电所	XX配电变压器	3561234567890	3501234567890	张XX	202303	141	2023-04-02	70.26	29.94	0.00	40.32	非锁定

共1条　［100条/页］　　　　　　　　　　　　　　　　　　　　［<］［1］［>］　　前往 ［1］ 页

应收总金额（元）：70.26　　　　　已收总金额（元）：29.94　　　　　总欠电费（不含违约金）（元）：29.94

记录数：1　　　　　　　　　　　户数：1

图 2-2-5　欠费信息查询

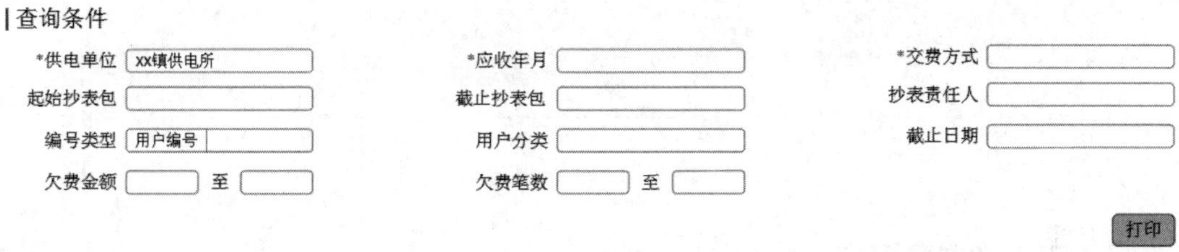

│查询条件

*供电单位 ［XX镇供电所］	*应收年月 ［　　　　］	*交费方式 ［　　　　］
起始抄表包 ［　　　　］	截止抄表包 ［　　　　］	抄表责任人 ［　　　　］
编号类型 ［用户编号］	用户分类 ［　　　　］	截止日期 ［　　　　］
欠费金额 ［　　］ 至 ［　　］	欠费笔数 ［　　］ 至 ［　　］	

［打印］

图 2-2-6　催交费通知单打印查询

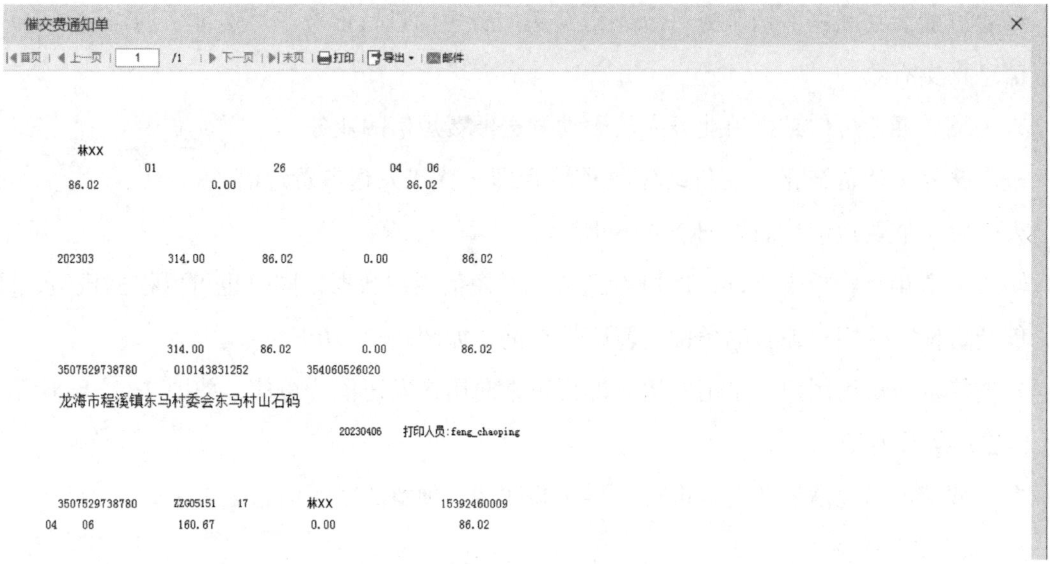

催交费通知单　　　　　　　　　　　　　　　　　　　　　　　　　　　　×

│首页 │上一页 │ 1 │ /1 │ 下一页 │末页 │打印 │导出▼│邮件

　林XX

　　　01　　　26　　　04　06
86.02　　　0.00　　　86.02

202303　　　314.00　　　86.02　　　0.00　　　86.02

　　　314.00　　　86.02　　　0.00　　　86.02
3507529738780　　010143831252　　354060526020

龙海市程溪镇东马村委会东马村山石码

　　　　20230406　　打印人员：feng_chaoping

3507529738780　　ZZG005151　17　　林XX　　　15392460009
04　06　　160.67　　　0.00　　　86.02

图 2-2-7　催交费通知单内容

237

现场催费使用的交费提醒函如图 2-2-8 所示。

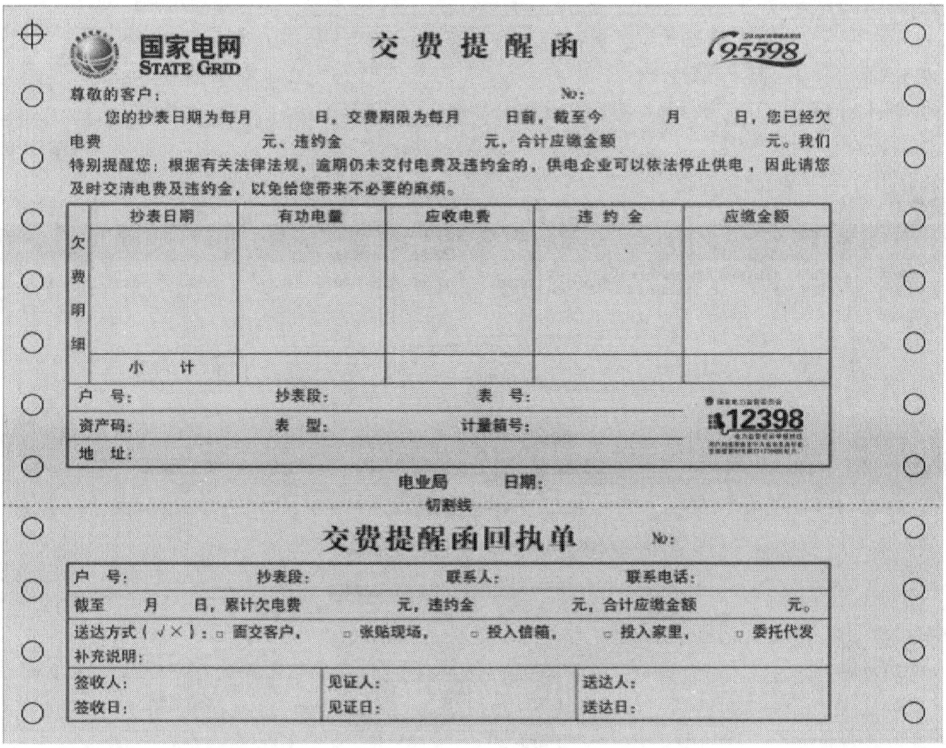

国家电网 STATE GRID　　交 费 提 醒 函　　95598

尊敬的客户：　　　　№：

您的抄表日期为每月　　日，交费期限为每月　　日前，截至今　　月　　日，您已经欠电费　　元、违约金　　元，合计应缴金额　　元。我们特别提醒您：根据有关法律法规，逾期仍未交付电费及违约金的，供电企业可以依法停止供电，因此请您及时交清电费及违约金，以免给您带来不必要的麻烦。

	抄表日期	有功电量	应收电费	违约金	应缴金额
欠费明细					
	小计				

户　号：　　抄表段：　　表　号：

资产码：　　表　型：　　计量箱号：

地　址：

12398

电业局　　日期：

切割线

交费提醒函回执单　　№：

户　号：　　抄表段：　　联系人：　　联系电话：

截至　　月　　日，累计欠电费　　元，违约金　　元，合计应缴金额　　元。

送达方式（√×）：□ 面交客户，　□ 张贴现场，　□ 投入信箱，　□ 投入家里，　□ 委托代发

补充说明：

签收人： 签收日：	见证人： 见证日：	送达人： 送达日：

图 2-2-8　交费提醒函

三、人工发送催费短信

（一）短信催费

可通过能源互联网营销服务系统人工发送催费短信进行催费。短信催费前需确认客户的联系信息真实有效。

人工发送催费短信是指由业务人员手动发送催费短信的业务。

查询路径：计费结算 - 支付结算 - 催费管理 - 人工发送催费短信。

人工发送催费短信界面如图 2-2-9 所示。

输入电费年月，单击查询，即可看到待发送短信用户数据，同时也可以根据班组、催费包、催费责任人、用户编号的条件进行筛选查询，如图 2-2-10 所示。

勾选待发送短信用户，单击发送，即可正常向用户发送催费短信，如图 2-2-11 所示。

（二）电话催费

电话催费可与短信催费配合进行，再次验证客户预留的联系信息是否正确。

1. 电话催费服务要点

（1）电话催费时应表明身份，说明来意。

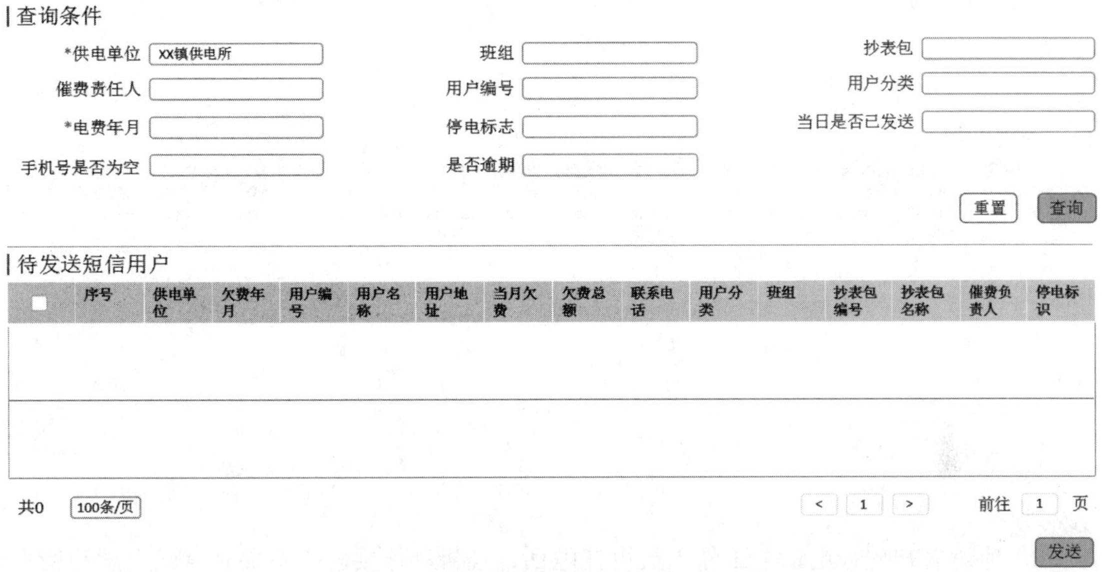

| 查询条件

*供电单位 [XX镇供电所]　　　　班组 [   ]　　　　抄表包 [   ]

催费责任人 [   ]　　　　用户编号 [   ]　　　　用户分类 [   ]

*电费年月 [   ]　　　　停电标志 [   ]　　　　当日是否已发送 [   ]

手机号是否为空 [   ]　　　　是否逾期 [   ]

[重置] [查询]

| 待发送短信用户

☐	序号	供电单位	欠费年月	用户编号	用户名称	用户地址	当月欠费	欠费总额	联系电话	用户分类	班组	抄表包编号	抄表包名称	催费负责人	停电标识

共0 [100条/页]　　　　　　　　　　　[<] [1] [>]　　前往 [1] 页

[发送]

图 2-2-9　人工发送催费短信界面

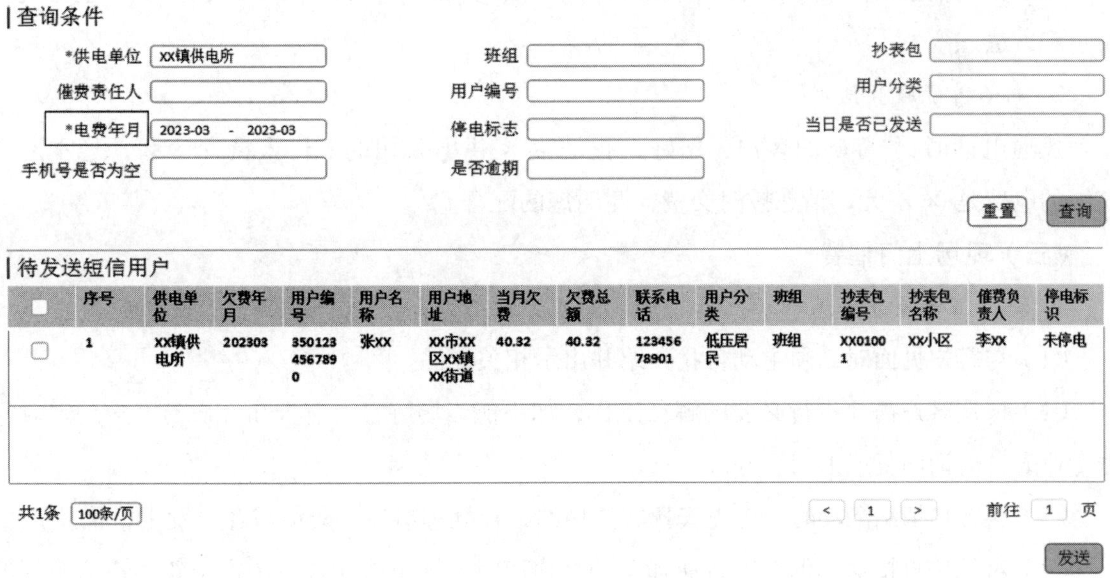

| 查询条件

*供电单位 [XX镇供电所]　　　　班组 [   ]　　　　抄表包 [   ]

催费责任人 [   ]　　　　用户编号 [   ]　　　　用户分类 [   ]

*电费年月 [2023-03 - 2023-03]　　　　停电标志 [   ]　　　　当日是否已发送 [   ]

手机号是否为空 [   ]　　　　是否逾期 [   ]

[重置] [查询]

| 待发送短信用户

☐	序号	供电单位	欠费年月	用户编号	用户名称	用户地址	当月欠费	欠费总额	联系电话	用户分类	班组	抄表包编号	抄表包名称	催费负责人	停电标识
☐	1	XX镇供电所	202303	3501234567890	张XX	XX市XX区XX镇XX街道	40.32	40.32	12345678901	低压居民	班组	XX01001	XX小区	李XX	未停电

共1条 [100条/页]　　　　　　　　　　　[<] [1] [>]　　前往 [1] 页

[发送]

图 2-2-10　查询结果

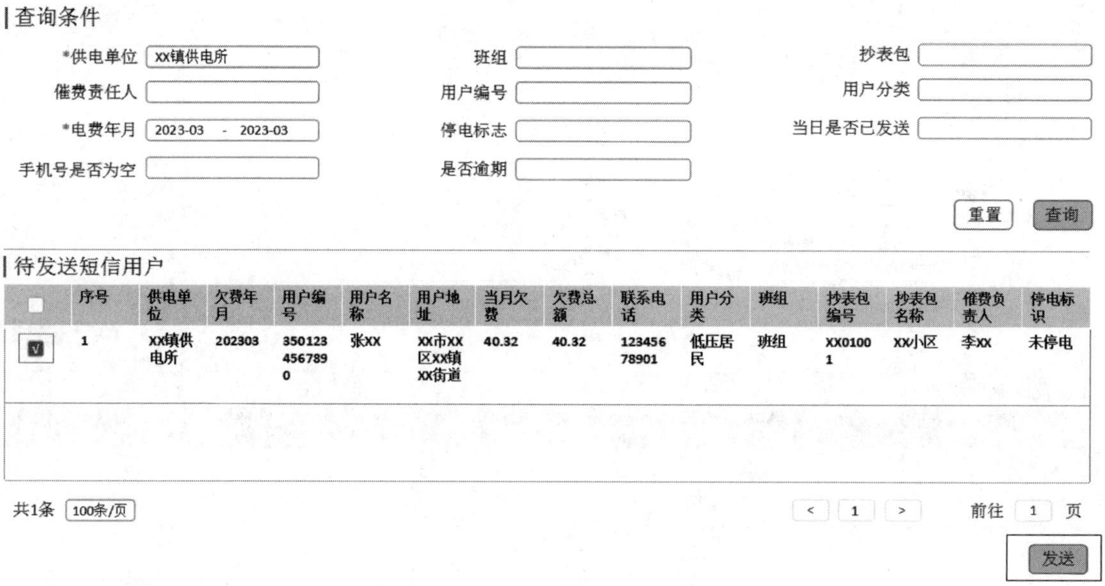

查询条件

*供电单位	XX镇供电所		班组			抄表包	
催费责任人			用户编号			用户分类	
*电费年月	2023-03 - 2023-03		停电标志			当日是否已发送	
手机号是否为空			是否逾期				

重置　查询

待发送短信用户

☐	序号	供电单位	欠费年月	用户编号	用户名称	用户地址	当月欠费	欠费总额	联系电话	用户分类	班组	抄表包编号	抄表包名称	催费负责人	停电标识
☑	1	XX镇供电所	202303	3501234567890	张XX	XX市XX区XX镇XX街道	40.32	40.32	12345678901	低压居民	班组	XX01001	XX小区	李XX	未停电

共1条　100条/页　　　　　　　　　　　　< 1 >　　前往 1 页

发送

图 2-2-11　流程发送

（2）应等客户先挂电话，工作人员再挂电话，挂机动作要轻，不要有意或无意地用力扣电话。

（3）客户有疑问时，应耐心解答；当不能解答时，应礼貌地告知客户。

（4）在电话催费过程中应主动告知客户网上国网 APP、银行代扣、微信、支付宝等交费渠道和方法。

2. 电话催费服务话术

拨通电话时："尊敬的客户，您好，我是 ×× 供电公司的工作人员 ×××，您本期应交纳的电费是 ×× 元，请您按时交费，谢谢您的配合。"

（三）现场上门催费

1. 现场催费服务要点

（1）与客户见面时，须主动自我介绍并出示相关证件。

（2）根据客户需要进行必要的解释工作，如不能当场解答，应告知客户与客户约定时间派专业人员电话回复或上门服务。

（3）遇客户情绪激动时，应先安抚客户情绪，再处理事情，避免与客户发生争执。

（4）对无法直接送达催交电费通知单的客户应将通知单放在合适位置（如客户信箱等），或通过社区物业等服务部门转交通知客户，同时要结合电话催费。

（5）遇到客户拒绝签收的，可通过公证送达、挂号信等方式让客户签收。

2. 现场催费服务话术

表明来意时："您好，我是 ×× 供电公司工作人员 ×××，这是我的证件，这是催交电费通知单请您签收，您本期应交纳的电费是 ×× 元，请您按时交清电费，非常感谢您对我们工作的支持！"

离开递出服务卡时："这是我的服务卡，如您在用电过程中有疑问或需求，欢迎您拨打上面的电话或供电服务热线 95598，我们将竭诚为您服务，再见！"

四、物联停电申请发起

物联停电管理是指通过用电信息采集系统及能源互联网营销服务系统等信息系统获取用户实时算费结果和预收余额，并进行比对，根据比对结果和预警策略，对用户进行预警或停电的业务。物联停电申请是指催费员使用个人业务账号，对需要物联停电的用户发起停电申请的工作。

此项任务只要求发起物联停电申请即可。流程发起路径：计费结算－支付结算－停复电－物联停电申请。

输入查询条件，如抄表包编号、抄表员、用户编号、测算起止日期等信息进行查询。物联停电申请查询界面如图 2-2-12 所示。

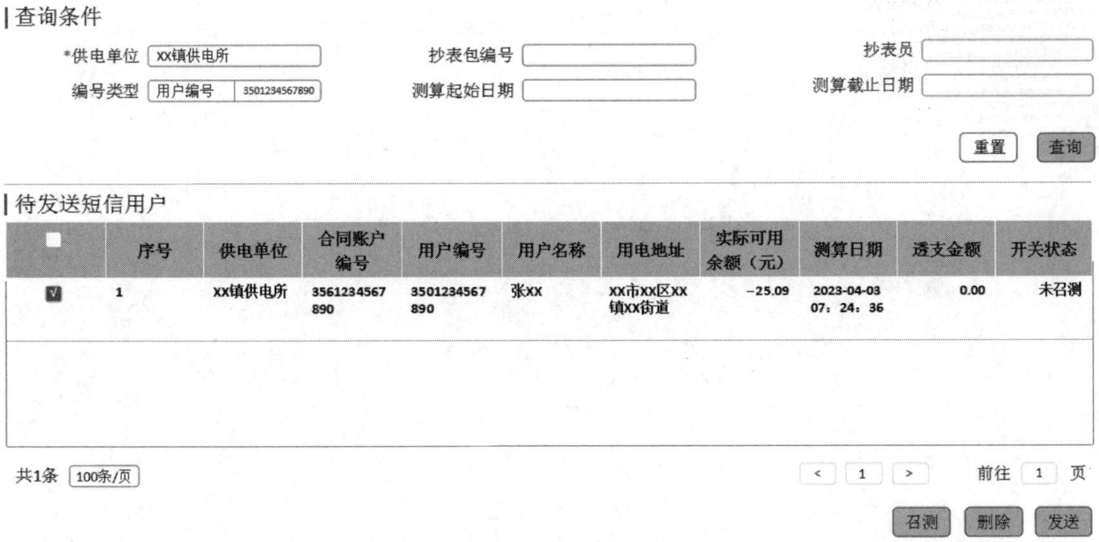

图 2-2-12　物联停电申请查询界面

注意事项：

（1）测算起始日期应选择操作当天，测算截止日期应选择第二天。若测算日期超过时间，系统会判断为不符合停电条件，则终止流程。

（2）在能源互联网营销服务系统客户 360 视图中查看到用户的余额小于停电阈值，满足停电条件，但在物联停电申请无法查询到用户，排查情况为一是用户是否在白名单内；二是查询用户的策略状态。若为在用，查看策略执行情况是否执行成功，预警执行失败判断用户是否有代扣金额，但交费方式非委托代扣关系（电力网点交费、社会网点交费）；三是用户策略变更时，选择预警方式后需要将短信提醒打勾。

单击发送按钮，流程到下一环节，即物联停电审批环节，物联停电申请发起结束。

| 参考资料：外派作业任务派工单 | 参考资料：交费提醒函 | 参考资料：欠费停电通知书 | 视频：电费回收管理 |

模块三 装 表 接 电

【模块描述】

本模块主要包括电能计量装置安装、电能计量装置接线检查与验收两个工作任务。

核心知识点包括装表接电工作基本内容；电能计量装置基本知识及接线方式；电能计量装置组成部分及作用；电能表安装作业基本流程；安装作业危险点与防控措施；电能表安装工艺要求；电能表现场安装作业操作过程；完工检查及竣工验收基本要求、安全注意事项等。

关键技能项包括低压工作票、低压电能计量装接单、低压计量装置作业标准作业卡等表单填写，对直接接入式单相电能表、三相四线直接接入式电能表和三相四线经电流互感器接入式电能表的安装、检查与验收。

【模块目标】

通过本模块学习，应达到以下目标：

（一）知识目标

掌握装表接电工作基本知识，掌握电能计量装置接线方式，熟悉计量装置组成部分及作用，熟悉电能表安装操作流程、危险点及防控措施，掌握电能表安装技术要求、接线检查和竣工验收，能根据工作任务进行电能表安装，正确填写低压工作票、低压电能计量装接单、低压计量装置作业标准作业卡等表单，现场安全文明施工，完成各种类型电能计量装置安装、检查与验收，通过现场实操能让学员具备装表接电的基本技能。

（二）技能目标

根据电能计量装置安装接线规则要求，按照工作规范流程，具备完成各种电能计量装置装表接电的能力，能够识读电能计量装置接线图原理，熟练掌握安装工艺及质量验收。

（三）素质目标

牢固树立装表接电工作安全风险意识、严格按安全工作规程及标准作业程序开展装表接电工作，形成严谨、规范、良好操作的职业习惯。

任务一 电能计量装置安装

【任务目标】

（1）掌握电能计量装置的基本概念、分类及接线方式。

（2）熟悉电能表安装作业的基本流程。

（3）掌握电能表安装作业的危险点分析与防控措施。

（4）掌握电能表安装工艺要求。

（5）掌握各类型电能表安装作业的操作过程。

【任务描述】

本任务是通过装表接电概念描述，掌握电能计量装置基本知识，熟悉电能表安装作业基本流程，掌握电能计量装置安装方法。

【知识准备】

一、装表接电工作基本内容与质量要求

（一）基本内容

装表接电主要工作任务包括电能计量装置的安装及验收、电能表周期轮换、电能计量装置现场维护、故障抢修等，凡属于客户装设的所有计费装置，包括单相电能表、三相电能表和高压、低压的装置，从一次进户线到计量装置的所有二次回路，都属于装表接电的工作范围。装表接电工作具体内容如下：

（1）负责新装、增容、故障、销户等电能计量装置的装、拆、换、移工作，做到安装接线正确，确保电能计量装置准确可靠运行。

（2）负责接户线和进户线的装、拆、换、移工作，维护、检修、新装、改造工作，确保正常供电和安全运行。

（3）负责电能计量装置周期轮换工作。

（4）负责电能表和互感器的现场检查以及故障更换。

（二）质量要求

装表接电工作质量是以装表接电人员能否严格按照国家和行业标准的相关规定，熟练应用各种专业工具，将计量用电的电能表、互感器及其他相关部件准确无误的安装到位，确保电能计量装置接线正确、计量准确、布局合理、规范美观等方面来综合考评的。

二、电能计量装置常识

电能计量装置是测量、记录发电量、供电量、厂用电量、线损电量和用户用电量的计量器具。

（一）电能计量装置分类

运行中的电能计量装置按计量对象重要程度和管理需要分为五类（Ⅰ、Ⅱ、Ⅲ、Ⅳ、Ⅴ），分类细则及要求如下：

1. Ⅰ类电能计量装置

220kV 及以上贸易结算用电能计量装置，500kV 及以上考核用电能计量装置，计量单机

容量 300MW 及以上发电机发电量的电能计量装置。

2. Ⅱ类电能计量装置

110（66）～220kV 贸易结算用电能计量装置，220～500kV 考核用电能计量装置，计量单机容量 100～300MW 发电机发电量的电能计量装置。

3. Ⅲ类电能计量装置

10～110（66）V 贸易结算用电能计量装置，10～220kV 考核用电能计量装置，计量单机容量 100MW 以下发电机发电量、发电企业厂（站）用电量的电能计量装置。

4. Ⅳ类电能计量装置

380V～10kV 电能计量装置。

5. Ⅴ类电能计量装置

220V 单相电能计量装置。

（二）准确度等级

各种类型电能计量装置应配置的电能表、互感器的准确度等级应不得低于表 2-3-1 所示。

表 2-3-1　　　　　　　　　　　　电能表及互感器准确度等级

电能计量装置类别	准确度等级			
	有功电能表	无功电能表	电压互感器	电流互感器
Ⅰ	0.2S 或 0.5S	2.0	0.2	0.2S
Ⅱ	0.5S 或 0.5	2.0	0.2	0.2S
Ⅲ	1.0	2.0	0.5	0.5S
Ⅳ	2.0	3.0	0.5	0.5S
Ⅴ	2.0	—	—	0.5S

（三）电能计量装置接线方式

电能计量装置接线方式规定如下：

（1）电能计量装置接线应符合 DL/T 825—2021《电能计量装置安装接线规则》的要求。

（2）接入中性点绝缘系统的电能计量装置，应采用三相三线有功、无功或多功能电能表。接入非中性点绝缘系统的电能计量装置，应采用三相四线有功、无功或多功能电能表。

（3）接入中性点绝缘系统的电压互感器，35kV 及以上的宜采用 Yy 方式接线；35kV 以下的宜采用 Vv 方式接线。接入非中性点绝缘系统的电压互感器，宜采用 Y0y0 方式接线，其一次侧接地方式与系统接地方式相一致。

（4）三相三线制接线的电能计量装置，其 2 台电流互感器二次绕组与电能表之间应采用四线连接。三相四线制接线的电能计量装置，其 3 台电流互感器二次绕组与电能表之间应采用六线连接。

（5）在 3/2 断路器接线方式下，参与"和相"的 2 台电流互感器，其准确度等级、型号和规格应相同，二次回路在电能计量屏端子排处并联，在并联处一点接地。

（6）低压供电，计算负荷电流为 60A 及以下时，宜采用直接接入电能表的接线方式；计算负荷电流为 60A 以上时，宜采用经电流互感器接入电能表的接线方式。

（四）电能计量装置配置原则

（1）贸易结算用的电能计量装置原则上应设置在供用电设施的产权分界处。发电企业上网线路、电网企业间的联络线路和专线供电线路的另一端应配置考核用电能计量装置。分布式电源的出口应配置电能计量装置，其安装位置应便于运行维护和监督管理。

（2）经互感器接入的贸易结算用电能计量装置应按计量点配置电能计量专用电压、电流互感器或专用二次绕组，并不得接入与电能计量无关的设备。

（3）电能计量专用电压、电流互感器或专用二次绕组及其二次回路应有计量专用二次接线盒及试验接线盒。电能表与试验接线盒应按一对一原则配置。

（4）I 类电能计量装置、计量单机容量 100MW 及以上发电机组上网贸易结算电量的电能计量装置和电网企业之间购销电量的 110kV 及以上电能计量装置，宜配置型号、准确度等级相同的计量有功电量的主副两只电能表。

（5）35kV 以上贸易结算用电能计量装置的电压互感器二次回路，不应装设隔离开关辅助触点，但可装设快速自动空气开关。35kV 及以下贸易结算用电能计量装置的电压互感器二次回路，计量点在电力用户侧的不应装设隔离开关辅助触点和快速自动空气开关等；计量点在电力企业变电站侧的可装设快速自动空气开关。

（6）安装在电力用户处的贸易结算用电能计量装置，10kV 及以下电压供电的用户，应配置符合 GB/T 16934—2013《电能计量柜》规定的电能计量柜或电能计量箱；35kV 电压供电的用户，宜配置符合 GB/T 16934—2013《电能计量柜》规定的电能计量柜或电能计量箱。未配置电能计量箱（柜）的，其互感器二次回路的所有接线端子、试验端子应能实施封印。

（7）安装在电力系统和用户变电站的电能表屏，其外形及安装尺寸应符合 GB/T 7267—2003《电力系统二次回路控制、保护屏及柜基本尺寸系列》的规定，屏内应设置交流试验电源回路以及电能表专用的交流或直流电源回路。电力用户侧的电能表屏内应有安装电能信息采集终端的空间，以及二次控制、遥信和报警回路的端子。

（8）贸易结算用高压电能计量装置应具有符合 DL/T 566—1995《电压失压计时器技术条件》要求的电压失压计时功能。

（9）互感器二次回路的连接导线应采用铜质单芯绝缘线，对于电流二次回路，连接导线截面积应按电流互感器的额定二次负荷计算确定，至少应不小于 $4mm^2$；对于电压二次回路，连接导线截面积应按允许的电压降计算确定，至少应不小于 $2.5mm^2$。

（10）互感器额定二次负荷的选择应保证接入其二次回路的实际负荷在 25%～100% 额定二次负荷范围内。二次回路接入静止式电能表时，电压互感器额定二次负荷不宜超过 10VA，额定二次电流为 5A 的电流互感器额定二次负荷不宜超过 15VA，额定二次电流为 1A 的电流互感器额定二次负荷不宜超过 5VA。电流互感器额定二次负荷的功率因数应为 0.8～1.0；电压互感器额定二次负荷的功率因数应与实际二次负荷的功率因数接近。

（11）电流互感器额定一次电流的确定，应保证其在正常运行中的实际负荷电流达到额定值的 60% 左右，至少应不小于 30%。否则，应选用高动、热稳定电流互感器，以减小变比。

（12）为提高低负荷计量的准确性，应选用过载 4 倍及以上的电能表。

（13）经电流互感器接入的电能表，其额定电流宜不超过电流互感器额定二次电流的 30%，其最大电流宜为电流互感器额定二次电流的 120% 左右。

（14）执行功率因数调整电费的电力用户，应配置计量有功电量、感性和容性无功电量的电能表；按最大需量计收基本电费的电力用户，应配置具有最大需量计量功能的电能表；实行分时电价的电力用户，应配置具有多费率计量功能的电能表；具有正、反向送电的计量点应配置计量正向和反向有功电量及四象限无功电量的电能表。

（15）交流电能表外形尺寸应符合相关规定。

（16）计量直流系统电能的计量点应装设直流电能计量装置。

（17）带有数据通信接口的电能表通信协议应符合 DL/T 645—2007《多功能电能表通信协议》及其备案文件的要求。

（18）Ⅰ、Ⅱ类电能计量装置宜根据互感器及其二次回路的组合误差优化选配电能表；其他经互感器接入的电能计量装置宜进行互感器和电能表的优化配置。

（19）电能计量装置应能接入电能信息采集与管理系统。

（五）电能计量装置基本结构组成

电能计量装置是由各种类型的电能表或与计量用电压、电流互感器（或专用二次绕组）及其二次回路相连接线组成的用于计量电能的装置，包括电能计量柜（箱、屏）。

1. 电能表

电能表是集计量、数据存储及分析、网络通信、信息互动等功能于一体的新型电子式电能表，具有电能计量、信息存储及处理、实时监测、自动控制、信息交互等功能，支持双向计量、阶梯电价、分时电价、峰谷电价等需要，也是实现分布式电源计量、双向互动服务、智能家居、智能小区的技术基础。电能表的主要用途如下：

（1）通过用电客户、供电部门、智能电能表三方的信息互动，实现预付费用电、阶梯电价、费率电价的实施。

（2）通过电子控件与电网相联，及时感知波峰、波谷电价，自行调整用电策略，达到节能效果。

（3）查看实时电价和能量数据，做到明白消费。

（4）通过费控，有效地解决上门抄表和收电费难的问题。

2. 互感器

互感器包括电压互感器和电流互感器。为确保计量装置工作的安全稳定性，当电压和电流超过一定数值时，电能计量装置和其他测量仪表通常都是经过电流互感器和电压互感器接入被测电路，使计量装置和测量仪表及工作人员避免与高压回路直接接触，从而保证人身和设备的安全。

电压互感器是一种电压的变换装置，它将高电压变换为低电压（二次额定电压为100V），以便用低压量值反映高压量值的变化，电压互感器的文字符号为 TV。

电流互感器是一种电流变压器，用来将大电流变为小电流，其二次额定电流为 5A（或1A）；电流互感器的文字符号为 TA。

互感器的主要作用如下：

（1）将高电压变为低电压，将大电流变为小电流，以扩大测量仪表的量限。

（2）将工作人员或测量仪表与高电压、大电流相隔离，保证人身与设备的安全。

（3）统一测量仪表的规格。

（4）互感器二次侧绕组必须可靠接地，运行中的电流互感器二次侧禁止开路，电压互感器二次侧禁止短路。

3. 二次回路

电能计量装置的种类很多，低供低计电能计量装置仅配有电能表；而高供低计电能计量装置除了电能表，还有电流互感器及其二次回路；高供高计电能计量装置除了电能表，还有电压互感器、电流互感器及其二次回路，所有电能计量器具都应安装在电能计量箱（柜）内。

4. 计量箱（柜）

电能计量箱（柜）是电能计量装置的组成部分，加强对其质量把关和现场管理与供电企业及客户的经济效益密切相关。

三、电能表安装作业的基本流程

电能表的安装通常采用人工带电作业方式进行，具体电能表安装流程的基本工作内容见表 2-3-2。

表 2-3-2   电能表安装流程的基本工作内容

序号	操作过程	工作内容
1	接受任务	作业人员接受工作任务，并按规定办理工作手续，正确、规范、完整地填写工作票
2	前期勘察	根据工作任务要求，作业人员前往现场勘察，检查安装场所是否符合相关要求规定
3	办理工作票	根据工作任务要求正确填写工作票，并履行签发、许可手续。
4	召开工前会	开展"三检查、三交底"，明确工作地点、工作内容、人员分工及安全注意事项等，履行签字确认
5	安装定位	确定计量箱和电能表的安装位置，电能表进出线方向和长度，并完成表箱及电能表的固定安装
6	布线接线	依次进行计量箱（柜）内各元件连接安装，完成电能表与负荷侧、电源侧连线的连接
7	安装接线检查	按设计及电能表安装的要求，进行表计及负荷连接的接线检查，确认电能表安装正确
8	通电检查	确认所有连线的连接安装无误后，在电源侧完成电能表与电源的连接
9	竣工验收	分别接通电源及负荷，检测确认电能表工作是否正常，检查所有安装是否符合要求，及时抄录电能表底度，用户签字确认，对电能表、电流互感器、试验接线盒和计量箱（柜）加封
10	工作结束	清理工作现场，办理完工手续，工作负责人进行工作小结，安装工作结束

四、作业危险点分析与防控措施

（一）危险点分析

（1）人身伤害或触电。作业前未核对设备双重名称，未对计量箱（柜）进行验电，走错工作位置，误碰带电设备，作业操作方式不当，可能发生单相接地和相间短路。

（2）高处坠落。作业过程中使用不合格登高用安全工器具，绝缘梯使用不当。

（3）设备损坏。作业结束后未清理现场，计量箱（柜）内遗留工具，导致送电后短路，设备损坏。

（4）接线错误。可能造成电能表或负荷设备的损坏。

（二）防控措施

（1）正确使用合格绝缘工器具和个人劳动防护用品。

（2）作业前危险点告知，明确带电设备位置，交代安全措施和技术措施，并履行确认手续。

（3）核对工作任务单与现场信息是否一致。核对设备双重名称，设置"在此工作"标示牌。

（4）严禁带负荷装拆电能表，带电作业必须断开负荷侧开关，带电的导线部分应做好绝缘措施。

（5）按规定对各类登高用工器具进行定期试验和检查，确保使用合格的工器具。

（6）登高使用绝缘梯时应设置专人监护，梯子应有防滑措施，人字梯应有限制开度措施，人在梯子上时禁止移动梯子。

五、安装工艺要求

进行电能计量装置电能表安装的基本工艺要求如下：

（1）按图施工、接线正确、固定牢固；电能计量装置安装紧固、无倾斜，电气连接可靠。

（2）配线整齐、美观；导线无损伤，绝缘良好，导线排列有序、横平竖直。

（3）进、出电能表的导线中间不应有接头，其材质应与电能表的接线端子为同种金属。

（4）导线裸露部分的长度应略小于接线端子孔的深度，导线裸露部分必须全部插入接线端子孔内。

（5）接线孔中有两个压紧螺钉时，应先拧紧靠里面的螺钉，再拧紧靠外面的螺钉，两个螺母的高度应相平，确保可靠连接。

【任务实施】

一、直接接入式单相电能表安装

单相电能表安装作业低压工作票应正确使用、规范填写。直接接入式单相电能表安装步骤如下：

（一）作业前人员准备

（1）检查身体健康、精神状态良好。

（2）具备必要的电气知识和业务技能，熟悉安全工作规程，并经过考试合格。

（3）具备必要的安全生产知识，掌握紧急救护法。

（4）人员进入作业现场正确着装，正确使用安全防护用品并佩戴安全帽。

（二）工具准备与检查

（1）工具准备。作业时应配齐工具，如钢丝钳、剥线钳、尖嘴钳、螺钉旋具（一字、十字）、断线钳、冲击电钻、绝缘扳手、钳形电流表、万用表、封印钳及铅封、低压验电器（笔）等。

（2）工具检查。作业前应逐个检查工具、仪表、设备及材料，确保安全可用。

（三）材料准备与检查

（1）材料准备。作业前，应配备的材料主要包括单相电能表、低压断路器或空气开关、单股铜芯线、绝缘胶布等，要求数量适量、规格合格及质量良好。

（2）材料检查。检查电能表外观无损伤，铭牌齐全，规格正确，接线孔完整无破损。在计量箱上检查已经安装好的低压断路器的外观、型号等参数。检查低压断路器外观完好，规格正确，接线端子完整。

（四）安装场所检查

作业前，应检查电能计量装置安装场所是否符合安装要求，具体检查内容如下：

（1）周围环境必须干燥，无振动，无腐蚀性气体。

（2）电能表运行安全可靠，应考虑抄表、校表、轮换、检查和更换等工作方便。

（3）装表地点的环境温度应不超过电能表相关标准规定的工作温度范围。

（五）识别接线图

作业人员在装表接电前应熟悉掌握单相电能计量装置接线图，确保接线正确。

目前，直接接入式单相电能表均采用"一进一出"接线方式，其接线原理如图 2-3-1 所示。

对照单相电能表接线端子盒上顺序编号"1、2、3、4"及电能表所附的接线端子图，明确进、出线的孔位及相应的相线、中性线的位置。单相电能表采用直接接入时，1、2 为相线，3、4 为中性线，其中：1、3 为进线，接电源侧；2、4 为出线，接负荷侧。单相电能表安装实体图如图 2-3-2 所示。

视频：单相电能表现场安装及布线工艺要求

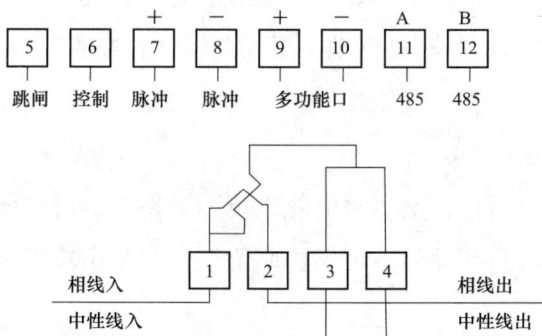

图 2-3-1 单相电能表安装接线图

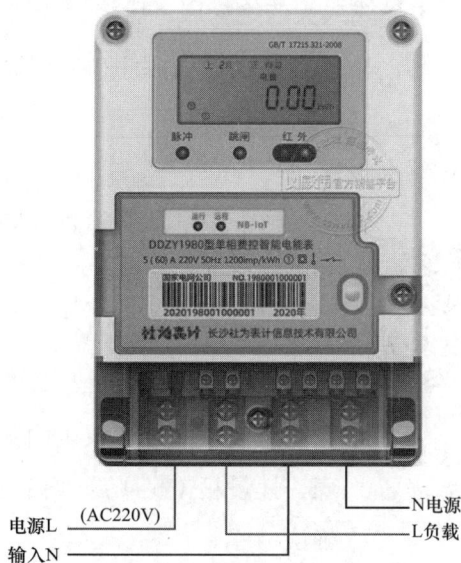

图 2-3-2 单相电能表安装实体图

（六）安装操作过程

单相电能计量装置安装接线操作过程应按照低压计量装置作业标准作业卡规定的相关程序进行，本任务主要介绍现场操作中的接线过程。

安装工艺总体要求，导线走线时要遵循"从上到下、从左到右；布置合理、方位适中、层次清晰；横平竖直、互不交叠"。

作业前，应核对工作单信息，核对作业间隔，使用验电笔对计量箱（柜）

参考资料：低压计量装置作业标准作业卡

金属裸露部位进行验电，检查计量箱（柜）接地是否可靠，是否符合规范要求。

1. 安装布线

根据安装现场环境条件，确定计量装置元件安装位置，确定电能表进、出线方向和位置。固定安装电能表、漏保开关等元件，按照《电能计量装置通用设计》合理布置元件，元件安装牢固、匀称、整齐；安装设备布局合理，导线转弯符合规范，线束横平竖直，布线整体对称、美观合理。

2. 接线

电能表接线动作规范，无错接、漏接线现象，接线顺序应正确，按照"先出后进、先零后相、从右到左"的原则进行接线，操作步骤如下：

（1）导线测量及截取。在初步确定电能表的进线、出线线路的走向、路径和方位后，测量各元件与电能表之间的导线长度，分别选用黄、绿、红、蓝四色单股铜芯线，按量取的长度截取。

（2）电能表表尾接线。根据电能表接线孔深度确定剥削长度，先用电工刀或剥线钳分别剥去每根导线线头的绝缘层，后将导线线头与表尾接线孔连接，并按接线端子1、3为进线接电源侧，2、4为出线接负荷侧，应遵循"先出后进、先零后相、从右到左"的原则进行接线。

3. 通电检查

（1）带电试验检查。完成接线后，由工作人员使用钳形电流表对所装单相电能表进行带电试验，检查电能表是否存在潜动，是否符合规定的要求。

（2）带负荷通电检查。按照"先合进线侧开关，再合出线侧开关"顺序进行通电，确认电能表工作状态正常。

（3）确认电能表正确安装无误后，正确填写电能表装拆工作单，对电能表、计量箱（柜）施加铅封，记录封印编号，现场拍照留存，并经用户签字确认。

参考资料：
电能表装拆
工作单

4. 收工清场

（1）现场作业完毕，应清理场地恢复原状，做到工完、料尽、场地清。

（2）办理工作终结手续。

（3）召开工后会。

二、三相四线直接接入式电能表安装

三相四线直接接入式电能表安装除参照单相电能表安装作业低压工作票填写规范要求，作业前准备、工具及材料准备检查、安装场所检查内容外，还应按以下程序安装：

（一）识别接线图

作业人员在装表接电前应熟悉掌握三相电能计量装置接线图，确保接线正确。

根据三相四线电能表的安装规定，电能表的安装和接线必须按照端子盒盖上的接线图进行。三相四线直接接入式电能表的安装接线如图 2-3-3 所示。

对照三相四线直接接入式电能表接线端子盒上顺序编号 1～10 及电能表所附的接线端子图，明确进、出线的孔位及相应的相线、中性线的位置。三相四线直接接入式电能表接线端子编号 1～9 为相线，接线端子编号 10 为中性线，其中：1、4、7 为进线，接电源侧；3、6、9 为出线，接负荷侧；10 为中性线进、出线接线端。三相四线直接接入式电能表安装实体图如图 2-3-4 所示。

参考资料：低压工作票

视频：三相四线电能表现场安装及布线工艺要求

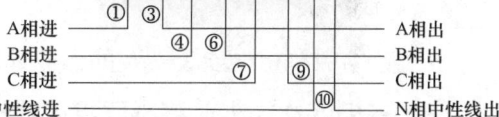

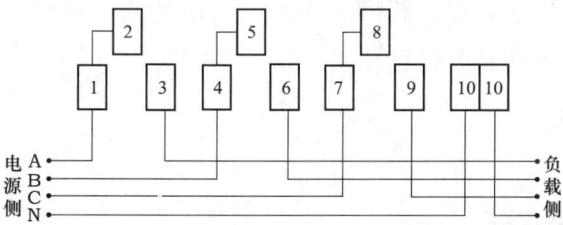

图 2-3-3 三相四线直接接入式电能表的安装接线图　图 2-3-4 三相四线直接接入式电能表安装实体图

（二）安装操作过程

本任务除参照单相电能表安装的操作过程、质量要求、安全措施外，还应对操作接线过程要求如下：

1. 接线

（1）进行三相四线直接接入式电能表的接线时，为避免出现相线的混淆，通常会以绝缘导线绝缘层的颜色来区别三相电源相位为参考依据。按规定，在三相交流电路中，A 相用黄色表示，B 相用绿色表示，C 相用红色表示，中性线用淡蓝色或黑色表示，三相四线导线实体图如图 2-3-5 所示。

（2）接线检查。工作负责人现场检查三相四线直接接入式电能表的安装和接线，确认正确无误后，断开负荷侧空气开关，进行送电前的检查，并做好接电前的准备。

图 2-3-5 三相四线导线实体图

2.接电

严禁带负荷接电。在接电前，应检查电能表负荷侧开关，在确认开关已经断开的前提下，开始接电工作，具体工作要求如下：

（1）核对相线与中性线。首先使用仪表（万用表或钳形电流表）检测电源端各导线之间的电压，区分相线和中性线，并进一步确认中性线位置。

（2）接电。进行电能表接电时，接线顺序应正确，按照"先出后进、先零后相、从右到左"的原则进行接线。三相电能表接电应考虑三相电源的相序要求，确保计量箱电源侧的三根相线按正相序接入。

3.通电检查

（1）带电试验检查。完成接电工作后，在送电前，由工作人员使用钳形电流表对所装三相电能表进行带电试验，检查电能表的潜动是否符合规定要求。

（2）带负荷通电检查。通电前应再次确认出线侧开关处于断开位置，按照"先合进线侧开关，再合出线侧开关"顺序进行通电，确认电能表工作状态正常。

（3）确认电能表正确安装无误后，正确填写电能表装拆工作单，对电能表、计量箱（柜）施加铅封，记录封印编号，拍照留存，并经用户签字确认。

4.收工清场

本任务参照单相电能表安装的作业程序。

三、三相四线经电流互感器接入式电能表安装

三相四线经电流互感器接入式电能表安装除参照三相四线直接接入式电能表安装作业低压工作票填写规范要求，作业前准备、工具及材料准备检查、安装场所检查内容外，还应按以下程序安装：

（一）识别接线图

三相四线经电流互感器接入式电能表的外观实体图如图 2-3-6 所示，电能表的接线端子编号 1、4、7 为三相电流进线孔，接线端子编号 3、6、9 为三相电流出线孔，接线端子编号 2、5、8 为三相电压接线孔，接线端子编号 10、11 为中性线接线孔，电能表的接线端子图如图 2-3-7 所示。

1.电流互感器

三相四线经电流互感器接入式电能表安装一般采用三相六线制接线方式。

电流互感器上标识 P1 为电流互感器的电源侧，P2 为电流互感器的负荷侧；S1 接电能

图 2-3-6 三相四线经电流互感器
接入式电能表的外观实体图

图 2-3-7 三相四线经电流互感器
接入式电能表的接线端子图

表的电流进线端子孔，S2 接电能表的电流出线端子孔。电流互感器外观实体图如图 2-3-8 所示。

电流互感器在使用前，应先检查电流互感器的接线端子、二次绕组是否正常。电流互感器安装时，应将一次绕组由 P1 侧穿入，P2 侧穿出；二次绕组 S1 端接电能表电流绕组输入端，S2 端接电能表电流绕组输出端。当三相四线有功电能表采用经电流互感器接入电路时，需要安装 3 个电流互感器。电流互感器安装接线示意图如图 2-3-9 所示。

图 2-3-8 电流互感器外观实体图

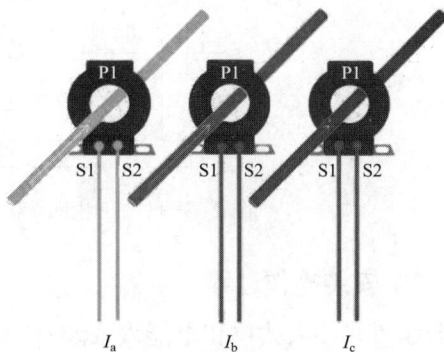

图 2-3-9 电流互感器安装接线示意图

2. 联合试验接线盒

联合试验接线盒由 7 组接线端子组成，其中电流端子 3 组（每组有 3 只端子）、电压端子 3 组（每组有 1 只端子）、中性线端子 1 组。联合试验接盒外观实体图如图 2-3-10 所示。

电流互感器工作时不允许开路，每组电流

图 2-3-10 联合试验接线盒外观实体图

255

端子的两端是一个整体，相邻两组电流端子通过连接片进行连通或断开，可保证检修时断开电能表电流线圈的同时又将电流互感器短路；每组电压（或中性线）端子的两端是断开的，由中间的连接片断开或连通。

联合试验接线盒使用前，应检查接线盒的各接线端子是否完好，检查接线盒的电流、电压连接片是否正常。

3. 安装接线图

将三相四线经电流互感器接入式电能表通过联合试验接线盒与主线路连接是为了检修方便，三相四线经电流互感器接入式电能表的接线图如图 2-3-11 所示。

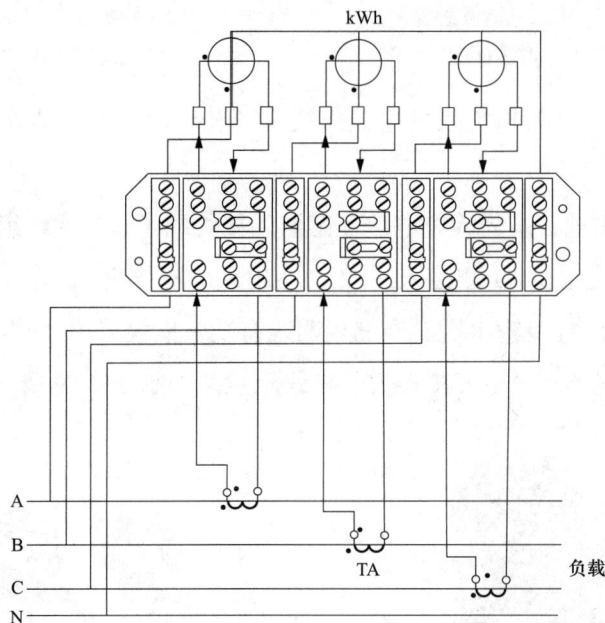

图 2-3-11 三相四线经电流互感器接入式电能表的接线图

（二）安装操作过程

参照直接接入式单相电能表安装和三相四线直接接入式电能表安装的要求，本任务主要对三相四线经电流互感器接入式电能表安装的布线接线、接电试验、通电检查等进行介绍，安装示意图如图 2-3-12 所示。

1. 布线接线

（1）电流互感器及联合试验接线盒安装。

1）电压 A、B、C 三相一次母线（排）从电流互感器 P1 侧穿入，可靠固定互感器。电流互感器进线端极性符号应一致。

2）联合试验接线盒应垂直安装，将电压连接片螺栓松开，连接片应自然掉下，连接片

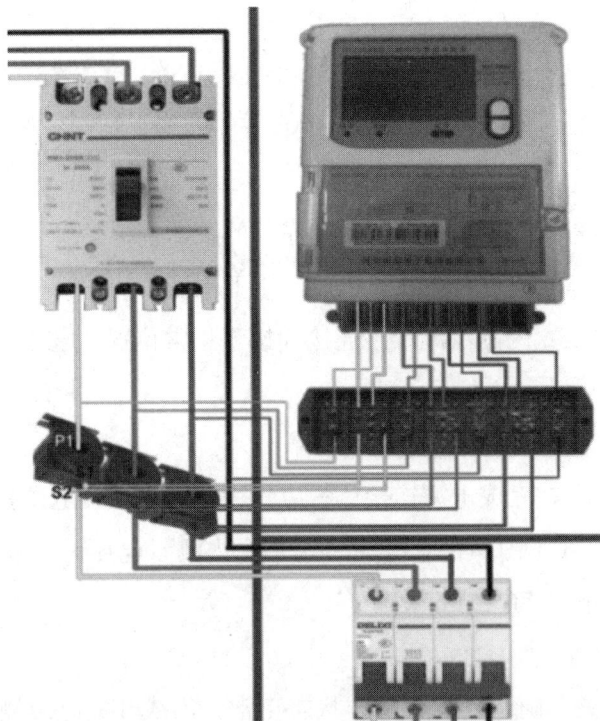

图 2-3-12 三相四线经电流互感器接入式电能计量装置安装示意图

在断开位置时，连接片应处在电源侧。

（2）二次回路连接。

1）按技术规范连接电流互感器侧二次回路导线。校对电流互感器计量二次回路导线，并分别编码标识。

2）电压线单独接入，不得与电流线公用（等电位法），不得将电压线缠绕在一次母线（排）上，一般在电源侧母线上另行打孔螺栓连接，或螺栓压接在进线开关桩头。

（3）电能表安装。

1）根据计量箱（柜）接线图核对检查，确保接线正确、布线规范、联合试验接线盒安装正确，导线的敷设及捆扎应符合规程要求。

2）安装电能表时，应把电能表牢固地固定在计量箱（柜）内，电能表显示屏应与观察窗对准。

3）所有布线要求横平竖直、整齐美观，连接可靠、接触良好。

4）导线应连接牢固，螺栓拧紧，导线金属裸露部分应全部插入接线端钮内，不得有外露、压皮现象。

（4）接电前检查。

1）检查电流互感器安装牢固，一、二次侧连接的各处螺栓牢固，接触面紧密，二次回路接线正确。

2）对电能表安装质量和接线进行检查，确保接线正确，工艺符合规范要求。

3）检查联合试验接线盒内连接片位置，确保正确；螺栓压接牢固。

2. 接电

（1）按照"先出后进、先零后相、从右到左"的原则进行接线。

（2）联合试验接线盒应按规范接线，电流回路下端接1、3端子，上端接1、2端子。

（3）将联合试验接线盒内的电流短路连接片接至正常位置，电压连接片、电压中性线连接片接至连接位置。

3. 通电检查

（1）带电试验检查。在完成电源连接后，应先进行送电前带电试验检查，检查测试电能表相线、中性线是否接线正确，检查电能表端子盒内测量电压是否正常、电压相序是否正确，检查电能表的潜动是否符合规定要求。

（2）带负荷通电检查。

1）合上进线侧开关，确认电能表工作状态正常，出线开关电源侧中性线、相线接线及相序正确，正确记录新装电能表各项读数。

2）合上出线侧开关，确认电能表正常工作，用户可以正常用电，使用相位伏安表等方式核对电能表和电流互感器接线方式，防止发生错接线。

3）用验电笔测试电能表外壳、中性线端子、接地端子应无电压。

4）施加铅封。确认电能表正确安装无误后，正确填写电能表装拆工作单，对电能表、电流互感器、联合试验接线盒和计量箱（柜）加封，完整记录封印编号，并经用户签字确认。

4. 收工清场

本任务参照单相电能表安装、三相四线直接接入式电能表安装的作业程序。

任务二　电能计量装置接线检查与验收

📖 【任务目标】

（1）了解电能表接线检查的意义和目的。

（2）掌握电能表接线检查步骤及核查内容。

（3）掌握常见错接线形式及检查方法。

（4）掌握正确填写工作单。

📖 【任务描述】

本任务通过电能计量装置接线检查的流程介绍、要点归纳，掌握电能计量装置带电接线检查的方法。

【知识准备】

一、检查验收的目的

电能计量装置投运前应由专业人员进行全面的接线检查和竣工验收，其目的是及时发现和纠正安装工作中可能出现的计量差错，检查各种计量装置设备的安装质量和布线工艺是否符合要求，核准有关的技术管理参数，为电能计量管理工作提供技术基础支持。

新装及改造后的电能计量装置、运行中的电能计量装置发生异常、因电力系统接线改变引起计量装置发生改变时，均需要进行竣工检查。

二、检查验收的内容

（1）检查现场电能计量装置主要参数是否与计量装置资料一致。

（2）检查计量箱、电能表外观以及接线端子盒是否完好、无破损。

（3）检查计量箱门、门锁和计量铅封是否完好、无损坏。

（4）检查接线是否存在松动、断线、绕越电能计量装置或电能表的情况。

三、检查验收工作流程

电能计量装置安装验收工作流程图如图 2-3-13 所示。

图 2-3-13　电能计量装置安装验收工作流程图

四、常见错误接线分析

（一）单相电能表的错误接线

（1）错误接线一：电能表相线与中性线接反，后果是正常用电情况下电能表仍正常转动，但存在的主要问题是用户易利用"一火一地"方式窃电，易触电，不安全。

检查方法：不断开电源，用万用表测量电能表进线接线端子 1 的对地电压，如读数为 220V，说明接线正确；如读数接近 0，则说明接线错误，此线为电源中性线。

（2）错误接线二：电源与负荷线在电能表端子接反，后果是电流反相进表，电能表反转，读数可取反转读数的绝对值，但有一定的误差。

检查方法：观察电能表运行情况，判断电能表是否反转。打开电能表接线盒，将电能表 1、2 号对换，观察电能表转向，如正转，表明原接线错误。

（二）三相四线电能表的错误接线

（1）错误接线一：电流或电压断线。

1）一相电流断开或一相电压断开，后果是只计量了两相的电量，少计量了一相的电量。

2）二相电流或二相电压断线。后果是只计量了 1/3 的电量，少计量了两相的电量。

3）三相电流和三相电压断线。后果是电能表不转。

检查方法：

1）断压法。对电压断线的检查可用两种方法：一是断开电路，用万用表逐相测量电压进线接线端子与中性线端子间的直流电阻，如万用表显示导通，则电能表该相无电压断线错误；如万用表显示断线，则电能表该相存在电压断线错误。二是不断开电路，逐相断开电压连接片，仔细观察电能表的转速或脉冲，如电能表的转速或脉冲不变，则表明该相电压断线；如电能表的转速或脉冲变慢，则表明该相电压正常。

2）短接电流法。对电流断线的检查方法是，在不断开电路的情况下，逐相短接电流接线端子，仔细观察电能表的转速或脉冲，如电能表的转速或脉冲不变，则存在电流断线错误；如电能表的转速或脉冲变慢，则表明该相电流正常。

（2）错误接线二：电流进线接反。

1）一相电流接反，后果是只计了 1/3 的电量，少计量了两相的电量。

2）二相电流接反，后果是倒走 1/3 的电量。

3）三相电流接反，后果是电能表倒走一倍电量。

检查方法：对电流接反的检查方法，一是在不断开电路的情况下，逐相换接电流进出线接线端子导线，仔细观察电能表的转速或脉冲，如电能表的转速或脉冲下降，则表明该相原电流未接反；如电能表的转速或脉冲变快，则表明该相原电流接反。二是在不断开电路的情况下，用伏安相位表测量各相电流相位，作出相量图，如电压相量与电流相量夹角为 p，则表明电流未接反；如夹角为 $180° - p$，则表明电流接反。具体检查将在经电流互感器接入的三相四线电能计量装置进行。

五、验收检查

电能计量装置安装接线结束后，应进行验收试验、通电检查的主要内容有：

（1）检查二次回路中间触点、熔断器、试验接线盒的接触情况。对电能计量装置通以工作电压，观察其工作是否正常；用万用表（或电压表）在电能表端钮盒内测量电压是否正常（相对地、相对相），用试电笔核对相线和中性线，观察其接触是否良好。

（2）接线正确性检查。用相序表核对相序，引入电源相序，应与电能计量装置相序标志一致。带上负荷后观察电能表运行情况；用相量图法核对接线的正确性及对电能表进行现场检验，低压电能计量装置应在专用端子盒上进行接线检查。

六、检查步骤及方法

对于一些简单故障或错接线，可以通过电能表液晶屏或指示灯等直接观察（如电压相序反接、电压断相、电流极性反等），也可以通过电能表键显功能调出表内显示的电压、电流、功率及功率因数等瞬时量，验证现场电能计量装置带电检查的分析结果。

（一）直接接入式单相电能表的检查方法

电能计量装置中单相电能表只有一组电磁元件，接线较为简单，出现接线错误时容易发现。

检查方法：用万用表电压挡位测量电压端子是否为 220V，用钳形电流表分别测量电能表接线端子上相线和中性线电流是否相等，与实际负荷电流能否吻合。若两者大小相等，则说明表后不存在分流或漏电现象；若不相等，则应进行负荷回路检查。测量电能表端子上电压与电流相位，对于单相负荷性质，一般为阻性或感性，电流滞后电压相位约在 30° 以内，若不符，则应进行进一步检查。

（二）三相四线直接接入式电能表的检查方法

三相四线直接接入式电能表可以看成由三只单相电能表所组成，检查方法采用分相法即可检查接线的正确与否。

（1）检查三相电压 A、B、C 每相电压是否为 220V。

（2）检查三相电流是否正确。

（3）检查电压相序是否正确，若相序为逆向序，则只需对其中两相进表线进行调换。

（4）根据电能计量装置所计负荷性质，确定电流是否滞后电压，对于三相平衡负荷，三相相位应基本相同。

七、安全注意事项

（1）检查接线应遵照有关规程的组织措施、安全措施和技术要求进行，防止发生人身、设备事故。

（2）不得在测量过程中拔插电压、电流测量线。

（3）实际电压不能超出挡位量程。

（4）电流、电压的输入端与电能表的电流、电压极性端必须对应接线。

（5）检查接线中应认真、细致，对测量数据及电子式电能表显示情况做好详细记录，为分析判断结果及追补电量的计算提供参考依据。如现场发现有功电能表反转，计算其错误功率及更正系数都应小于零，否则，说明检查结果或计算有误。

（6）测量过程中，负荷应尽量保持不变，电流、电压应保持基本稳定。

（7）检查接线前应了解负荷性质是感性或容性，功率因数的大概范围，现场是否安装无功补偿装置。

【任务实施】

一、危险点分析

本工作任务是三相四线经电流互感器接入式电能表安装后验收检查，工作任务主要危险点分析及控制措施如表 2-3-3 所示。

表 2-3-3　　　　　　　　　　　　　　危险点分析及控制措施

序号	危险点	控制措施
1	误碰带电设备	（1）在电气设备上作业时，应将未经验电的设备视为带电设备。 （2）在高、低压设备上工作，应至少由两人进行，并完成保证安全的组织措施和技术措施。 （3）工作人员应正确使用合格的安全绝缘工器具和个人劳动防护用品。 （4）工作票许可人应指明作业现场周围的带电部位，工作负责人确认无倒送电的可能。 （5）应在作业现场装设临时遮栏，将作业点与邻近带电间隔或带电部位隔离。作业中应保持与带电设备的安全距离。 （6）严禁工作人员未履行工作许可手续擅自开启电气设备柜门或操作电气设备
2	走错工作位置	（1）工作负责人对工作班成员应进行安全教育，作业前对工作班成员进行危险点告知，明确指明带电设备位置，交代工作地点和周围的带电部位及安全措施和技术措施，并履行确认手续。 （2）相邻有带电间隔和带电部位，必须装设临时遮栏并设专人监护。 （3）核对工作票、检查工作单内容与现场信息是否一致。 （4）在工作地点设置"在此工作"标示牌
3	电流互感器二次回路开断、电压互感器二次回路短路	（1）不得将回路的永久接地点断开。 （2）工作时设专人监护，使用绝缘工具，站在干燥的地面上。 （3）短接电流互感器二次绕组，应使用短路片或短路线，禁止用导线缠绕。 （4）工作中使用的工具，其外裸露的导电部位应采取绝缘措施，防止操作时相间或相对地短路
4	工作前未进行验电	（1）工作前应在带电设备上对验电笔（器）进行测试，确保良好。 （2）工作前应先验电
5	使用不合格工器具	按规定对各类工器具进行定期试验和检查，确保使用合格的工器具
6	仪器仪表损坏	规范使用仪器仪表，选择合适的量程
7	接线时接不牢固或错误	加强作业过程中的监护、检查工作，防止接线时因压接不牢固或错误损坏设备
8	计量柜（箱）内遗留工具，导致送电后短路，损坏设备	工作结束后应打扫、整理现场。认真检查携带的工器具，确保无遗留
9	接线错误	工作班成员接线完成后，应对接线进行检查，加强互查

二、标准化作业卡编制

本工作任务根据计量装置作业标准作业卡进行编制，见表2-3-4。

表 2-3-4　　　　　　　　　计量装置作业标准作业卡

工作票编号：＿＿＿＿＿＿＿＿＿＿　　　　　　　　　　工作负责人：＿＿＿＿＿＿＿＿＿

编制人：＿＿＿＿＿＿　　　　审核人：＿＿＿＿＿＿　　　作业风险等级：＿＿＿＿＿＿

工作内容：＿＿＿＿＿＿＿＿＿＿＿＿＿＿＿＿＿＿＿＿＿＿＿＿＿＿＿＿＿＿＿＿＿＿＿＿

＿＿

一、作业安排

技工人数		辅工人数	
验收负责人姓名及电话		其他配合人员人数	

二、作业装备

1. 安全措施

□ 不停电作业

□ 停电作业

安全措施：＿＿＿＿＿＿＿＿＿＿＿＿＿＿＿＿＿＿＿＿＿＿＿＿＿＿＿＿＿＿＿＿＿＿＿＿

＿＿

2. 主要作业分工

序号	工作内容	执行人
1		
2		

3. 主要物资准备

序号	物资	类型	数量
1			
2			
3			

4. 主要工器具

序号	名称	规格	数量单位	序号	名称	规格	数量
1	工具包		（　）套	2	验电笔		（　）支
3	护目镜		（　）副	4	纱手套		（　）副
5	竹梯		（　）架	6	安全带		（　）副
7				8			
9				10			

三、作业风险分析及安全控制措施

序号	危险点分类	安全措施（对需要并正确执行的在括号打"√"）
1	防触电	（　）①按要求检查验电笔是否功能完好，接触金属箱体前应先验电； （　）②与邻近带电体保持足够的安全距离，做好防止感应电触电措施； （　）③邻近带电作业，要防止工具、材料等误碰带电部位

续表

序号	危险点分类	安全措施（对需要并正确执行的在括号打"√"）
2	防高空坠落	（　）梯子应坚固、完整，有防滑措施。梯子的支柱应能承受攀登时作业人员及所携带的工具、材料的总重量，距梯顶1m处设限高标志。人字梯应有限制开度的措施，人在梯子上时，禁止移动梯。梯子应专人扶持及监护，必要时应使用安全带
3	防物体打击	（　）①安全帽佩戴规范； （　）②上下传递工具、材料应使用绝缘绳索，工具、材料应绑扎牢靠，防止坠物伤人

【其他需要补充的风险预控措施】：_____

_____

四、作业内容

序号		检查项目	已正确执行的"√"
1	工作准备	检查工作票所列安全措施是否正确完备，票种使用正确，工作内容与日计划是否相符	
2		确认作业所需劳动防护用品、工器具、材料合格、齐备	
3		按规定办理工作开工手续	
4		工作负责人向全体工作班成员（　）人交代工作任务和内容、工作地段和地点、现场保留的带电设备和部位、现场危险点及安全措施等，全体工作班成员在工作票上亲自签名确认	
5		交代人员分工，确认工作人员对工作任务、安全措施清楚明白	
6		检查视频监控设备是否运行正常、拍摄角度是否正对现场作业内容	
7	工作开始	路边作业装设围栏、遮栏及警示标志	
8		下达开工指令	
9		工作过程确认所有工作班成员安全措施已正确落实	
10	工作过程	（　）工作负责人检查作业装置、现场环境符合作业条件	备注：根据实际工作内容进行勾选或补充
11		（　）作业人员登至工位，用低压验电笔检验表箱外壳是否带电，确定外壳无漏电	
12		（　）作业人员使用梯子攀登时，梯子应支撑稳固，应由专人作业全程扶稳梯子	
13		（　）作业时应注意核对相序，检查接线情况，对裸露线头应给予绝缘包扎	
14		（　）拆除旧电能表： ①记录待拆旧电能表读数，并将数据与用户确认。 ②检查电能计量装置的铅封情况，确认完好无损并做好记录后拆封。 ③拆除表尾盖铅封，打开表尾盖，依次撤出电能表进、出线，并套上绝缘帽或采取其他绝缘措施。 ④拆下电能计量装置	
15		（　）安装电能表： ①按表尾盖接线图安装。 ②表尾电压封钩。 ③恢复供电，通电检查及户表对应关系检查	
16		（　）检查作业点遗留物，电能计量装置稳固，工艺符合标准后返回地面	

续表

序号		检查项目	已正确执行的"√"
17	工作过程	【其他需要交代的事项要求】：	备注：根据实际工作内容进行勾选或补充
18	工作结束	工作结束，检查现场无遗留工具、材料；所有人员均汇报工作结束	
19		【核对人员数量】所有工作人员共（ ）人撤离工作现场	
20		办理工作完工手续	

三、工器具准备

应根据装表接电作业现场实际情况合理配置所需的工器具，主要工器具准备清单见表 2-3-5。

表 2-3-5 工 器 具 准 备 清 单

序号	名称	单位	数量
1	螺钉旋具组合	套	1
2	电工刀	把	1
3	钢丝钳	把	1
4	斜口钳	把	1
5	尖嘴钳	把	1
6	低压验电笔	只	1
7	钳形万用表	只	1
8	绝缘梯	部	1
9	护目镜	副/人	1
10	安全帽	顶/人	1
11	绝缘手套	副/人	1
12	棉纱防护手套	副/人	1
13	数码相机	台	按需配置
14	工具包	个	按需配置
15	手电筒	只	1

四、现场检查

装表接电工作结束后，现场需要对电能计量装置各元器件及二次回路进行全面检查验收，主要检查部位及内容如下：

（一）电能表

1. 设备安装

（1）电能表应垂直安装，倾斜度不得超过 1°，显示屏和红外抄读口不被遮挡，安装应不存在安全隐患，便于日常维护。

（2）在电能表安装位置上可设置高度可调节的垫板或专用挂表架，应有足够的强度。线路正确，不存在串户情况。

2. 接线方式

（1）单相电能表应采用"两进两出"接线方式；三相电能表应采用三相四线接线方式。若为分布式电源用户，通电前还应检查电气潮流方向是否与供电方案一致。

（2）电能表接线应满足 DL/T 448—2016《电能计量装置技术管理规程》相关要求，二次回路的连接导线应采用铜质绝缘导线。电压二次回路至少应不小于 2.5mm^2，电流二次回路至少应不小于 4mm^2。二次回路导线外皮颜色宜采用 A 相为黄色，B 相为绿色，C 相为红色，中性线为黑色，接地线为黄绿双色。接线中间不应有接头，禁止接线处铜芯外露。农村采用绝缘铝线的，电能表进、出线截面积不低于 6mm^2；城市应采用绝缘铜线，电能表进、出线截面积不低于 10mm^2。

（3）当采用多芯线时，导线与端子连接的部分，应采取铜鼻子过渡，铜鼻子应为无缝式结构并采用机械冷压紧固，确保电气连接的可靠、紧固。电能表的 RS–485、脉冲等弱电信号线应采用五类网线。网线与端子连接的部分，应采取铜鼻子过渡，铜鼻子应为无缝式结构并采用机械冷压紧固，确保电气连接的可靠、紧固。

（4）接线正确，电气连接可靠，接触良好，配线整齐美观。可视部分与观察窗需对应，可操作部分应易于操作。

3. 接线端子

（1）电能表相线进线均应分别接至汇流接线端子铜排处。电能表 N 线宜先接入计量单元中的 N 线汇流接线端子排，每只电能表的 N 线进线均应分别接至汇流接线端子铜排处。

（2）经电流互感器接入的电能表，其电压应直接从设置在电流互感器一次电源侧的专用接入点接入，电能表电压应与电流互感器一次电源同时投切。电压接线应直接接至试验接线盒，再接至电能表，中间不得有任何辅助触电、接头、连接端子或熔断器等。

（3）试验接线盒靠近电能表侧的接线端子应与电能表连接，另一侧端子与互感器等连接；电流进、出线应错开一个孔位。

（二）电流互感器

1. 设备安装

安装应不存在安全隐患，便于日常维护，应自上而下或自左向右排列，安装牢固可靠。安装的计量用电流互感器准确度等级应不低于 0.2S 级，其额定二次负荷应与实际负荷相适应。电流互感器应安装在进线单元内。

2. 接线方式

接线正确，各电气连接紧密。配线整齐美观，导线无损伤，绝缘性能良好。导线色相宜采用 A 相为黄色，B 相为绿色，C 相为红色，中性线为黑色。电流互感器非极性端至试验接线盒之间的二次回路 A、B、C 各相导线应分别采用黄黑、绿黑、红黑双色线。二次回路应安装联合接线盒。满足 DL/T 448—2016《电能计量装置技术管理规程》相关要求，电流二次回路至少应不小于 $4mm^2$。电流二次回路应采用三相六线的接线方式。

3. 接线端子

接线应直接接至试验接线盒，电流互感器极性端所对应的二次电流线应直接接入试验接线盒对应相别的第一个接线端子，中间不得有任何辅助触点、接头或连接端子，为减少雷击损坏电能计量装置事故，电流互感器二次侧应不接地。

（三）计量箱

1. 设备安装

（1）计量箱安装在公共场所时，暗装箱底距地面宜为 1.5m，明装箱底距地面宜为 1.8m；安装在户内专用电能表间的单表位计量箱下沿离地高度大于或等于 1.4m，计量箱最高观察窗中心线距安装处地面不高于 1.8m，多表位计量箱箱体下沿距安装处地面不宜低于 0.8m，安装在地下建筑（如车库、人防工程等）时，不宜低于 1.0m。

（2）楼道间或竖井内装表空间应满足低压计量箱安装尺寸要求，在计量箱前必须预留不小于 800mm 的操作维护距离，计量箱门应能在不小于 90° 的范围内自由开启和关闭。

2. 接线方式

（1）采用金属计量箱时，箱体必须可靠接地，接地电阻应符合规程要求。

（2）箱内接插件操作标识、接线标识、图示标识等清晰、牢固，内容正确、完整。

（3）出线开关左右排布顺序与电能表接插件从下至上、从左至右排布顺序相一致，编号依次递增。

五、检查记录

电能计量装置竣工验收检查的目的是及时发现和纠正安装过程中可能出现的差错，检查各种设备的安装质量及接线工艺是否符合要求，核准有关的技术管理规程。在本模块中完成各类型的电能计量装置安全作业后需要进行验收检查及填写验收单，见表 2-3-6。

表 2-3-6　　　　　　　　低压计量箱现场装表接电验收单

记录编号：_____

一、基础信息

台区名称			地址			安装位置		
计量箱信息	出厂编号		资产编号					
	运行编号		条形码					
	表位	电能表出厂编号	户名	户号	表位	电能表出厂编号	户名	户号
	1				7			
	2				8			
	3				9			
	4				10			
	5				11			
	6				12			

二、表箱验收

序号	项目	验收要求	是否合格	存在问题描述
1	电能表	起始底度为零		
		粘贴有检定合格证		
2	接线检查	相序正确，无反相功率，无欠压、失压等故障		
3	功能检查	日历时钟、抄表日等信息正确，无时钟电池、抄表电池欠压等故障		
4	标识	各电能表、观察窗、出线开关对应户号、门牌号等信息正确、完整		
		户号、门牌号等标签内容清晰、张贴牢固		
5	其他	未装表的空余表位，空余的接线头应有绝缘隔离措施。空表位出线开关应处于断开位置		
		对外置费控开关控制线线头进行冷压处理后再接入经互感器接入式电能表（如有）		
		进线开关、外置费控开关控制线上所接微型断路器处于合闸状态		
		采用"停送电法"逐户核对户表一致性		

续表

序号	项目	验收要求	是否合格	存在问题描述
5	其他	电能表安装垂直、牢固，与观察窗对齐		
		计量箱内整洁、无杂物		
		箱体、电能表、互感器、试验接线盒等封印完整		

三、验收结论：

验收部门： 验收人： 验收日期：

模块四 台 区 线 损

【模块描述】

本模块主要是台区线损综合分析与解决措施的工作任务。

核心知识点包括线损的基本知识；台区线损率的计算方法；台区线损的管理与目标；台区线损异常原因分析；制定降低线损措施，运用用电信息采集系统查询数据。

关键技能项包括用电信息采集系统应用、异常台区线损分析与解决方法等。

【模块目标】

通过本模块学习，应达到以下目标：

（一）知识目标

（1）了解线损的基本知识。

（2）掌握台区线损率的计算方法。

（3）熟悉台区线损异常分析及降损措施。

（4）掌握台区线损排查手段与解决方法。

（5）熟悉用电信息采集系统查询数据应用。

（二）技能目标

能够通过用电信息采集系统应用查询台区相关数据进行分析，确定影响线损的异常因素，掌握排查与治理方法，提出有效的整改措施，达到降低线损的目的。

（三）素质目标

（1）培养学员良好的职业道德和社会责任心。

（2）牢固树立营销线损工作的精益化管理水平，提高自身的知识和技能。

任务 台区线损综合分析与解决措施

【任务目标】

（1）掌握线损的基本知识。

（2）掌握台区线损率的计算方法。

（3）掌握台区线损的管理及目标。

（4）掌握影响台区线损的异常因素。

（5）掌握降低台区线损的措施方法。

（6）熟悉用电信息采集系统应用查询。

【任务描述】

本任务主要是通过线损相关知识描述，掌握台区线损率的基本概念及计算方法；通过用电信息采集系统应用操作介绍，掌握网格及台区基本线损数据查询。

【知识准备】

一、线损定义

电力网电能损耗（简称线损）是电网经企业在输电、变电、配电和营销各环节中所产生的电能损耗和损失，按其产生的主要原因分为技术线损和管理线损两类。

（一）技术线损

技术线损是指电网各元件电能损耗的总称，又称为理论线损，可通过采取技术措施达到降损目的。

（二）管理线损

管理线损主要是由于电能计量装置误差及管理不善、失误等原因造成的电量损失，可以通过加强管理来消除。

二、台区线损概念

台区线损是供电企业节能降耗的重点，其管理水平的高低集中体现了供电企业的经营和综合管理能力。加强台区线损管理，不仅是供电企业履行社会责任，也是通过内部挖掘，提高企业效益的有效途径。台区线损通常以台区综合线损率表示。

台区是指一台变压器的供电范围或区域，供电企业实行分台区管理，台区供电量、台区售电量、台区低压线损率成为非常重要的考核指标。

三、线损构成和分类

（一）按损耗特性分类

（1）不变损耗。即固定损耗，其损耗的大小与电压大小有关，与流过负荷电流无关，由于配电网系统电压相对稳定，所以其产生的损耗相对不变。如变压器、互感器、电动机、电能表等铁芯的电能损耗，以及高压线路的电晕损耗、绝缘子损耗等。

（2）可变损耗。是指当电流流经配电网系统时，配电网系统内的所有电力设备的电阻所产生的损耗，此类损耗与电流的平方成正比。如电力线路损耗、变压器绕组中的损耗。

（3）不明损耗。是实际线损和理论线损之差，也称管理线损。产生此类损耗的原因是对线损管理工作没有达到与所定损耗目标值相对应的水平，不能通过理论计算得出。

（二）按损耗性质分类

（1）技术线损，又称为理论线损。它是电网系统中必然存在的，其数值可通过各种计算方法算出。技术线损包括线路损耗、爬电比距变小导致的绝缘子电量损耗、配电变压器绕组损耗、高次谐波损耗、灰尘过多污闪而导致漏电的电量损耗等。

（2）管理线损。管理线损包括计量管理线损、营业线损及其他原因管理线损，即由计量设备误差引起的线损以及由于管理不善和失误等原因造成的线损。如窃电和抄表核算过程中漏错抄、错算等原因造成的线损。管理线损通过加强管理来降低。

四、线损率计算方法

线损率＝线损电量／供电量×100%＝[（供电量－售电量）/供电量]×100%

其中：供电量＝电厂上网电量＋电网输入电量－电网输出电量，售电量＝销售给终端用户的电量，包括销售给本省用户（含趸售用户）和不经过邻省电网而直接销售给邻省终端用户的电量。

台区线损率＝（台区总表电量－输出售电量）/台区总表电量×100%

两台及以上变压器低压侧并联，或低压联络开关并联运行时，可将所有并联运行变压器视为一个台区单元统计线损率。

五、台区线损管理与目标

（一）线损管理

线损管理是指为确定和达到电网降损节能目标，所开展的各项管理活动的总称。

线损管理作为电网经营企业一项重要的经营管理内容，应以"技术线损最优，管理线损最小"为宗旨，以深化线损"四分"（分区、分压、分元件、分台区）管理为重点，实现从结果管理向过程管理的转变，切实规范管理流程，提高线损管理水平。

台区线损管理以台区为单位，包括线损组织管理、台区指标管理、台区线损统计与分析、台区线损波动控制与分析、管理降损实施、技术降损实施等，按照一台区一指标闭环管理。

（1）分区管理：指对所管辖电网按供电范围划分为若干区域进行统计、分析及考核的管理方式。

（2）分压管理：指对所管辖电网按不同电压等级进行统计、分析及考核的管理方式。

（3）分元件管理：指对所管辖电网中各电压等级线路、变压器、补偿元件等电能损耗进行分别统计、分析及考核的管理方式。

（4）分台区管理：指对所管辖电网中各个公用配电变压器的供电区域损耗进行统计、分析及考核的管理方式。

（二）线损目标

以城乡网格"五率"以及供电所综合评价核心指标中线损合格率指标为目标，台区月线损率在［0%，7%］区间为合格台区。

线损合格率计算公式：线损合格率=（1－月高负损台区数 / 网格台区总数）× 100%

其中：月高负损台区包括月高损台区、月负损台区，其认定规则如下：

（1）月高损台区数，满足以下任意一个条件：

1）月线损率不小于 7% 时，月度损失电量不小于 500kWh。

2）月线损率小于 7% 时，（月同期线损率－月管理目标值）大于 2% 且月度损失电量不小于 2500kWh。

（2）月负损台区数，同时满足以下两个条件：

1）月线损率不大于 −1%；

2）月供电量大于 300kWh 或月售电量大于 450kWh；

3）月损失电量小于 −90kWh。

（3）M-6 机制：台区月度线损（按上线表底计算维度）不达标时（台区月线损率不在［0%，7%］区间），若满足日异常天数（日线损率大于 7% 或小于 −1%）小于或等于 6 天，则该台区月线损计算逻辑优化为剔除异常天后按日累加的计算方式。

六、台区线损异常因素

（一）线路方面

（1）变压器轻载、线路轻负荷运行，固定损耗比例大。

（2）线路导线截面小，长期过负荷运行。

（3）线路布局不合理，存在迂回供电。

（4）接户线过长、过细，年久未修、老旧破损等。

（5）瓷横担绝缘子污染严重，特殊天气表面泄漏严重。

（6）绝缘子击穿漏电。

（7）线路接头多、电阻大，形成发热损耗。

（8）对地距离不够，通过树竹漏电。

（9）三相负荷不平衡。

（10）低压线路过长，末端电压低，损耗增加。

（11）台区运行年限长，线路设备老旧损耗高。

（二）用电方面

（1）无功补偿不合理。

（2）变压器"大马拉小车"或"小马拉大车"。

（3）电能表超容用电，造成计量不准。

（4）窃电。

（5）抄表日期不固定或抄表不到位。

（6）电能表进、出线接反。

（7）联合接线盒接线松动。

（8）关口集中器、电能表模块问题，影响数据入库。

（9）电能表不能采集，换表流程未归档等。

（10）电流互感器变比错误。

七、台区线损分析

（一）线损分析原则

（1）定量与定性分析相结合，以定量分析为主。

（2）同比、环比以及与理论线损对比分析。

（3）线损四分指标与辅助指标分析并重。

（二）线损分析内容

（1）指标完成情况（线损四分指标与辅助指标）、线损构成、统计线损与计划和理论线损的比较分析。

（2）线损波动及异常原因分析。

（3）线损管理存在的问题和拟采取的降损措施。

八、降低线损措施

降低台区线损的措施可分为技术措施和管理措施两大类，具体措施如下：

（1）制定年度节能降损的生产技改、大修项目并纳入年度综合计划。

（2）根据电网负荷潮流变化及设备技术状况，开展无功电压优化控制，加强无功补偿设备的运行管理，实现无功分层、分区就地平衡，改善电压质量，降低电能损耗。

（3）积极推广应用新技术、新工艺、新设备和新材料，利用科技进步的成果提高配电变压器的负荷率和三相负荷平衡率，加大高损配电线路、高损台区综合改造力度，逐步更换高耗能配电变压器，减少高损设备。

（4）深化系统应用，开展反窃电工作。

（5）严格抄表制度、档案管理制度。

【任务实施】

一、用电信息采集系统数据查询

（一）查询台区线损

菜单路径：基本应用—网格化数字管理—线损管理—台区线损分析。

操作介绍：在主页菜单栏中，选择"基本应用—网格化数字管理—线损管理—台区线损分析",该线损管理模块界面分为三个任务,即台区线损监测、台区线损统计、台区线损明细,在查询条件栏中选择对应内容后即可查询到日(月)线损数据,操作界面如图2-4-1所示。

图 2-4-1　台区线损分析查询界面

以查询月线损为例,查询国网××市供电公司××镇供电所,2023年03月台区异常线损类型为高损台区1台,负损台区13台。

(二)查询线损合格率

菜单路径:基本应用—网格化数字管理—线损管理—日线损考核—台区线损合格率统计。

操作介绍:在主页菜单栏中,选择"基本应用—网格化数字管理—线损管理—日线损考核—台区线损合格率统计",该线损管理模块界面分为七个任务,即台区统计报表(日)、周平均线损合格率、周平均线损监测率、台区统计报表(月)、月平均线损合格率、月平均线损监测率、年平均合格率,在查询条件栏中选择对应内容后即可查询到线损合格率,操作界面如图2-4-2所示。

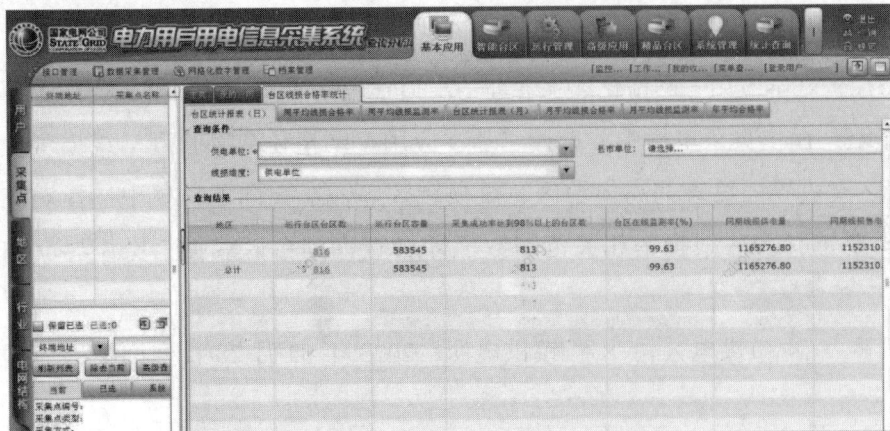

图 2-4-2　台区线损合格率统计查询界面

以查询台区统计报表（日）为例，查询国网 ×× 市供电公司 ×× 镇供电所，2023 年 04 月 26 日查询结果为小损耗台区数 130 台，占比 15.93%；线损（0～7%）台区数 678 台，占比 83.09%；线损（7%～∞）台区数 0 台，占比 0%。

（三）查询线损不合格台区

菜单路径：高级应用—线损分析—日线损考核（新）—日线损考核—线损不合格台区查询。

操作介绍：在主页菜单栏中，选择"高级应用—线损分析—日线损考核（新）—日线损考核—线损不合格台区查询"，该模块界面可查询高损台区、负损台区等，在查询条件栏中选择对应内容后即可查询到线损不合格台区，操作界面如图 2-4-3 所示。

图 2-4-3　台区线损合格率统计查询界面

查询国网 ×× 市供电公司 ×× 镇供电所，2023 年 04 月 27 日查询结果为高损台区数 10 台，负损台区数 0 台，小损耗台区数 125 台。

（四）查询线损综合分析

菜单路径：基本应用—网格化数字管理—线损管理—线损综合分析。

操作介绍：在主页菜单栏中，选择"基本应用—网格化数字管理—线损管理—线损综合分析"，该模块界面可查询高损台区、负损台区等，在查询条件栏中选择对应内容，可根据实际需要选择台区线损率相关范围数值即可查询到台区线损，操作界面如图 2-4-4 所示。

查询国网 ×× 市供电公司 ×× 镇供电所，2023 年 04 月 28 日查询结果为负损台区数 4 台。

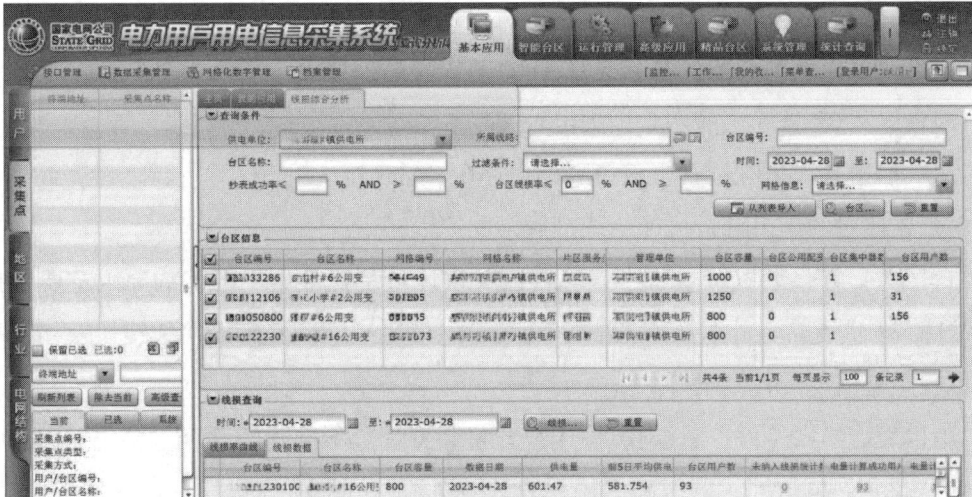

图 2-4-4 线损综合分析查询界面

二、典型案例分析

某台区日线损率在 6 月期间出现异常波动（见表 2-4-1），其变压器容量为 100kVA，实际用电户 30 户，该台区于 5 月 29 日新装一户三相动力表（容量为 35kW），经查用电信息采集系统和现场核实均为 6 月 5 日起才开始用电，该台区近期无台区异动和维护性作业，日平均线损为 3.27%，该台区为未改造台区，供电半径大于 500m。

表 2-4-1 台 区 数 据 表

台区名称	台区容量	数据日期	供电量（kWh）	前 5 日平均供电量（kWh）	电量计算成功率	用户抄见电量（kWh）
×××变压器	100	2020-05-29	110.8	106.96	100	107.4
×××变压器	100	2020-05-30	108	112.24	100	100.51
×××变压器	100	2020-05-31	118.4	111.6	100	105.88
×××变压器	100	2020-06-01	117.2	112.24	100	102.73
×××变压器	100	2020-06-02	115.6	113.68	100	100.2
×××变压器	100	2020-06-03	102.8	114	100	92.49

（1）根据提供的各项数据进行线损数据分析。

1）该台区 5 月 29 日、5 月 30 日、5 月 31 日、6 月 1 日、6 月 2 日、6 月 3 日线损率分别为 3.07%、6.94%、10.57%、12.35%、13.32%、10.03%。

2）该台区 5 月 29 日～6 月 3 日损失电量分别为 3.4、7.49、12.52、14.47、15.4、10.31kWh。

3）新装用户 5 月 29 日新装动力表，但经核实 6 月 5 日才开始用电。

（2）说明比对数据结果，并判断该台区线损是否异常。

1）根据以上数据判断该台区从 5 月 31 日起出现高损情况。

2）该台区从 30 日起较前两日损失电量突增。

3）从线损率及损失电量看，该台区线损存在异常情况。

（3）根据比对的结果分析可能会线损异常的原因。

1）台区关口计量装置计量不准确。台区关口计量装置计量不准确的原因主要包括关口电能表故障或计量超差、电流互感器故障、关口电能表或电流互感器接线错误及接线端子接触不良、互感器倍率设置错误等。

2）用户表计异常（停走、缺相）。用户计量装置计量不准确的原因主要包括用户电能表故障或计量超差、电流互感器故障、用户表计或电流互感器接线错误及接线端子接触不良、互感器倍率设置错误等。

3）用户窃电原因。

4）线路漏电原因。

5）线树矛盾。

（4）对判断为异常的台区提出整改措施和计划。

1）台区关口异常：首先通过用电信息采集系统分析该台区关口电流、电压、功率因数等数据是否出现异常，若数据无异常，再进行现场排查。现场核查时，先核查关口表计与互感器外观是否完好，接线是否正确、有无松动现象，螺栓是否松动等，先使用测量工具测量关口电能表的电压、电流等数据，同时与关口电能表显示的电压、电流等数据进行比对，确定是否存在计量装置故障、接线错误及接线不良等；然后核查互感器倍率信息是否与用电信息采集系统、营销系统档案一致；最后可通过现场校验仪校验关口电能表的计量误差是否超差。

整改计划：以管理人员与片区负责人为小组，在发现异常当天排查关口计量设施是否存在异常，如存在异常，两天内完成更换工作。

2）用户表计异常：确认台区关口总表确无异常后，可先通过用电信息采集系统分析用户近期用电量，重点分析近期用电量突减或零用电量的用户，进行现场核查时重点对数据分析异常的用户进行核查。现场核查时，首先检查电能表外观是否完好、接线是否正确，接线处是否有氧化现象，表计螺栓是否松动等。再通过万用表、电流钳等测量用户电压、电流值，同步与表显数据进行比对，从而判断表计是否存在故障，同时核查用户现场计量设备信息是否与用电信息采集系统、营销系统档案一致。

整改计划：以管理人员与片区负责人为小组，一天内完成对现场的排查工作，检查用户计量设施是否存在异常，如存在异常，一天内完成更换工作。

3）用户窃电原因：先通过用电信息采集系统查询用户电能表是否有电能表停电、表计开表盖或端钮盖、失压与失流、中性线和相线电流异常等异常事件；再到排查用户是否存在私拉乱接无表用电、绕越电能表用电、私自开启电能表接线盒封印和电能表表盖封印用电、损坏电能表及计量互感器用电等行为。

整改计划：加强计量管理，每日跟踪用电信息采集系统分析异常台区用户日用量是否正常，并结合现场计量巡视工作，加大反窃电工作的开展及入户宣传窃电处理情况的宣传，提高计量的准确性，严堵"人情电、关系电、权力电"。

4）线路漏电原因：从变压器台区、线路检查配电箱中漏电开关，线路老化、搭接情况，使用钳形电流表测量电流，进行对比排查。

整改计划：对于未改造的台区，应加快对辖区内裸导线的更换进度，加强对未改造台区的线损巡视、线路故障引起的线损异常，周末节假日安排值班人员对线损进行日跟踪，第一时间发现台区线损异常并及时处理，三日内完成处理工作。

5）线树矛盾：结合台区巡视工作，检查线路是否存在此类情况。出现此类情况时，应在三日内进行清障处理。

模块五 用 电 检 查

【模块描述】

本模块主要包括用电安全服务管理、反窃查违、重要电力用户管理、自备电源管理四个工作任务。

核心知识点包括用电安全服务的类型、检查类型、风险管控、用电安全治理及应急处置相关内容；违约窃电的类型、计算方法、查处规范、证据要求、安全注意事项、窃电的常见手段及查处方法；重要电力用户的定义及分类、认定及变更、电源配置要求，管理要求及停电管理；自备电源的定义、类型、管理要求及技术要求。

关键技能项包括熟练掌握用电安全服务相关处理、反窃查违工作的相关处理、重要电力用户认定、用户自备电源申报等相关流程。

【模块目标】

通过本模块学习，应达到以下目标：

（一）知识目标

掌握用电安全服务的类型、检查要点、风险管控、用电安全治理及应急处置相关内容；违约窃电的类型、查处规范、证据要求、安全注意事项、计算方法、窃电的常见手段及查处方法；重要电力用户的定义及分类、认定及变更、电源配置要求，管理要求及停电管理；自备电源的定义、类型、管理要求及技术要求。

（二）技能目标

通过本课程学习，能够掌握用电安全服务现场检查、反窃查违工作流程、重要电力用户认定流程、用户自备电源申报流程、相关表单的填写。

（三）素质目标

（1）培养学员良好的职业道德和社会责任心。

（2）培养学员严谨、专注、一丝不苟的工作态度。

（3）培养学员牢固树立用电检查工作的合规意识、安全风险防范意识。能够严格按照规章制度开展用电检查工作，形成严谨、规范的良好职业习惯。

任务一　用电安全服务管理

📖【任务目标】

（1）掌握用电安全服务的类型及周期要求。

（2）掌握用电安全服务的现场检查内容、操作规范及流程处理。

（3）掌握用电安全服务的相关单据填写。

（4）熟悉用电安全服务的其他相关知识点。

【任务描述】

本项操作任务是对用电安全服务的相关知识点进行讲解，要求学员掌握用电安全服务的工作流程、工作内容、工作规范及相关注意事项，并能独立在营销业务系统发起月度/专项安全服务计划；通过i国网APP进行现场用电安全检查；开具用电检查结果通知书，将现场检查照片、用电检查结果通知书拍照上传系统，能全面发现用户用电安全问题，在营销业务系统规范录入。

【知识准备】

（1）用电安全服务指为了维护正常的供用电秩序，保障供用电安全，以国家有关电力供应与使用的法律法规、方针、政策和电力行业标准为准则，对用电用户的安全、经济、合理、可靠用电实施专业性指导的全过程。

（2）用电安全服务类型主要包括周期性用电安全服务、专项用电安全服务、特殊性用电安全服务。

1）周期性用电安全服务指根据国家有关电力法规政策、行业标准和服务范围内用户的用电负荷性质、电压等级、服务要求等情况，定期开展的用电检查业务，重点对用户用电安全及电力使用情况进行指导。

a. 服务周期：

（a）重要电力用户每3个月一次；

（b）35kV及以上电压等级的用户每6个月一次；

（c）10kV高供高计用户每12个月一次；

（d）10kV高供低计用户每24个月一次；

（e）10kV临时用电用户、双电源（含自备电源）用户每12个月一次；

（f）电价执行最大需量用户每12个月一次；

（g）非政策性低压定比定量用户、380V的一般工商业用户每24个月一次。

b. 服务内容：

（a）用户受（送）电装置中电气设备及相应的设施运行安全状况。

（b）用户自备应急电源和非电性质的保安措施。

（c）用户反事故措施。

（d）特种作业操作证（电工）、进网作业安全状况及作业安全保障措施。

（e）用户执行需求响应、有序用电情况。

（f）电能计量装置、电力负荷控制装置、继电保护和自动装置、调度通信等安全运行状况。

（g）受（送）电端电能质量状况。

（h）设备预防性试验开展情况。

（i）并网电源、自备电源（分布式光伏及其配套储能装置等）并网安全状况。

（j）对重要电力用户，还应检查现有定级是否准确、供电电源配置与重要性等级是否匹配。

用户用电安全检查的主要范围是用户的受（送）电装置，但用户有下列情况之一者，检查服务的范围可延伸至相应目标所在处：

（a）有多类电价的。

（b）有自备电源设备（包括自备发电厂、分布式电源等）的。

（c）有违约用电和窃电行为或存在安全隐患要延伸检查的。

（d）有影响电能质量的用电设备的。

（e）有影响电力系统的事故的。

（f）法律规定的其他用电检查。

2）专项用电安全服务指根据需要对某一事项进行的用户侧现场专项检查工作，内容包括：

a. 季节性检查：按每年季节性的变化，对用户设备进行安全检查。

b. 经营性检查：当电费均价、线损、功率因数、分类用电比例及电费等出现大的波动或异常时，进行现场检查。

c. 营业普查：组织有关部门集中一段时间在较大范围内核对用电营业基础资料；对用户履行供用电合同的情况及违约用电、窃电行为进行检查。

d. 定比定量核查：根据用户的负荷性质、电气设备容量等重新核定定比定量值。

e. 临时用电检查：临时用电用户合同到期前 1 个月检查一次，掌握用电情况，督促其办理销户或延期手续。

f. 事故检查：用户发生电气事故后，除进行事故调查和分析，汇报有关部门外，还要对用户设备进行一次全面、系统的检查。

3）特殊性用电安全服务指重要保电任务或其他需要而开展的用电安全检查，内容包括：

a. 高考、中考保供电专项检查每年至少一次／项。

b. 各级政府组织的大型政治活动、大型集会、庆祝、娱乐活动及其他特殊活动需要临时特殊供电保障，根据活动要求开展安全用电检查。

现场开展用电安全服务时，确认用户设备状况、电工作业行为、运行管理等方面有不符合安全规定的，或者在电力使用上有明显违反国家有关规定的，用电检查员现场应开具用电检查结果通知书或违约用电、窃电通知书（一式两份）。一份送达用户由用户代表签收，一份存档备查。

（3）用户用电安全检查分类：以周期性用电安全服务、专项用电安全服务和特殊性用电安全服务等方式开展用电安全检查工作，专用变压器用户按供电电源、保安负荷、自备应急电源、设备安全、站房管理、电工履职六大类进行现场安全检查；低压用户按线路、电器、其他三大类进行现场安全检查，详见表2-5-1。

表 2-5-1　　　　　　　　　　　用户用电安全检查分类表

一级分类	二级分类	三级分类
供电电源	供电电源配置	供电电源配置不满足重要性等级要求
		双（多）电源间未装设可靠的闭锁装置
	供电电源运行	供电电源的切换时间和切换方式不能满足用户允许中断时间的要求
		供电电源异常无法投入运行
		线路走廊未清理、树木离线路安全距离不足
	其他	其他
保安负荷	保安负荷安全措施	保安负荷不明确
		保安负荷未全部接入自备应急电源
	非电性质保安措施	未配置非电性质保安措施
		非电性质保安措施不完善
	其他	其他
自备应急电源	自备应急电源配置	自备应急电源未配备
		自备应急发电机无独立接地网
		自备应急电源启动时间不满足安全要求

一级分类	二级分类	三级分类
自备应急电源	自备应急电源配置	自备应急电源与电网电源未装设可靠的电气或机械闭锁装置
		自备应急发电机未配备双投四级投切装置
		自备应急电源容量不满足保安负荷启动要求
	自备应急电源维护	无油料储备或油料储备不足
		自备应急电源无法正常启动
		自备发电机组漏油或存在易燃隐患
		未定期进行开机试验
	自备应急电源协议	自备应急电源协议未签订
		自备应急电源容量及接线变更未办理变更手续
	应急电源接口	重要电力用户未配置应急电源接口
		应急电源接口安装位置不满足要求
		应急电源接口故障
	其他	其他
设备安全	涉网设备安全	进线开关、变压器等涉网设备异常
		用户内部杆塔、架空线路或进线电缆存在安全隐患
		保护定值、投退设置不正确或保护告警异常
		高压电气设备"五防"功能不完备
		柜体(箱体)不紧密、电缆孔洞未封堵
		涉网设备安全距离不足
	其他	其他
站房管理	土建基础	站房选址不符合规范要求或防汛防涝措施不足
		存在墙体裂纹、渗漏水等土建基础异常
		门窗破损或无法关闭严密
		站房内堆放杂物
	配套设施	安全工器具、消防器具配置不足
		站房孔洞封堵、门口挡板设置等防小动物措施不足
		站房照明存在异常或应急照明不足
		站房通风存在异常
	主接线图	现场无主接线图
		主接线图与实际接线方式不相符
	其他	其他

一级分类	二级分类	三级分类
电工履职	电工配置	电工未取得高压电工作业特种作业操作证
	电工配置	电工数量不满足要求
	预防性试验	预防性试验不合格
	规章制度	设备巡视、设备维护等运行记录不全
	其他	其他
低压用户	线路	户外进户线存在老化、破损、线径小等问题
		室内线路存在老化、破损、线径小等问题
		低压配电接线不规范，存在线路私拉乱接或与广电、电信等弱电线路距离太近
	电器	未装家用"漏保"，或家用剩余电流动作保护器不适配（含故障或退出）
		用电设备未有效接地或存在漏电
		用电负荷过大，已超过电能表或线路承载能力
	其他	其他

（4）用电安全风险治理：供电企业应主动跟踪管辖的用户用电安全情况，及时督促用户消除用电安全风险。

1）用户管理单位在营销业务系统应建立用电检查电子化记录，录入预防性试验、设备档案、设备缺陷等资料，对高危及重要电力用户应按照"一户一档"的要求实施集中化、电子化管理。

2）对用户用电现场检查服务过程中发现的隐患缺陷应做到通知、督导到位，以书面形式告知用户，并由用户签收，指导帮助并督促用户完成用电安全隐患整改。

3）对再次发现、用户拒不整改的、危及电网安全运行等用电隐患应做到通知、报告、督导到位，促请地方政府部门督促用户及时治理隐患，实施隐患缺陷闭环管控。

4）对于用户不实施安全隐患缺陷整改并严重危及电网或公共用电安全的，应立即报告当地政府电力主管部门、安全生产主管部门和相关部门，按照规定程序予以停电。

5）用户对其设备的安全负责，供电企业不承担因被检查设备不安全引起的任何直接损坏或损害的赔偿责任。

（5）用电安全服务现场作业风险辨识及管控。用电安全服务现场作业风险管控详见表2-5-2。

表 2-5-2　　　　　　　　　　　用电安全服务现场作业风险管控表

序号	风险控制环节	风险点分析
1	作业现场管理	（1）户内 SF₆ 设备检查，存在有害气体泄漏对检查工作人员造成伤害的隐患； （2）现场设备外壳保护接地不可靠，对检查工作人员安全造成隐患； （3）仪器仪表及设备损坏或使用不当； （4）隔离故障操作顺序不正确，造成人身、设备事故； （5）系统接地时巡视设备造成人身伤害； （6）用电安全检查不规范，替代用户操作受电装置和电气设备； （7）走错工作位置引起设备损坏或人身伤害； （8）室内（或通道）无照明或照明亮度不足，电缆盖板未盖好，在不平整的通道滑倒、摔倒、室内空气不流通，高温中暑造成人身伤害； （9）误碰、误动、误登运行设备； （10）接线错误引起设备损坏或人身伤害； （11）安全距离不够而引起触电； （12）用户拒不接受检查或可能发生肢体冲突引起设备损坏或人身伤害； （13）停复电操作引起人身伤害或触电； （14）擅自进入或误入用户要求的"禁入区域"
2	受电工程管理	（1）用户受电工程未委托有资质的单位设计施工； （2）用户受电工程未采用合格可靠设备； （3）用户未建立健全设备管理运行制度； （4）用户受电工程施工试验工作流程、资质不完备
3	用户用电管理	（1）不遵守安全用电的规定，擅自改变运行方式或操动供电企业设备； （2）临时用电未安装剩余电流动作保护装置； （3）触电急救方式方法不正确； （4）电气火灾防治手段不到位、不彻底
4	用电安全服务管理	（1）用户不配合供电企业实施现场用电检查； （2）用户设备未定期实施电气设备和保护装置的检查、检修和试验
5	法律责任	（1）供用电合同产权分界点定义不清晰； （2）危害电力设施安全和用电安全的，未依法追究其刑事责任

1）作业现场管理。

a. 进入故障现场，如有浓烟，应采取通风措施，并戴好防毒面具。检查人员进入 SF₆ 装置室，应确认能报警的氧含量仪和 SF₆ 气体泄漏报警仪无异常报警后，方可进入。在事故现场状况不明朗的情况下，禁止强行进入。

b. 接触设备外壳前要先验电，站位至侧面打开箱（屏、柜）门，严禁擅自开启高压柜柜门。

c. 作业人员应了解测试仪表性能、测试方法及正确接线，熟悉测量的安全措施。带电检测时，严禁二次电压回路短路、二次电流回路开路。

d. 隔离故障时应先断开负荷侧，再断开电源侧，确保故障设备全部隔离到位。

e. 高压设备接地故障巡视时应穿绝缘靴，室内不得接近故障点 4m 以内，室外不得接近故障点 8m 以内。

f. 作业前应与用户沟通现场情况，由熟悉现场的用户电工带领进入现场，并全程陪同。

g. 进入配电站房前，应首先检查照明、通风情况，防范电缆盖板缺失、通道不平整等环境异常引起的作业风险。

h. 严禁误碰、误动、误登运行设备。

i. 核对设备信息、设置封条（封签）或拍照前应先确认与带电部位的安全距离。

j. 用户拒不接受检查或可能发生肢体冲突时，应增加保卫人员，或请行政、公安人员协助检查。

k. 提醒用户禁止带负荷分、合隔离开关或带负荷拆、装导线；断导线应先断相线后断中性线，接导线时顺序相反。

l. 复电作业前，应核对用户开关处于断开位置，隔离外接或自备电源，提醒用户来电风险。

m. 停复电时加强监护，若肢体可能触碰带电设备时严禁开展停复电作业。

n. 发现设备缺陷及异常时，应及时汇报，不得擅自处理，以防事故扩大。

o. 保电期间，任何均人员不得超出值守区域，不得进入用户要求的"禁入区域"。

2）受电工程管理。

a. 新装、增容和改建的用户必须向供电企业进行申请，按规定办理手续，经审核同意后，方能组织施工，经中间检查、竣工验收合格后方能接入配电网。

b. 接入供电企业电网的供电设计和安装委托应报供电企业备案。受用户委托进行受电工程设计和安装的单位应具备规定的等级资质，设计单位应具备相应的电力工程设计资质证书，安装单位应具备《承装（修）电力设施许可证》和《安全生产许可证》。受用户委托的承装（修、试）单位在办理工程委托时应按规定提交有关资料给供电企业核对。

c. 受电设备装置应符合国家和行业的产品技术标准，适合电网和用户用电发展的需要，选用技术先进、质量可靠、维护方便、经济适用、节能的设备和产品，不得采用国家明令淘汰的设备产品。

d. 用户应健全受电设备管理制度，制定运行管理规定，包括现场操作规定、设备日常巡视检查规定、设备运行维护检修规定等。定期进行电气设备的检验、维护和消缺，确保设备健康。

e. 在供电企业拥有产权或维护管理的电气设施（设备）上进行作业的，按国家规程规定办理工作票和操作票（工作票签发人、工作负责人须经供电企业认定方为有效），严禁无票作业。

f. 供电企业用电检查人员应随时对受电工程作业现场进行抽查。当检查发现有事故隐患的、无证上岗的或不按规程操作的，检查人员应及时向电力管理部门报告，要求施工单位纠正。用户受电工程施工、试验完工后，应向供电企业提交工程竣工报告，报告除条文规定的以外，还应包括建设单位及施工单位的验收证明、试验单位的承试资质、试验人员的资格证书、试验设备的年检合格证书。

3）用户用电管理。用户安全用电应遵守以下规定：

a. 严禁私接电网和私拉乱接用电设备。

b. 严禁私自改变低压系统运行方式，禁止采用"一相一地"方式用电。

c. 严禁使用挂钩线、破股线、地爬线和绝缘不合格的导线接电。严禁使用花线作为固定电源线。

d. 严禁金属外壳无接地装置的用电设备投入运行，低压用电设备应安装漏电保护开关。

e. 严禁带电修理设备，禁止单人带电作业，必须进行带电作业时，应在技术熟练的电气人员监护下，严格按照操作规程落实安全措施后方可进行。

f. 严禁带电移动电气设备。危险场所的照明电压不得超过 36V。在特别危险的金属容器，如锅炉、蒸发加热器和管道等（内）工作时，照明电压不得超过 12V。易燃易爆物品的生产车间、仓库的用电应符合防爆要求。

g. 严禁约时停送电，停送电必须严格执行有关制度，不得擅自调整配电变压器抽头和操作、拆除、变更、迁移供电企业高低压设备。

h. 家庭用电严禁拉临时线和使用带插座的灯头。

i. 临时用电设备的安装应符合安全技术规程规定，并加装剩余电流动作保护装置。所有临时用电线路必须符合用电要求，要有安全措施，并有专人负责，用电完毕须断电拆除。

j. 发现电力线断落时，不要靠近；如距离导线的落地点在 8m 以内时，应及时将双脚并立，按导线落地点反方向跳离，并看守现场或立即找电工处理。

k. 发现有人触电，不应赤手拉触电人，应尽快拉断开关或用绝缘或干燥材料断开电源，就地及时对触电者进行正确的人工呼吸法抢救，及时拨打"120"抢救。

l. 为防止电气火灾事故，应遵守下列规定：

（a）严禁在变配电场所内或配电柜、开关箱、计量箱等用电设备周围堆放易燃易爆等杂物。严禁用可燃物覆盖、遮盖电力线路。

（b）不得用铜线、铅线、铁线代替熔丝，熔丝要与电气设备的容量相匹配，不得随意换大或调细。

（c）用电负荷不得超过导线的允许载流量，发现导线有过热的情况，必须立即停止用电，并报告电工检查处理。

（d）各种过电流保护器、剩余电流动作保护装置，必须按国家和行业有关规程的要求装配，保持其动作可靠。

（e）使用电热器具，应与易燃易爆物体保持安全距离，无自动控制的电热器具，人离去时应断开电源。

（f）发生电气火灾时，要先断开电源再行灭火，严禁用水熄灭电气火灾。

（g）各种营业场所、厂房车间以及住宅的电气设计和安装必须委托有相应设计、承装资质单位进行。

4）用电安全服务管理。

a. 电力管理部门应对辖区内用户进行定期或不定期用电安全检查，及时提出整改意见，用户应及时纠正。

b. 供电企业对管辖用户的用电设备，应进行定期或不定期用电安全检查，及时提出整改意见，用户应予以积极配合，及时按整改要求进行纠正。

c. 用户对其自行维护管理的电气设备的安全负责，供电企业用电检查人员不承担因被检查设备不安全引起的任何直接损坏或损害的赔偿责任。

d. 现场检查确认有危害供用电安全或扰乱供用电秩序行为的，供电企业用电检查人员应按《中华人民共和国电力法》规定以及双方合同的约定在现场予以制止。拒绝接受供电企业按规定处理的，可按规定的程序停止供电，并请求电力管理部门依法处理，或向司法机关起诉，依法追究其法律责任。

e. 用户必须按有关规定定期进行电气设备和保护装置的检查、检修和试验，其试验标准应符合 DL/T 596—2021《电力设备预防性试验规程》和 GB/T 14285—2006《继电保护和安全自动装置技术规程》的规定，如有新的国家标准，则按新标准执行。

5）法律责任。

a. 供用电双方应根据供用电合同的约定，按产权归属各自负责其电力设施的维护、日常管理和安全工作，确保安全运行，并承担由此而引起的法律责任。

b. 由于私拉乱接或其他违章用电造成本人或他人的人身、财产损害事故，依法由肇事者承担责任。

c. 任何公民、法人或其他组织，危及电力设施安全和用电安全的，由有关部门按照有关规定进行处理或处罚，构成犯罪的，依法追究刑事责任。

（6）应急处置。

1）为防止电网意外断电影响用电人安全生产，用电人应自备应急电源或非电保安措施，并确保应急电源及非电保安措施在电网意外断电时能有效运行。用电人有保安负荷时，应配置自备应急电源，并装设可靠的闭锁装置，防止向电网倒送电。

2）在电力设施上发生的法律责任以电力设施产权分界点为基准划分。供电人、用电人应做好各自分管的电力设施的运行维护管理工作，并依法承担相应的责任。

3）重要用户和重点保电用户应制定内部应急预案，当发生市电停电、用户配电设备故障停电时，用户配电运行负责人应立即向用户电气负责人汇报，同时告知供电企业用电检查人员。用户配电运行负责人组织相关运行人员，按预案进行操作。

4）供电企业用电检查人员做好用户相关停电故障信息收集及时报备。

5）当用户自备电源无法继续向用户保安负荷供电时，确有负荷保障需求的可向供电企业请求外接电源支援。

（7）用户用电事故管理。

1）用户用电事故包括：

a. 人身触电死亡；

b. 越级跳闸导致电力系统停电；

c. 专线掉闸或全厂停电；

d. 电气火灾；

e. 重要或大型电气设备损坏；

f. 停电期间向电力系统倒送电。

2）事故调查。用户事故调查的工作内容包括：

（a）检查事故现场的保护动作指示情况；

（b）检查事故设备的损坏部位和损坏程度；

（c）查阅事故前后的有关资料，如天气、温度、运行方式、继电保护的投入及动作情况、用电负荷、电压、频率、故障录波图、现场值班记录及其他相关记录；

（d）逐项排除疑点，找出事故的原因，填写用户用电事故调查报告；

（e）发生人身触电死亡事故和电气火灾事故，配合劳动部门和公安机关共同调查处理；

（f）对用户事故情况进行登记，包括事故发生时间、性质、地点、事故原因、事故种类、事故类型、责任事故等级、造成的经济损失或影响等，同时记录事故信息来源及有关人员姓名、联系方式等；

参考资料：用
电检查工作单

（g）营销部、运检部等部门应审查用户用电事故分析报告，督促用户做好事故处理，落实各项防范措施。

【任务实施】

某 10kV 高供高计用户用电安全检查周期已快超期，请对该用户规范开展用电安全检查工作。

参考资料：客户用电安全检查标准化作业指导书

参考资料：用电检查结果通知书

参考资料：用户用电事故调查报告

视频：10kV 客户现场服务

1. 填写高压用户用电检查派工单

2. 在营销业务系统发起月度安全服务计划

（1）发起路径：服务体验管理—安全服务管理—月度安全服务—月计划制定（服务体验管理—安全服务管理—专项安全服务/任务发起），详见图 2-5-1。

（2）按照用户编号、名称、重要性等级、线路/台区等筛选项查询待服务用户列表，根据服务周期、最后一次服务时间、计划检查日期选定待服务用户，制定月度服务计划的工作。

参考资料：国网供电公司现场工作任务派工单

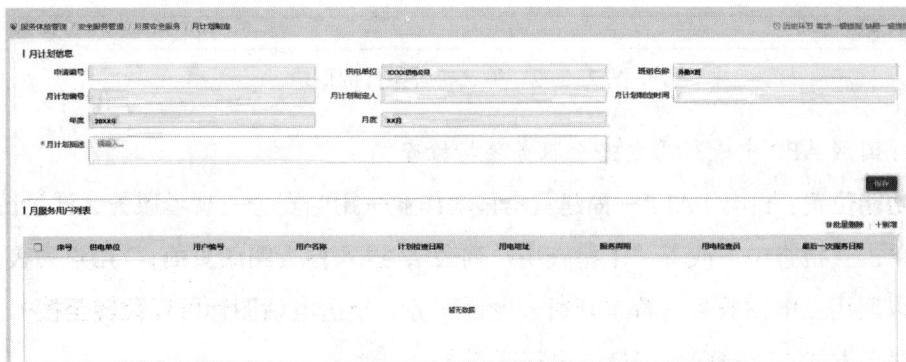

图 2-5-1　安全服务计划任务发起

（3）在"月计划信息"模块，填入月计划描述（必填），单击"保存"，将月计划基本信息保存，生成计划编号和申请编号。

（4）在"月服务用户列表"模块，单击"新增"，弹出服务用户新增窗口。

（5）填入查询条件，可根据供电电压、计划检查日期、用电检检查员等查询条件进行查询，单击"查询"按钮，筛选出符合条件的用户列表，详见图 2-5-2。

（6）选中待服务用户列表中的用户（可多选），单击"确定"，关闭弹框，并将选中的用户代入"月服务用户列表"模块的列表中。

（7）选择多个月服务用户单击"批量删除"，会在月服务用户列表中消失。在"月服务用户列表"模块，选中月度服务用户，单击"变更检查员"，弹出检查员查询框，填入查询条件，单击"查询"，筛选出符合条件的检查员，选中查询后的人员信息，单击"确定"，变更"月服务用户列表"中选中用户的检查员。

（8）单击"发送"，下发工单，到月度计划审批环节。

（9）月度安全服务计划流程见图2-5-3。

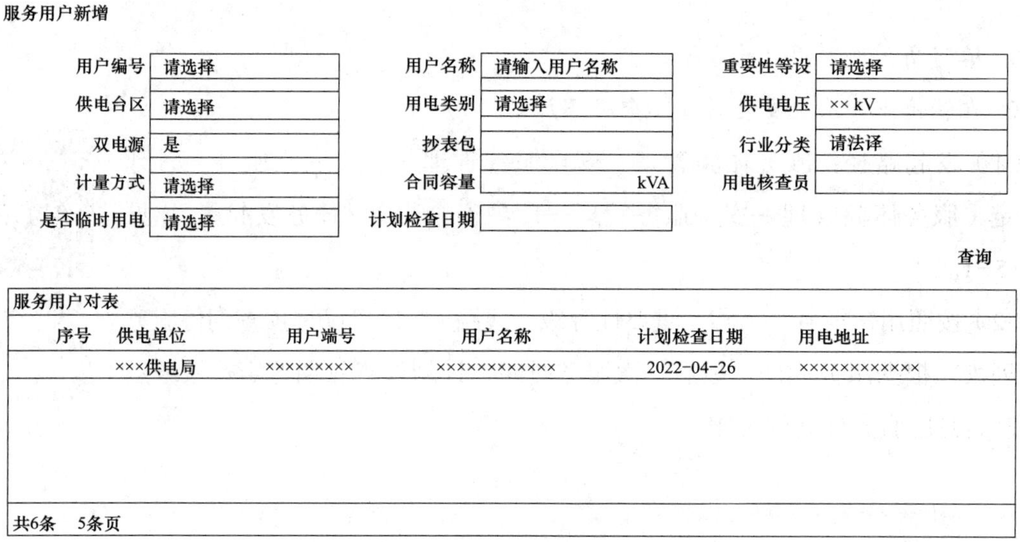

服务用户新增

用户编号	请选择	用户名称	请输入用户名称	重要性等设	请选择
供电台区	请选择	用电类别	请选择	供电电压	××kV
双电源	是	抄表包		行业分类	请法译
计量方式	请选择	合同容量	kVA	用电核查员	
是否临时用电	请选择	计划检查日期			

查询

服务用户对表

序号	供电单位	用户端号	用户名称	计划检查日期	用电地址
	×××供电局	××××××××	××××××××××××	2022-04-26	××××××××××××

共6条　5条页

图2-5-2　筛选符合条件的用户

3. 在 i 国网 APP 中进行用电安全服务现场检查

（1）功能位置：i 国网 APP—福建营销移动作业—用电安全—现场服务，详见图2-5-4。

（2）单击"检查中"或者"未检查用户列表"，进入检查明细页面，"用户列表清单电话图标"可以调用云电话服务，若未开通云电话服务，单击电话图标可以跳转至拨号页面，可获取用户联系方式，直接联系用户的电气联系人。

（3）单击列表进入检查项目页面，首先进行现场服务打卡，现场服务打卡包含两项工作，一是电能表验证，可以选择通过扫描手动录入电能表资产号等方式录入系统，系统对扫描或手动录入号码进行比对，若电能表资产号与系统档案不一致，则提示"输入的电能表资产编号与系统档案不一致，请确认是否继续检查！"详见图2-5-5。

（4）检查人员需要进行现场到位打卡拍照，未上传"现场检查图片"的将视为检查不到位。拍照规范要求为：将检查人员、用户代表人（如电气负责人）和现场检查环境（如检查

在营销系统发起专项/月度安全计划

专项安全服务计划

月度安全服务计划

发起路径：服务体验管理—安全服务管理—专项安全服务—任务发起

发起路径：服务体验管理—安全服务管理—月度安全服务—月计划制定

在"任务发起"模块，填入专项计划描述（必填），单击"保存"

在"月计划信息"模块，填入月计划描述，单击"保存"

在"服务用户列表"模块，单击"新增"，填入查询条件选中待服务用户列表中的用户（可多选），单击"确定"

在"月服务用户列表"模块，单击"新增"，填入查询条件选中待服务用户列表中的用户（可多选），单击"确定"

判断用电检查员是否正确后选中专项服务用户单击"发送"，下发工单，到计划审批环节

判断用电检查员是否正确后选中月度服务用户，单击"发送"，下发工单，到月度计划审批环节

审批通过后，在i国网中进行用电安全服务现场检查

功能位置：i国网—福建营销移动作业—用电安全—现场服务

单击"检查中"或者"未检查用户列表"，单击"用户列表清单电话图标"，获取用户联系方式并联系用户

选择用户进入检查项目页面 → 现场服务打卡 → 电能表验证 → 按规范上传"现场检查图片" → 录入现场隐患 → 选择用检通知书生成方式（电子版或拍照上传纸质版）

用户签字确认用电检查结果，生成电子版通知书/纸质检查通知书拍照并上传

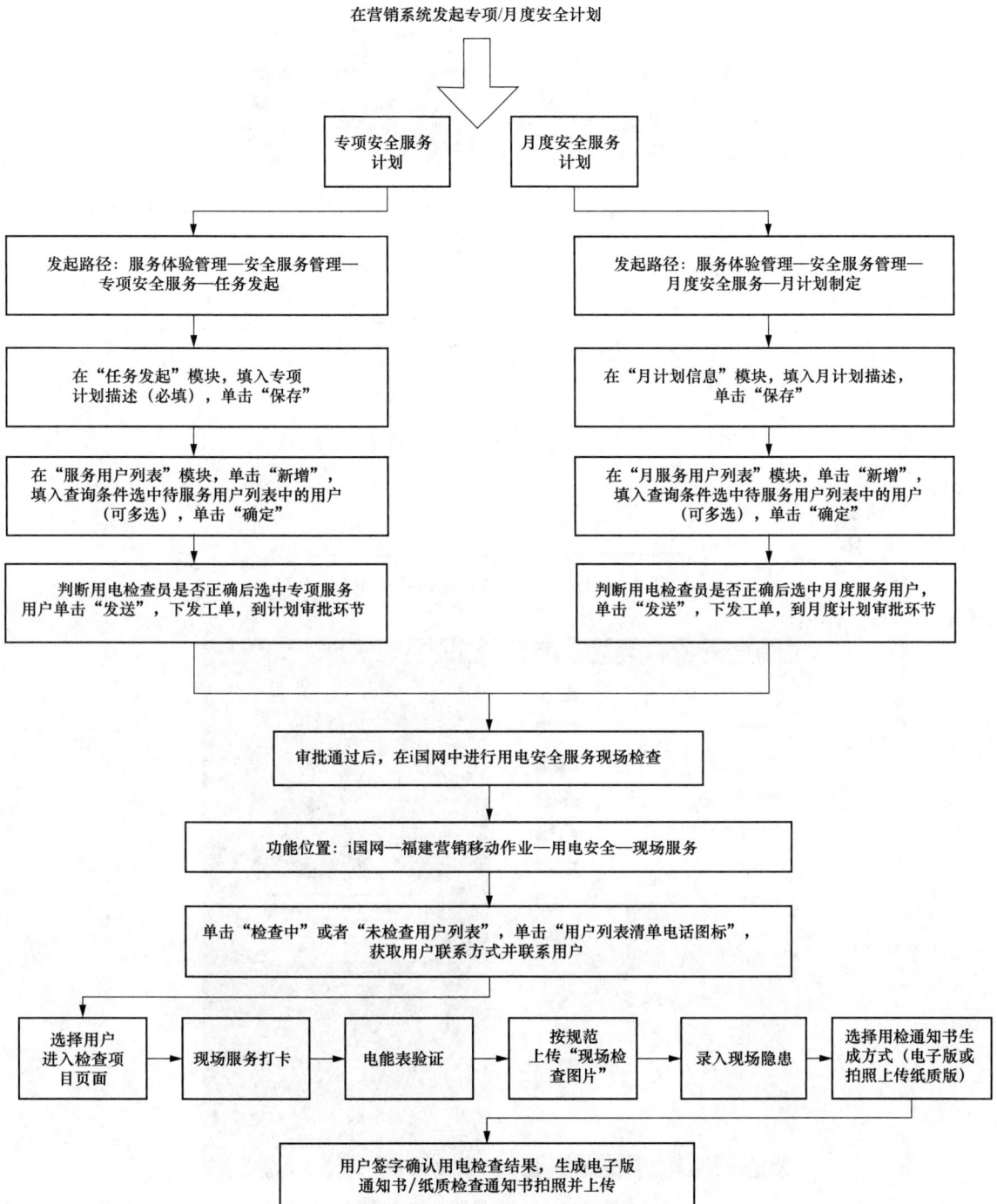

图 2-5-3 月度安全服务计划流程

站房设备）置于同一画面内。检查照片会传送至营销业务系统查询产品"现场服务检查结果查询"的"现场检查图片"处，系统会根据照片上传地点和时间进行地址和时间定位，以备后续抽检。现场服务打卡只允许现场拍照，不允许从相册选取照片重复使用，移动应用会对

图 2-5-4 i 国网 APP 营销移动作业

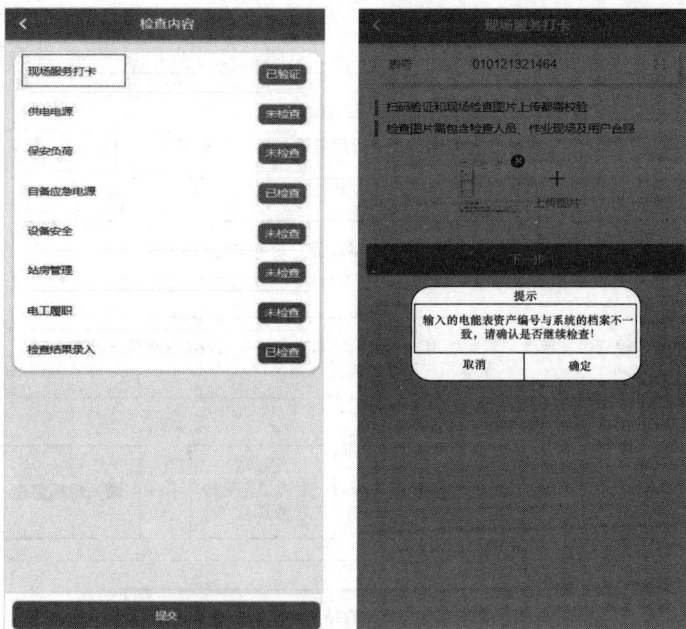

图 2-5-5 现场服务打卡

现场拍照图片加盖经纬度和检查时间的水印。

针对现场发现的隐患，可以标记隐患并在新的页面详细登记隐患信息；针对历史隐患，可以进行整改信息登记，检查存在问题时，会将前面录入的隐患信息和隐患描述自动带入电子版用电检查结果通知书，并允许编辑；同时系统也支持拍照上传纸质用电检查结果通知书，通过选择用电检查结果通知书生成方式（电子版或拍照上传纸质版），切换通知书格式。当选择拍照上传时，可将纸质检查通知书拍照并上传；当选择电子版模式时，系统可自动生成检查通知书电子版，并支持用户和检查员在移动端签字。

任务二　反　窃　查　违

【任务目标】

（1）掌握违约用电、窃电的类型和对应概念。

（2）掌握违约用电、窃电的计算方法。

（3）掌握违约窃电相关单据的规范填写。

（4）掌握违约窃电处理的证据要求及规范处理要求。

（5）熟悉查处违约窃电的安全注意事项。

【任务描述】

本项操作任务对用户违约用电、窃电的相关知识点进行讲解，要求学员掌握各种类型违约窃电的定义、计算方法、流程的规范处理、单据的规范填写及查处过程中的证据要求，熟悉查处过程中的安全注意事项，能够在现场检查中及时发现用户的违约用电、窃电行为，并能在营销业务系统中完成违约窃电流程的发起、调查、录入等环节处理。

【知识准备】

一、违约用电的类型及计算方法

（1）擅自改变用电类别：在电价低的供电线路上，擅自接用电价高的用电设备或私自改变用电类别的。该类违约处理计算方法：应按实际使用日期补交其差额电费，并承担二倍差额电费的违约使用电费。使用起讫日期难以确的，实际使用时间按三个月计算。

（2）超容用电：私自超过合同约定的容量用电的。该类违约处理计算方法：属于两部制的用户，应补交私增设备容量使用月数的基本电费，并承担三倍私增容量基本电费的违约使用电费；其他用户应承担私增容量每千瓦（千伏安）50元的违约使用电费。如用户要求继续使用者，按新装增容办理手续。按省公司最新文件要求：单一制工业用户用电负荷超容达到315kW（kVA）及以上的，应认为用户通过私自增容擅自改变为两部制大工业用电，产生了"擅自超过合同约定容量用电"和"擅自改变用电类别"两种违约用电行为，应按单一制用电进行超容处理，计收私增容量每千瓦（千伏安）50元的违约使用电费，并按擅自改变用电类别的违约用电行为进行处理。

（3）超指标用电：擅自超过计划分配的用电指标的。该类违约处理计算方法：应承担高峰超用电力每次每千瓦 1 元和超用电量与现行电价电费五倍的违约使用电费。

（4）私自启用暂停或封存设备：擅自使用已在供电企业办理暂停手续的电力设备或启用供电封存的电力设备的。该类违约处理计算方法：属于两部制电价的用户，应补交擅自使用或启用封存设备容量和使用月数的基本电费，并承担二倍补交基本电费的违约使用电费；其他用户应承担擅自使用或启用封存设备容量每次每千瓦（千伏安）30 元的违约使用电费。启用属于私增容被封存的设备的，违约使用者还应承担第（2）项规定的违约责任。

（5）私自操作我司管控设备：私自迁移、更动和擅自操作供电企业的用电计量装置、电力负荷管理装置、供电设施以及约定由供电企业调度的用户受电设备者。该类违约处理计算方法：属于居民用户的，应承担每次 500 元的违约使用电费；属于其他用户的，应承担每次 5000 元的违约使用电费。

（6）私自转供电：未经供电企业同意，擅自引入（供出）电源或将备用电源和其他电源私自并网的。该类违约处理计算方法：应承担其引入（供出）或并网电源容量每千瓦（千伏安）500 元的违约使用电费。

二、窃电的类型及计算

（一）窃电类型

（1）在供电企业的供电设施上擅自接线用电；

（2）绕越用电计量装置用电；

（3）伪造或者开启法定计量检定机构或者供电企业加封的用电计量装置封印用电；

（4）故意损坏计量装置用电或者致使计量装置不准确；

（5）私自调整分时计费表时段或者时钟；

（6）使用非法充值方式用电；

（7）私自增加变压器容量或者变更铭牌参数，导致少交基本电费；

（8）其他法律法规规定的窃电行为。

（二）窃电计算

（1）按接入电源设备的额定容量乘以实际窃电时间计算；

（2）按照用电信息采集设备所采集的用电信息计算；

（3）按照电能表额定最大电流值、进线导线允许载流量二者中最小值所对应的容量，乘以实际窃电时间计算确定；

（4）按照接入设备容量和接用时间予以推算，或通过用户内部分表、产品单位能耗等方式予以推算；

（5）实际窃电时间无法查明的，窃电日数以 180 天计算，用电时间不足 180 天的，窃电日数以实际用电日数计算；每日窃电时间，居民照明用电按 6h 计算，三班制生产经营单位按 24h 计算，其他用户按 12h 计算。

（三）窃电的常见方式

（1）无表或绕越表计窃电：窃电者在供电企业的供电线路上，或在电能表前的相线上采用破皮引出电源进行窃电。此种窃电方法危害性更大，它不仅造成电量损失，同时还可能由于私拉乱接和随意用电造成线路和公用变压器过负荷损坏，极易造成人身伤亡及引起火灾等重大事故发生，这种窃电方式比较普遍，查获的窃电者较多。绕越表计窃电详见图 2-5-6。

图 2-5-6　绕越表计窃电

（2）欠压（失压）窃电：窃电者采用各种手段故意改变电能计量电压回路的正常接线，或故意造成计量电压回路故障，致使电能表的电压线圈失压或所受电压减少，从而导致电量少计的窃电方法。现场主要表现为：

1）使电压回路开路。如松开电能表的电压连接片；松开电压回路的接线端子；弄断电压回路导线的线芯等。

2）造成电压回路接触不良故障。如拧松电压回路的接线端子或人为制造接触面的氧化层；拧松电能表的电压连接片或人为制造接触面的氧化层等。

3）串入电阻降压。如弄断单相电能表进线侧的中性线而在出线至地（或另一用户的中性线）之间串入电阻降压等。

4）改变电路接法。如三相四线中性线接某相相线上等。

（3）欠流窃电：窃电者采用各种手段故意改变电能计量电流回路的正常接线，或故意造成计量电流回路故障，致使电能表的电流线圈无电流通过或只通过部分电流，从而导致电量少计的窃电方法。

1）使电流回路开路。如松开 TA 二次出线端子、电能表电流端子的接线端子；弄断电流回路导线的线芯；人为制造 TA 二次回路中接线端子的接触不良故障，使之形成虚接而近乎开路。

2）短接电路回路。如短接电能表的电流端子；短接 TA 一次或二次侧；短接电流回路中的端子排等。

3）改变 TA 的变比。如更换不同变比的 TA 等。

4）改变电路接法。如单相电能表相线与中性线互换，同时利用地线作中性线或接邻户线；加接旁路线使部分负荷电流绕越电能表等。

（4）移相法窃电：窃电者采用各种手法故意改变电能表的正常接线，或接入与电能表线圈无电联系的电压、电流，还有利用电感或电容特定接法，从而改变电能表线圈中电压、电流间的正常相位关系，致使电能表慢转甚至倒转的窃电方法。现场主要表现为：

1）改变电流回路的接法。如调换电能表电流端子的进出线；调换 TA 一次侧的进出线；调换 TA 二次侧的同名端；调换 TA 至电能表联线的相别等。

图 2-5-7　私拆电能表

2）用外部电源使电能表倒转。如用一台具有电压输出和电流输出的手摇发电机接入电能表等。

（5）扩差法窃电：窃电者私拆电能表，通过采用各种手法改变电能表内部的结构性能，致使电能表本身的误差扩大；以及利用电流或机械力损坏电能表，改变电能表的安装条件，使电能表少计的窃电方法，详见图 2-5-7。

现场主要表现为：

1）私拆电能表，改变电能表内部的结构性能。如减少电流线圈匝数或短接电流线圈；更换传动齿轮或减少齿数；增大机械阻力等。

2）用大电流或机械力损坏电能表。如用过载电流烧坏电流线圈；用机械外力损坏电能表等。

3）改变电能表的安装条件。如改变电能表的安装角度；用机械震动干扰电能表；用永久磁铁产生的强磁场干扰电能表等。

（四）查处窃电的常见方法

查处窃电的常见方法有直观检查法、电量检查法、仪表检查法和经济分析法。

1. 直观检查法

直观检查法就是通过人的感官，采用口问、眼看、鼻闻、手摸等手段，检查电能表，检查连接线，检查互感器，从中发现窃电的蛛丝马迹。

（1）检查电能表：主要从直观上检查电能表安装是否正确牢固，铅封是否原样，表壳有无损坏，电能表选择是否正确，运转是否正常等。

1）检查表壳是否完好。主要看表盖及接线盒的螺栓是否齐全和坚固。

2）检查电能表安装是否正确。一是检查进出线预留是否太长；二是检查安装处是否有热源、磁场干扰；三是检查是否加锁锁好。

3）检查电能表安装是否牢固。一是检查电能表固定螺栓是否完好牢固；二是检查电能表进出线是否固定好。

4）电能表选择是否正确。一是检查电能表型号选择是否正确；二是检查电流容量选择是否正确。

5）检查铅封。就目前采用的新型防撬铅封来说，检查铅封主要应注意如下三个步骤：一是检查铅封是否被启封过。可通过眼睛仔细察看，正常的铅封表面应光滑平整、完好无损，一旦启封过就破坏了原貌，要想复原是不可能的；此外，也可采用手指轻摸铅封表面，通过手感加以判断。二是检查铅封的种类是否正确。即根据铅封的分类及使用范围的规定，检查铅封的标识字样，即校表、稽查、线损班字样，各自均有其对应权限范围，若不对应即是窃电行为。三是判断铅封是否被伪造。可自带各类铅封，与现场铅封进行对照检查，详见图 2-5-8。

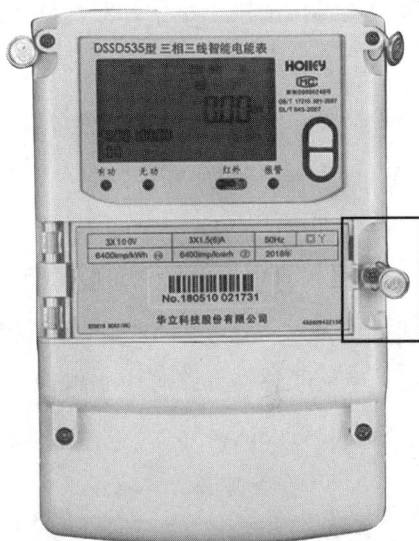

图 2-5-8　铅封

（2）检查接线：主要从直观上检查计量电流回路和电压回路的接线是否正确完好，例如有无开路或短路，有无更改和错接，还应检查有无绕越电能表的接线或私拉乱接，检查二次回路导线是否符合要求等。

1）检查接线有无开路或接触不良。一是检查二次电压线是否开路，尤其要注意是否拧紧，接触面是否氧化；二是检查所有接线端子，包括电能表、端子排、二次电压电流接线端子等，接头的机械性固定应良好，而且其金属导体应可靠接触，要防止氧化层或绝缘材料造成的虚接或假接现象；三是检查绝缘导线的线芯，要注意线芯被故意弄断而造成开路或似接非接故障，例如，有些单相用户采用欠压法窃电时故意把中性线的线芯折断而导致电能表不能正常计量。

2）检查接线有无短路。一是看电能表进线孔有无 U 形短路线，接线盒内有无被短接；二是检查经互感器接入的电能表，除了要检查电能表进线端，还应检查互感器的二次或一次有无被短路，以及二次端子至电能表间二次线有无短路，尤其要注意检查中间端子排接线是否有短接和二次线绝缘层破损造成短接。

3）检查接线有无改接和错接。改接是指原计量回路接线更改过，而错接是指计量回路的接线不符合正常计量要求。检查时对于没有经过互感器的低压用户，电能表的简单接线可凭经验做出直观判断，而对于经互感器接入的计量回路，可对照接线图进行检查。详细检查通常还要利用仪表测量确定。

4）检查有无绕越表计接线和私拉乱接。一是对于低压用户，既要注意检查进入电能表前的导线靠墙、交叉等较隐蔽处有无旁路接线，还要注意检查邻户之间有无非正常接线；二是检查私拉乱接，是指针对那些未经报装入户就私自在供电部门的线路上接线用电。

（3）检查互感器：主要检查计量互感器的铭牌参数是否和用户计费档案资料相符，检查互感器的实际接线和变比，检查互感器的运行工作情况是否正常。

1）检查互感器的铭牌参数是否和用户计费档案资料相符。低压用户防止其偷梁换柱。

2）检查电流互感器的实际接线和变比。

3）检查电流互感器的运行工作情况。一是观察外表有无断线或过热、烧焦现象；二是倾听声音是否正常，电流互感器开路时会有明显的嗡嗡声；三是停电后马上检查电流互感器，电流互感器开路时用手触摸有灼热感，电流互感器内部故障引起过热的同时还会有绝缘材料遇热挥发的臭味等。

2. 电量检查法

（1）对照容量查电量：就是根据用户的用电设备容量及其构成，结合考虑实际使用情况对照检查实际计量的电度数。

1）用户的用电设备容量是指其实际使用容量，而不是用户的报装容量。

2）用电设备构成情况主要是指连续性负荷和间断性负荷各占百分之多少，而不是动力负荷和照明负荷各占多少。例如，对于家庭用电，照明、风扇、电视、洗衣机等属于间断性负荷；而电冰箱就属于长期性负荷，空调机在天气炎热时也属于间断性负荷；对于工厂用电，照明和动力往往是同时使用的，如果是三班制生产的则基本是连续性负荷，否则就是间断性负荷；对于宾馆、酒店、办公楼一类用电，空调的容量往往占了很大比例，因而其季节性变化很大。

3）检查实际使用情况，应注意现场核实，并考虑如下几个因素：一是气候的变化；二是生产、经营形势的变化；三是经济支付能力的变化。因为这些情况的变化将影响设备的实际投用率，最终影响用电量的变化。

（2）对照负荷查电量：就是根据实测用户负荷情况，估算出用电量，然后以电能表的计算对照检查。具体做法有：

1）连续性负荷电量测算法。适用于三班制生产的工厂和天气炎热时的宾馆这一类用户。一是选择几个代表日，例如选一个白天、一个晚上，或者选两个白天两个晚上，取其平均值为代表负荷；二是用钳形电流表到现场实测出一次电流，或测出二次电流再换算成一次电流值；三是根据用户实测电流估算出平均每天用电量，并将电能表的记录电度换算成日平均电量加以对照，正常情况下两者应较接近，否则就有可能是电能表少计或者测算有误，应进一步查明原因。

2）间断性负荷测算法。这类负荷是指一天24h出现间断性用电，例如单班制或两班制的工厂，一般居民用电、办公楼用电等。测算这类负荷的用电量除了要遵循连续性负荷电量测算法的基本步骤外，还应把一天24h分成若干个代表时段，分别测出代表时段的负荷电流值，并分别计算出各个代表时段的电量值，然后累计一天的用电量。为了简化手续，通常可选两个代表日，每个代表日选2~3个代表时段即可。

3）前后对照查电量：即把用户当月的用电量与上月电量或前几个月的用电量对照检查。如发现突然增加、突然减少都应查明原因。电量突然比上月增加，则重点查上个月；电量突然减少，则重点查本月。

a. 查用电量增加的原因。一是检查抄表日期是否推后了；二是检查抄表进程是否有误，如抄错读数、乘错倍率等；三是检查季节变化、生产经营形势变化等原因引起实际用电量增加；四是检查上月及前几个月窃电较严重而本月窃电较少，或无窃电了。

b. 查用电量减少的原因。一是检查抄表日期是否提前了；二是检查抄表过程是否有误，造成本月少抄了；三是检查实际用电量是否减少了；四是检查原来无窃电而本月有窃电，或本月窃电更严重了。

电量无明显变化也不能轻易认为无窃电。例如：有的用户一开始就有窃电；用电量多时窃电而用电量少时不窃电，或多用多窃少用少窃。

3. 仪表检查法

仪表检查法通过采用普通的电流表、电压表、相位表进行现场检测，从而对计量设备的正常与否做出判断，必要时还可用标准电能表校验用户电能表。

（1）用电流表检查。

1）用钳形电流表检查电流。这种方法主要用于检查电能表不经电流互感器接入电路的单相用户和小容量三相用户。检查时将相线、中性线同时穿过钳口，测出相线、中性线电流之和。单相电能表的相线、中性线电流应相等，和为零；三相的各相电流可能不相等，中性线电流不一定为零，但中性线、相线之和则应为零，否则必有窃电或漏电。

2）用钳形电流表或普通电流表检查有关回路的电流。此举目的主要是：一是检查互感器变比是否正确。对于低压互感器，检测时应分别测量一次和二次电流值，计算电流变比并与互感器铭牌对照。二是检查互感器有无开路、短路或极性接错。若互感器二次电流为零或明显小于理论值，则通常是互感器断线或短路。三是通过测量电流值粗略校对电能表。测量期间负荷应相对稳定，并根据用电设备的负荷性质估算出电能表的实测功率（也可用盘面有功功率表读数换算），读取某一时段内电能表的转数，再与当时负荷下理论转数对照检查。

（2）用电压表检查：可用普通电压表或万能表的电压挡，检测计量电压回路的电压是否正常。

1）检查有无开路或接触不良造成的失压和电压偏低。通常先检测电能表进出线端子，单相用户电能表的检测。正常时电压端子的电压应等于外部电压，无压则为电压小钩开路或电能表的进出中性线开路，电压偏低则可能是电压小钩接触不良或电能表接中性线串联高电阻。

2）检查有无电压极性接错造成电压异常。

3）检查电压线端至电能表的回路压降。正常情况下压降不大于2%。

（3）用相位表检查：用相位表测量电能表回路的相位关系，并确认电压正常、相序无误，注意负荷潮流方向和电能表转向。

（4）用电能表检查：当互感器及二次接线经检查确认无误而怀疑是电能表不准时，可用准确的电能表现场校对或在校表室校验。

1）在校表室校表，将被校表装上试验台，测出某一时段内标准表与被校表的转盘转数，然后进行换算比较。

2）在现场校表。宜选用与被校表同型号的正常电能表作为参考表串入被校表电路中，校验表盘转数的方法与试验室常规校表的方法相同。

4．经济分析法

一是对供电部门的电网经济运行状况进行调查分析，从线损率指标入手侦查窃电；二是从用户的单位产品耗电量入手侦查窃电。

（1）线损率分析法：从线损率指标入手侦查窃电的方法步骤。

1）做好统计线损率的计算和分析。及时掌握线损动态，不但要做好线损的统计分析，同时应对配电变压器及低压用户进行统计、分析、比较。

2）加强管理，减少营销人员人为因素造成的电量损失。

3）从时间上对线损率变化情况进行纵向对比。例如某台配电变压器的线损率在某个时间段突然增加或突然减少。

（2）用户单位产品耗电量分析法：单位产品耗电量分析法通常只适用于工矿企业，而不适用于一般的小用户。由于用户的产品总数难以掌握，要求用电检查人员必须经常了解用户的生产情况和经营状况。

三、违约窃电查处的取证要求

（1）对发现的物证，必须及时妥善地进行提取和固定。

（2）对提取、封存的物证要注意保持物证的原始状态。

（3）书证要保管好。

（4）视听资料要注意保证连续性和真实性。

（5）证人证言一般是口头陈述，也可以是书面证词。

（6）鉴定结论。目前全国各地还缺少专门鉴定窃电或者有窃电鉴定业务的司法鉴定机构。

（7）对于直接用于窃电的工具、设备，如窃电器、短接线、伪造的封印、改变变比的互感器等，供电企业可以带走（但不能没收，因为供电企业没有这种公权力）。对于专用的窃电工具，应交给电力管理部门予以销毁。

（8）供电企业不能将窃电者带回供电企业内进行审讯或审问。

（9）要当面揭穿其窃电事实，指出窃电的手段，让其承认窃电事实的存在并尽量让其留下书面认错记录或检讨。

（10）如果窃电者在事实面前拒不承认，即应当要获取重要人证（如请公安人员）的现场证据。

（11）查处过程中要全程进行录音录像。

参考资料：违约
用电通知书

参考资料：窃电
通知书

参考资料：违约用电
处理结果通知书

四、违约窃电流程处理合规性要求

（1）现场核查人数不得少于两人，检查人员应做好必要的人身防护和安全措施，携带并正确使用现场记录仪、照相机、万用表、钳形电流表等设备。

（2）现场检查时应主动出示证件，并应由用户随同配合检查。对于用户不愿配合检查的，应邀请公证、物业或无利益关系第三方等，见证现场检查。

（3）现场检查的取证应程序合法，证据链完整，实证清晰、准确。可采取拍照、摄像、封存等手段，提取能够证明窃电和违约用电行为存在、持续时间以及侵害程度的物证、书证、影像资料等证据材料。有关证据应作为计算追补金额的依据，支撑后续处理工作。

（4）完成现场检查后，检查人员应不晚于次日在营销业务应用系统发起窃电违约用电处理流程，并录入相关资料、证据等。

（5）窃电和违约用电处理应落实"查处分离"要求，检查人员负责现场检查与取证，处理人员负责后续处理，禁止检查人员和处理人员由同一人兼任。

（6）逐步提升窃电和违约用电处理场所基础安防配置，各级供电对外服务场所应建立窃电和违约用电处理专用接待区/办公室，安装高清视频监控与紧急报警系统，配足安保人员，配齐安防设施装备。

参考资料：窃电处理结果通知书

（7）未进入行政或司法程序的窃电和违约用电流程原则上应于2个月内办结归档，对查实后超两个月未接受处理的窃电和违约用电案件应采取中止供电措施，并加强日常监测，防止停电用户擅自恢复用电。

（8）对查实后超六个月未接受处理的窃电和违约用电用户应通过民事诉讼争取合法权益。

参考资料：停电通知书

（9）对窃电用户，可当场进行停电；对违约用户拒不交付违约用电引起的费用，可按照相关程序履行审批手续，并按相关规定通知用户后可执行停电措施；因窃电、违约用电需对重要电力用户停止供电的，须由本单位分管领导批准，按《供电营业规则》第六十七条规定履行通知手续，停电通知书应以书面形式报送同级经信部门，特级重要电力用户应同时报送省经信委、福建能源监管办。

任何部门或个人不得擅自减免应追补的电费和违约使用电费。

五、反窃查违过程中的安全注意事项

为了防止侦查窃电过程发生意外，一方面要严格遵守《国家电网有限公司营销现场作业安全工作规程（试行）》（国家电网营销〔2020〕480号）中的有关规定，同时还应正确处理好公共关系。

（一）安全规程方面的注意事项

（1）用电检查人员应具备一定的电工常识和掌握的有关专业技术，熟悉安全规程方面的有关规定，身体健康且无妨碍性疾病，懂得触电急救法和人工呼吸法。

（2）用电检查应至少由两人进行，其中一人专门负责监护，同时也是用电检查见证人。

（3）严禁酒后用电检查和疲劳用电检查。

（4）用电检查人员穿戴应符合安全要求。

（5）带电检查应保持足够的安全距离。

（6）触及计量盘等带电设备的外壳和设备构架等金属物前应注意先验电，以防漏电造成人身触电事故。

（7）拆、接低压导线和触及低压设备要先验电后操作，要特别注意，即使开关断开后仍可能由于窃电者私自改动接线造成设备带电。

1）使用测量仪表应注意正确接线和正确操作；

2）操作设备注意正确的操作步骤。

（二）其他注意事项

（1）白天用电检查时，应劝阻群众不围观，禁止儿童进入现场；

（2）夜间用电检查时应有专人负责安全保卫工作；

（3）侦查公然窃电的钉子户时，应让公安部门协助进行；

（4）用电检查人员与用户有亲属、朋友等关系时应尽量回避，以免碍于情面而影响用电检查效果。

六、相关单据及流程填写规范要求

（1）现场调查取证环节应说明：

1）该用户的电压等级及用电性质。

2）该用户违约用电或窃电的现场现象，认定依据及结论。

3）窃电或违约用电的总容量、设备容量清单和核定结果。

4）窃电或违约用电时间的认定及原因依据。

5）上传现场照片或录像。要求证据确凿，依据充分，认定准确。

（2）处理环节应说明：

1）现场采取措施。

2）处理依据。

3）追补窃电量、电费，收取违约使用电费的计算过程。

4）其他需要的处置情况（如表计处理等）。

5）如在现场调查取证环节未详细说明设备容量清单的，在此环节应将设备容量清单作为相关资料上传。要求依据明确，处置规范，过程清晰，计算准确。

（3）范例。

范例一：违约用电——私自改变用电类别

现场调查取证：该户原为 220V 居民合表用电。7月8日现场检查发现该户将5～6楼租借为餐饮，商住混用，其中商业用电占30%。根据《供电营业规则》第100条第1款，该户私自改变用电类别，属违约用电。从该户2010年4～6月电量突增分析，违约用电时间为2010年4～6月。

处理情况：根据《供电营业规则》第100条第1款规定，处理如下：

1）现场拆除违章线路。

2）按实际使用日期补交差额电费。

a. 因4～6月该户共用电量 3136kWh，故违约电量为 $3136 \times 30\% = 940.8$（kWh）；

b. 应补交电费为 $940.8 \times (0.8741 - 0.533) = 320.91$（元）；

3）承担二倍差额电费的违约使用电费。违约使用电费 $= 320.91 \times 2 = 641.82$（元）。

范例二：违约用电——私自移动供电企业用电计量装置

现场调查取证：该户为 220V 非居民照明用电。7 月 8 日现场检查发现该户为了修缮房屋擅自移动供电企业电能表 EP12345678、EP23456789。根据《供电营业规则》第 100 条第 5 款规定，属违约用电。经现场检查该户私自移表尚未造成电量、电费损失。

处理情况：根据《供电营业规则》第 100 条第 5 款规定，由于该户属办公用电性质，应承担每次 5000 元的违约使用电费，合计为 5000×2＝10000（元）。

范例三：违约用电——私自超过合同约定容量用电（单一制电价）

现场调查取证：该户为 380V 非工业用电。7 月 8 日现场检查，该户私自超过合同约定的容量用电，根据《供电营业规则》第 100 条第 2 款属违约用电。现场核实实际使用容量为 80kW，合同约定容量为 40kW，私自超容使用为 40kW。

处理情况：根据《供电营业规则》第 100 条第 2 款规定，处理如下：

1）现场拆除私增设备。

2）该户为单一制电价用户，应承担私增容量每千瓦 50 元的违约使用电费，计 40×50＝2000（元）。

【任务实施】

某用户疑似存在违约用电行为，请按规范开展该户的违约用电查处工作。

（1）违约用电、窃电查处基本流程见图 2-5-9。

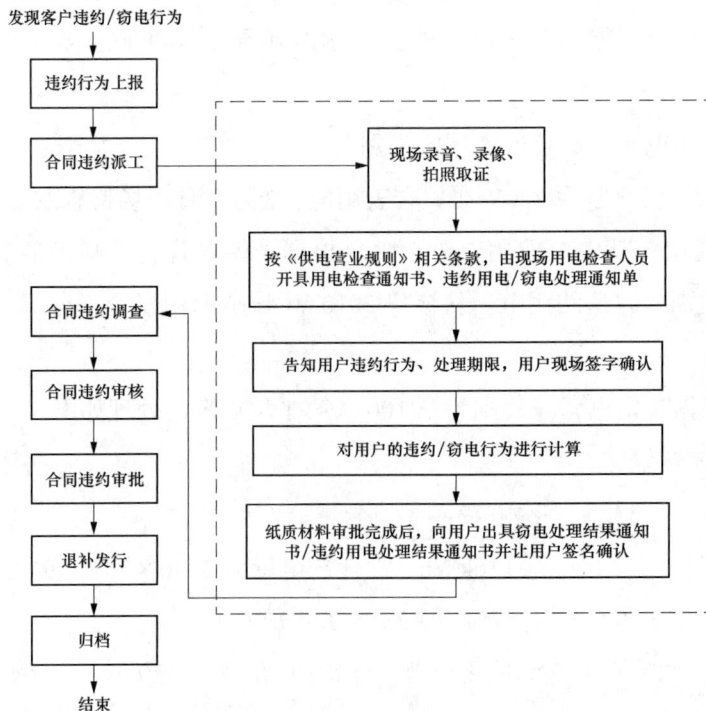

图 2-5-9　违约用电、窃电查处基本流程

（2）违约行为上报。填入举报信息、举报电话、举报地址等相关基础信息，详见图 2-5-10。

履约工单

| 申请编号 | 35230×××××××30 | 供电单位 | ××供电所 | 举报人姓名 | 郑×× |

举报人电话　×××××××××　　举报地址　×××市××路××××

举报信息　擅自启用××××#3变（暂停状态）

备注　请输入备注

申请人　周××　　申请人电话　1506×××××××

附件

图 2-5-10　违约行为上报

（3）合同违约派工。选取对应现场处理人员填入"履约派工—派工"一栏，详见图 2-5-11。

合同履约工单信息

-疑似违约用户信息

用户编号　35075×××××××　　用户名称　××××公司　　用电类别　××用电

合同容量　××　　　　kVA　　供电电压　×× kV

举报工单信息

申请编号　35230××××××××××　　供电单位　×××供电所　　举报日期　2023-××-××

举报人姓名　郑××　　举报人电话　150×××××××　　合同专业

履约工单来源　网络坐席　　违约类型　违约用电

现场地址　××××市××路××××

举报信息　擅自启用10k×××#3变（暂停状态）

申请人　周××　　申请人电话　150×××××××

附件

履约派工　周××　_____

图 2-5-11　合同违约派工

（4）现场开展用电检查工作：

1）对违约／窃电情况进行现场录音、录像、拍照取证。

2）按《供电营业规则》相关条款，由现场用电检查人员开具用电检查通知书、违约用电通知书／窃电通知书。

3）告知用户违约行为、处理期限，用户现场签字确认。

（5）对用户的违约／窃电行为进行计算，先进行纸质材料审批，根据计算及审批结果向用户出具窃电处理结果通知书／违约用电处理结果通知书并让用户签名确认。

（6）在营销业务系统中"合同违约调查"录入现场违约情况：核实现场违约情况并在"有无违约"选择"有违约"（有违约情况下），将现场违约具体情况填入"调查结果"，上传违约用电通知书／窃电通知书、计算过程、现场照片／视频、违约用电处理结果通知书／窃电处理结果通知书、审批表、测试结果等相关材，详见图2-5-12。

（7）合同违约审核：核实违约处理结果是否有误，选择是否通过。

图2-5-12 在营销业务系统中"合同违约调查"录入现场违约情况

参考资料：反窃
查违标准化作业
指导书

视频：反窃查违
取证规范

视频：三相四线
客户窃电查处
（现场部分）

（8）合同违约审批：审批违约处理结果是否有误，选择是否通过。

（9）退补发行：选择违约金额退补方式并发行，通知用户缴纳相关费用。

（10）合同违约归档。

任务三 重要电力用户管理

【任务目标】

（1）掌握重要电力用户的定义和分级。

（2）掌握各级重要电力用户电源配置要求。

（3）掌握重要电力用户申报要求及相关流程。

（4）熟悉重要电力用户管理要求。

【任务描述】

本项操作任务对重要电力用户管理的相关知识点进行讲解。要求学员掌握重要电力用户的定义和分级、电源配置要求，能协助用户完成重要电力用户申报及营销业务系统处理，熟悉重要电力用户管理要求。

【知识准备】

（1）重要电力用户的定义：指在社会、政治、经济生活中占有重要地位，对其中断供电将可能造成人身伤亡、较大环境污染、较大政治影响、较大经济损失、社会公共秩序严重混乱的用电单位或对供电可靠性有特殊要求的用电场所。

（2）重要电力用户分类：根据用户对供电可靠性的要求以及中断供电危害程度，将重要电力用户分为特级、一级、二级和临时性重要电力用户。

1）特级重要电力用户是指在管理国家事务中具有特别重要的作用，供电中断将可能危害国家安全的电力用户。

2）一级重要电力用户是指供电中断将可能产生下列后果之一的电力用户：

a. 直接引发人身伤亡的；

b. 造成严重环境污染的；

c. 发生中毒、爆炸或火灾的；

d. 造成重大政治影响的；

e. 造成重大经济损失的；

f. 造成较大范围社会公共秩序严重混乱的。

3）二级重要电力用户是指供电中断将可能产生下列后果之一的电力用户：

a. 造成较大环境污染的；

b. 造成较大政治影响的；

c. 造成较大经济损失的；

d. 造成一定范围社会公共秩序严重混乱的。

4）临时性重要电力用户是指需要临时特殊供电保障的电力用户，详见表2-5-3、表2-5-4。

表 2-5-3　　　　　　　　　重要电力用户所在行业分类

重要电力用户分类			
［A］工业类	［A1］煤矿及非煤矿山	［A1.1］煤矿	
		［A1.2］非煤矿山	
	［A2］危险化学品	［A2.1］石化	
		［A2.2］盐化	
		［A2.3］煤化	
		［A2］精细化工	
	［A3］冶金		
	［A4］电子及特种制造业	［A4.1］电子	
		［A4.2］特种制造业	
	［A5］军工	［A5.1］航天航空、国防试验基地	
		［A5.1］危险性军工生产	
［B］社会类	［B1］党政司法机关、国防、国际组织、各类应急指挥中心		
	［B2］通信		
	［B3］新闻媒体		
	［B4］金融及数据中心	［B4.1］数据中心	
		［B4.2］金融	
	［B5］共用事业	［B5.1］供水、供热	
		［B5.2］污水处理	
		［B5.3］供气	
		［B5.4］天然气运输	
		［B5.5］石油运输	
	［B6］交通运输	［B6.1］民用运输机场	
		［B6.2］铁路、轨道交通、公路隧道、港口码头	
	［B7］医疗卫生		
	［B8］人员密集场所	［B8.1］五星级以上宾馆饭店	
		［B8.2］高层商业办公楼	
		［B8.3］大型超市、购物中心	
		［B8.4］体育馆场馆、大型展览中心及其他重要场馆	

注 1. 本分类未涵盖全部行业，其他行业可参考执行。

　2. 不同地区重要电力用户分类可参照各地区发展情况确定。

表 2-5-4   **重 要 电 力 用 户 范 围**

重要电力用户类别		重要电力用户范围	断电影响
[A]工业类	[A1.1]煤矿	井工煤矿	可能引发人身伤亡
	[A1.2]非煤矿山	井工非煤矿山	可能引发人身伤亡
	[A2.1]石化	以石油为原料的化工企业	可能引发人身伤亡、中毒、爆炸或火灾等重大安全事故,造成重大经济损失和严重环境污染
	[A2.2]盐化	以粗盐为原料的化工企业	可能引发人身伤亡、中毒、爆炸或火灾等重大安全事故,造成重大经济损失和严重环境污染
	[A2.3]煤化	以煤为原料的化工企业	可能引发人身伤亡、中毒、爆炸或火灾等重大安全事故,造成重大经济损失和严重环境污染
	[A2]精细化工	生产精细化学品的化工企业	可能引发人身伤亡、中毒、爆炸或火灾等重大安全事故,造成重大经济损失和严重环境污染
	[A3]冶金	黑色金属和有色金属的冶炼和加工企业	可能引发人身伤亡、中毒、爆炸或火灾等重大安全事故,造成重大经济损失
	[A4]制造业	汽车、造船、飞行器、发电机、锅炉、汽轮机、机车、机床加工等机械制造和电子企业	可能引发人身伤亡、造成重大经济损失
	[A5]军工	航天航空、国防试验基地、危险性军工生产企业	可能造成重大政治影响和重大社会影响、可能引发人身伤亡
[B]社会类	[B1]党政司法机关、国防、国际组织、各类应急指挥中心	国家级首脑机关的办公地点、国外驻华使馆及外交机构、省级党政机关、地市级党政机关和一些重要的涉外组织,以及省级气象监测指挥和预报中心、电力调度中心、重要水利大坝、重要的防汛防洪闸门、排涝站、地震监测指挥预报中心、防汛防灾等应急指挥中心、消防(含森林防火)指挥中心、交通指挥中心、公安监控指挥中心等重要应急指挥中心、人民防空指挥中心	可能造成重大政治影响和重大社会影响
	[B2]通信	国家级和省级的枢纽、容灾备份中心、省会级枢纽、长途通信楼、核心网局、互联网安全中心、省级 IDC 数据机房、网管计费中心、国际关口局、卫星地球站	可能造成大的社会影响
	[B3]新闻媒体	国家级和省级广播电视机构和广播电台、电视台、无线发射台、监测台、卫星地球站等	可能造成大的经济损失和社会影响
	[B4.1]数据中心	全国性证券公司、省级证券交易中心	可能造成大的经济损失和社会影响
	[B4.2]金融	国家级银行、省级银行一级数据中心、大型电子商务中心和重要场所等	可能造成大的经济损失和社会影响
	[B5.1]供水、供热	供水面积大的大、中型水厂(用水泵进行取水)、重要的加压站及大型供热厂等	可能造成社会公共秩序混乱

续表

重要电力用户类别		重要电力用户范围	断电影响
[B]社会类	[B5.2]污水处理	国家一级污水处理厂，大、中型污水处理厂	可能造成环境污染
	[B5.3]供气	天然气城市门户站、燃气储配站、调压站（升压站、降压站）等	可能造成安全事故和环境污染
	[B5.4]天然气运输	天然气输气干线、输气支线、矿场集气支线、矿场集气干线、配气管线、普通计量站等	可能造成安全事故和环境污染
	[B5.5]石油运输	石油输送首站、末站减压站和压力、热力不可逾越的中间（热）泵站及其他各类输油站等	可能造成安全事故和环境污染
	[B6.1]民用运输机场	国际航空枢纽、地区性枢纽机场及一些普通小型机场	可能引发人身伤亡、造成重大安全事故、造成大的政治影响和社会影响
	[B6.2]铁路、城市轨道交通	铁路牵引站，国家级铁路干线枢纽站、次级枢纽站、铁路大型客运站、中型客运站、铁路普通客运站；城市轨道交通牵引站、城市轨道交通换乘站、城市轨道交通普通客运站	可能造成安全事故和大的社会影响
	[B7]医疗卫生	三级医院	可能引发人身伤亡、造成社会影响和社会公共秩序混乱
	[B8.1]五星级以上宾馆饭店	特殊定点涉外接待的宾馆、饭店和其他五星级以上的高等宾馆	可能引发人身伤亡和社会公共秩序混乱
	[B8.2]高层商业办公楼	高度超过100m的特别重要的商业办公楼、商务公寓、购物中心	可能引发人身伤亡和社会公共秩序混乱
	[B8.3]大型超市、购物中心	营业面积在6000m^{2}以上的多层或地下大型超市及大型购物中心	可能引发人身伤亡和社会公共秩序混乱
	[B8.4]体育馆场馆、大型展览中心及其他重要场馆	国家级承担重大国事活动的会堂、国家级大型体育中心；举办世界级、全国性或单项国际比赛；举办地区性和全国单项比赛，举办地方性、群众性运动会、展会；承担国际或国家级大型展览的会展中心、承担地区级展览的会展中心	可能引发人身伤亡、可能造成重大政治影响和社会公共秩序混乱

注 1. 本分类未涵盖全部行业，其他行业可参考执行。

　　2. 不同地区重要电力用户分类可参照各地区发展情况确定。

（3）重要电力用户的电源配置要求：

1）特级重要电力用户应具备三路电源供电条件，其中的两路电源应当来自两个不同的变电站，当任何两路电源发生故障时，第三路电源能保证独立正常供电。

2）一级重要电力用户应具备两路电源供电条件，两路电源应当来自两个不同的变电站，当一路源发生故障时，另一路电源能保证独立正常供电。

3）二级重要电力用户应具备双回路供电条件，供电电源可以来自同一变电站的不同母线段。

4）临时性重要电力用户按照供电负荷重要性，在条件允许的情况下，可以通过临时架线等方式具备双回路或两路以上电源供电条件。

5）重要电力用户供电电源的切换时间和切换方式要满足重要电力用户允许中断供电时间的要求。

6）重要电力用户应配备自备应急电源，并加强安全使用管理。重要电力用户的自备电源配置应符合以下要求：

a. 容量配置应达到保安负荷的 120%；

b. 启动时间应满足安全要求；

c. 应装设可靠的电气或机械闭锁装置，防止倒送电；

d. 临时性重要电力用户可以通过租用应急发电车（机）等方式，配备自备应急电源。

（4）重要电力用户的认定：按《电力安全事故应急处置和调查处理条例》要求，由县级以上地方人民政府电力主管部门组织供电企业和用户统一开展，采取一次认定，每年审核新增和变更的重要电力用户。

（5）重要电力用户的管理。

1）日常管理：

a. 重要电力用户应按年度制订周期检查计划：重要电力用户每 3 个月至少检查 1 次。临时性重要电力用户根据其现场实际用电需要开展用电检查工作。

b. 35kV 及以上重要电力用户每年开展一次由营销、运检、调控联合的用电安全指导。

c. 对用户责任的重大安全隐患及治理情况应遵循属地管理的原则，以正式文件形式向用户主管单位、当地电力主管部门、安全监督管理部门和福建省能监办报告，建立重要电力用户隐患治理协同机制，促成地方政府实行跟踪治理，做到"服务到位、通知到位、报告到位、督导到位"的四到位要求。

d. 指导帮助重要电力用户制订和完善停电应急预案，并做好停电应急预案备案。

e. 有涉及重要电力用户的电网运行风险，需对重要电力用户进行电网运行风险预警。

2）停电管理：

a. 供电企业应优先保证重要电力用户的供电，原则上不将重要电力用户列入限电序位。

b. 因窃电、违约用电、欠费等需对重要电力用户停止供电的，须由本单位分管领导批准，按《供电营业规则》第六十七条规定履行通知手续。停电通知书应以书面形式报送同级电力主管部门，特级重要电力用户应同时报送省电力主管部门、省能源监管办。

c. 因电网故障中断重要电力用户供电时，供电企业应及时启动电网侧中断供电应急预案，迅速采取措施优先恢复对重要电力用户的供电。

d. 事故造成重要电力用户供电中断的，重要电力用户应当按照有关技术要求迅速启动自备应急电源；用户请求发电车支援时，供电企业应当提供必要的支援。

e. 按《国家电网有限公司安全事故调查规程》的相关规定：特级或一级重要电力用户电网侧供电全部中断属于五级电网事件，二级重要电力用户电网侧供电全部中断属于六级电网事件，临时性重要电力用户电网侧供电全部中断属于七级电网事件。

（6）重要电力用户相关政策法规摘要。

1）《电力安全事故应急处置和调查处理条例》第五条：县级以上地方人民政府有关部门确定的重要电力用户，应当按照国务院电力监管机构的规定配置自备应急电源，并加强安全使用管理。

2）《国家能源局关于印发防止电力生产事故的二十五项重点要求的通知》（国能安全〔2014〕161号）22.3.5.3：对属于用户责任的安全隐患，供电企业用电检查人员应以书面形式告知用户，积极督促用户整改，同时向政府主管部门沟通汇报，争取政府支持，建立政府主导、用户落实整改、供电企业提供技术服务的长效工作机制。

3）《福建省电力设施建设保护和供用电秩序维护条例》第四十八条：县级以上地方人民政府应当建立电力应急预警机制，保障电力安全稳定运行。县级以上地方人民政府电力主管部门应当会同林业管理部门以及电力企业建立电力线路走廊火灾应急和森林火情预警联动机制。电力企业和重要电力用户应当制定电力应急预案，报所在地人民政府电力主管部门备案。

4）《重要电力用户供电电源及自备应急电源配置技术规范》（GB/T 29328—2018）5.1重要电力用户界定：是指在国家或者一个地区（城市）的社会、政治、经济生活中占有重要地位，供电中断可能造成人身伤亡、较大环境污染、较大政治影响、较大经济损失、社会公共秩序严重混乱的用电单位或对供电可靠性有特殊要求的供电场所。

（7）生命线工程用户。

1）定义：生命线工程用户是指维持城市生存功能系统和对国计民生有重大影响的工程，主要包括供水、排水系统的工程；电力、燃气及石油管线等能源供给系统的工程；电话和广播电视等情报通信系统的工程；大型医疗系统的工程以及公路、铁路等交通系统的工程等。

2）主要包括：

a. 交通工程，如铁路、公路、港口、机场。

b. 通信工程，如广播、电视、电讯、邮政。

c. 供电工程，如变电站、电力枢纽、电厂。

d. 供水工程，如水源库、自来水厂、供水管网。

e. 供气和供油工程，如天然气和煤气管网、储气罐、煤气厂、输油管道。

f. 卫生工程，如污水处理系统、排水管道、环卫设施、医疗救护系统。

g. 消防工程等。

3）生命线工程的特征：

a. "生命线工程"大多以一种网络系统的形式存在，且在空间上覆盖一个很大的区域范围，如高压输电网络、区域交通网络、城市供水管网等。网络系统的功能不仅与组成系统的各个单元的功能密切相关，还与各个单元之间的联系方式（主要表现为网络拓扑特征）密切相关。这种共性特征使得对生命线工程的考察与分析必须借助于系统分析的手段进行。

b. 各类生命线系统都是由一批工程结构构成的，工程结构是生命线工程系统的客观载体。例如：在电力系统中，存在电厂主厂房、高压输电塔、各类变电站建筑等，即使是高压输电设备（如各类电容互感器、绝缘子、断路器等），也可以视为是一类工程结构；在城市供水系统中，存在供水泵房、水处理水池、输水管线等各类工程设施；其他如交通系统中的道路与桥梁、通信系统中的枢纽建筑与通信设备，无一不具有工程结构的基本特征。生命线工程系统中的结构可以统称为生命线工程结构，其抗灾性能、健康状态、耐久性等是决定生命线工程系统能否良好地发挥功能的重要因素。

c. 不同类型的生命线工程系统在功能上往往具有耦联性，如电力系统运行状态的良好与否可以影响城市供水系统正常功能的发挥，交通系统、输油系统功能是否正常可能影响电力系统的运行状态等。在强烈灾害发生时（如强烈地震、台风灾害等），这种耦联作用甚至更加显著和广泛。

【任务实施】

某二乙医院要申请二级重要电力用户，请配合用户完成相关申请流程。

（1）指导用户完成电力用户重要性等级申请表的填报。

申报表需明确重要性等级，一级、二级、保安负荷的容量；需经行业主管部门和电力主管部门的盖章批准，详见图 2-5-13。

（2）收集该用户的其他用电关键信息，存入档案归档。申报流程示意图详见图 2-5-14。

（3）组织人员对该户进行现场检查验收。重点核查用户的供电电源配置、自备电源的配置、UPS（不间断电源）的配置、专用应急接口和发电车的停放位置、运行规章制度、电工配置、应急预案等。重要电力用户验收要按零隐患入网的要求严格开展。

参考资料：重要电力用户基础信息收集表

（4）完成营销业务系统的重要电力用户登记变更。

户名		用电地址	
重要性等级说明	特级重要客户电力用户是指在管理国家事务工作中特别重要，中断供电将危害国家安全的电力用户。特级重要电力用户至少需配置三路供电电源。 　　一级重要电力用户，是指中断供电将可能产生下列后果之一的：①直接引发人身伤亡的；②造成环境严重污染的；③产生中毒、爆炸或火灾的；④造成重大政治影响的；⑤造成重大经济损失的；⑥造成较大范围社会公共秩序严重混乱。一级重要电力用户至少需配置两路来自不同变电站的供电电源。 　　二级重要电力用户是指中断供电将可能产生下列后果之一的；①造成较大政治影响的；②造成较大环境污染的；③造成较大经济损失的；④造成一定范围社会公共秩序严重混乱。二级重要电力客户至少应配置双回路供电电源。 　　临时性重要电力用户，指需要临时特殊供电保障的电力用户。 　　重要电力用户应配置容量标准达保安负荷120%的自备应急电源。		
客户重要性等级自认定情况	我企业（单位）已详尽阅读上述负荷类别说明。并经过详尽核对，认为我企业（单位）具有一级负荷　　kW，二级负荷　　kW，需保安负荷　　kW。 在发生中止供电情况下将发生如下结果： _____ 因此本单位属： 1）□煤矿　□非煤矿山　□石油　□化工　□冶金　□危险化学品　□其他高危类 2）□党政机关　□国防　□信息安全　□交通运输　□水利枢纽　□公共事业　□其他 重要类　□特级重要电力客户　□一级重要电力客户　□二级重要电力客户 3）□普通电力客户。 **法人或授权代表签字**：　　　　　　　　　单位盖章：　　年　　月　　日		

煤矿、非煤矿用电应填写以下信息：			
用电矿井井号及标高		采矿许可证号	
矿山资格证号		矿山安全资格证号	

煤矿用电应填写以下信息：			
煤矿生产许可证号		煤矿安全许可证号	
行业主管部门意见		需行业主管部门盖章 盖章：　　年　　月　　日	
经贸部门批准意见		需经贸部门盖章 盖章：　　年　　月　　日	
供电企业执行意见		需供电企业盖章 盖章：　　年　　月　　日	

图 2-5-13　电力用户重要性等级申请表

　　（5）信息流转：将用户重要性等级变更信息流转至运检（设备）部、发展部、安监部、调控中心等相关部门。

　　（6）发文报备：将重要电力用户的新增、变更、销户情况报送所在地市或县（市）级发展和改革委员会或工信局，并报当地电力监管部门备案。

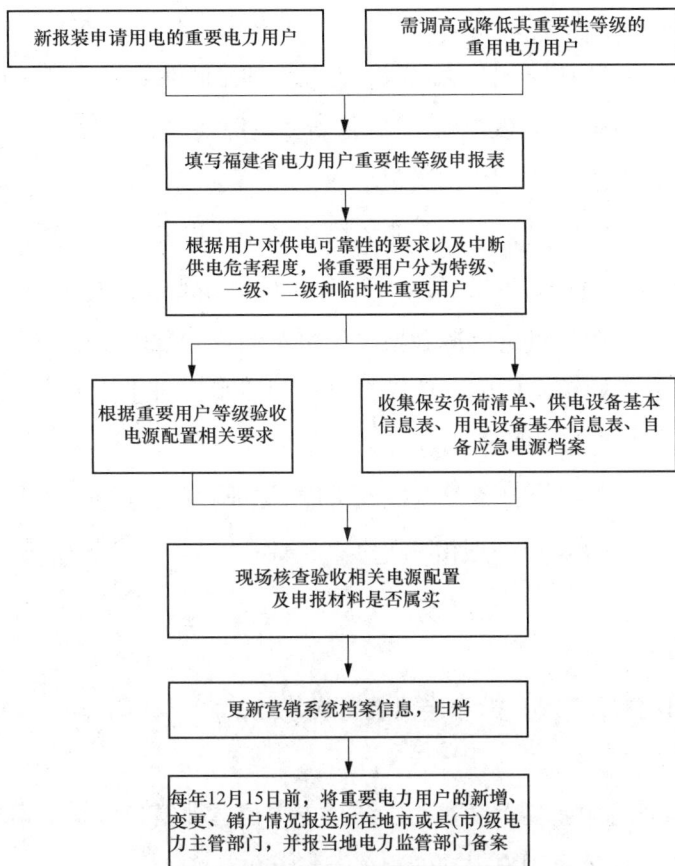

图 2-5-14 申报流程示意图

任务四 自 备 电 源 管 理

【任务目标】

（1）掌握自备电源的管理要求。

（2）掌握自备电源验收的技术要求。

（3）掌握用户申请自备电源验收的相关手续。

【任务描述】

本项操作任务对自备电源管理的相关知识点进行讲解。要求学员掌握自备电源的定义和类型、管理要求、并网技术要求，能协助用户完成用户申请自备电源验收的相关手续办理。

【知识准备】

一、自备电源的定义及分类

自备电源是指由用户自行配备的，在正常供电电源全部发生中断的情况下，能至少满足用户保安负荷持续可靠供电的独立电源。一般包括自备电厂、发动机驱动发电机组（柴油发

317

动机发电机组、汽油发动机发电机组、燃气发动机发电机组）、静态储能装置［UPS、应急电源（EPS）、蓄电池、超级电容］、动态储能装置（飞轮储能装置）、移动发电设备（装有电源装置的专用车辆、小型移动式发电机）、其他新型电源装置。

二、自备电源管理要求

参考资料：自备
电源新增（变更）
安全告知书

（1）供电企业在除非居民住宅小区以外的用户新装申请用电时，应请用户阅读自备电源新增（变更）安全告知书，并请用户在收知单上签认，以明确用户自备电源新增、变更及运行管理的相关要求，告知书由用户留存，收知单由供电企业归档。特别注意，新建住宅施工及其公建设施报装用电也应按此要求执行。

（2）用户自备发电机及可能对电网倒送电的其他类型自备电源的新增与变更，应至供电企业营业窗口办理相关手续，包括：

1）新增自备电源；

2）自备电源增容；

3）更换一、二次接线方式，拆除连锁装置或移位；

4）拆除自备电源。

（3）用户办理自备电源新增及变更时，各供电单位营业窗口人员应请用户填写自备电源新增（变更）申请表，并核对用户提交的相关资料，包括：

1）电气主接线及有关参数；

2）各电源回路间二次连锁装置接线图；

3）自备电源的额定容量等参数及保护装置图；

4）自备电源的供电范围及图示、保安负荷清单。

（4）供电企业应与用户对其自备电源接入方案进行明确，对设计图纸进行审核。用户如需变更设计方案，应重新履行核准手续。

（5）用户自备电源在投入运行前应报送的相关竣工资料包括：

1）工程竣工说明书及相关竣工图纸资料；

2）电气设备及闭锁装置的试验报告；

3）隐蔽工程的施工记录；

4）运行操作的规章和制度；

5）通信设备及运行维护的持证电工名单。

（6）供电企业在接到竣工资料后，应在与用户约定的时间派人员到现场检查。经检查合格后，与用户签订或重签自备电源协议。现场检查不合格的，应向用户出具检查结果通知单，并告知用户在整改合格，经检查签订自备电源协议后方可投入运行。

（7）供电企业应加强用户自备电源协议的审核、审批管理，明确审核、审批的岗位与职责。自备电源协议应作为供用电合同附件归档管理。

1）自备电源协议的签约人应为与供电企业签订供用电合同的用电方。

2）如自备电源实际使用人为租用用电方场所用电，未与供电企业签订供用电合同，其自备电源新增、变更手续及自备电源协议签订应请用电方办理。

3）住宅小区公建设施的供用电合同及其自备电源协议应由其产权人或经产权人授权委托的物业公司签署。

（8）自备电源协议复印件应同时在配电运行维护管理部门、调度部门留档。各相关部门应建立健全符合本岗位业务管理需要的用户自备电源台账信息，以满足电网调度、抢修等工作的安全需要。每年度供电企业相关部门还应将配置自备电源的用户清册进行一次核对。

（9）用户自备电源新增、变更后的五个工作日内，供电企业应及时更新营销 2.0 业务应用系统中用户自备电源信息。

三、自备电源装置技术要求

（1）用户自备电源的电气装置必须符合国家、地方标准及电力行业的规程和规定。

（2）自备电源与电网电源之间必须正确装设切换装置和可靠的连锁装置，确保在任何情况下，均无法向电网倒送电。

1）自备电源与电网电源必须采用"先断后通"的切换方式。

2）自备电源用户须具有低压配电装置，电网电源与自备电源切换点应装设在低压配电总柜（或应急母线的总柜）处。

3）自备电源和电网电源的中性线与相线必须同步切换，三相应采用四极双投开关（隔离开关），单相采用二极双投开关（隔离开关），由此转换电源，详见图 2-5-15。

4）较大容量的发电机组或供电可靠性有特殊要求的，可采用电气闭锁，但应保证在任何情况下，只有一路电源投入运行而无误并列的可能。

5）同一地点同一负荷配置两台及以上自备发电机时，也必须具备可靠的机械（或电气）连锁，实行"多台并车，一点切换"的方式，并做好满足并列运行的各项技术措施。

图 2-5-15　四极双投开关

（3）用户自备应急电源配置容量标准应至少达到保安负荷的 120%，且其启动时间应满足安全要求。

（4）一个用户的同一用电地点，不得同时使用电网电源和自备电源。

（5）自备发电机和切换点之间的连线不得使用裸导体；自备电源与电网电源不得同杆架设。如发电机装设地点较远，应采用电缆布线，严禁在双投开关（隔离开关）前接用任何电气设备。

（6）自备电源的接地网应独立设置，接地电阻应符合规程规定。

（7）自备应急电源的选择：当允许中断供电时间为 15s 以上的供电，可选用快速自启动的发电机组；当允许中断供电时间为毫秒级的供电，可选用蓄电池静止型不间断供电装置、蓄电池机械储能电机型不间断供电装置或柴油机不间断供电装置。

【任务实施】

某用户由于业务需要，需配备自备电源，现申请安装一台 400kW 的发电机，请按规范开展该户的自备电源验收工作。

（1）指导用户填报自备电源新增（变更）申请表，详见表 2-5-5。

表 2-5-5　　　　　　　　　　　　　　自备电源新增（变更）申请表

用电方基本情况	户号		户名					
	用电方名称		用电地址					
	单位负责人		联系电话					
	电气负责人		联系电话					
	电工组人员		持证人员					
			证件许可单位					
申请内容	可中断供电时间：　　　　（小时、分钟、秒）（时间单位请勾选）							
自备电源基本情况	类型	型号	容量（kW）	电压（kV）	电流（A）	组数	闭锁方式	切换装置型号
安装地点								

续表

自供电范围	
申请单位签章	
	年　　月　　日

附资料：
1）电气主接线及有关参数。
2）各电源回路间二次连锁装置接线图。
3）自备电源的额定容量等参数及保护装置图。
4）自备发电机的供电范围及图示、保安负荷清单。

（2）组织人员进行自备电源现场验收。验收人员要严格按照自备电源的技术要求开展自备电源的验收工作。

1）自备电源与电网电源之间必须正确装设切换装置和可靠的连锁装置，确保在任何情况下，均无法向电网倒送电。

2）一个用户的同一用电地点，不得同时使用电网电源和自备电源。

3）自备发电机和切换点之间的连线不得使用裸导体；自备电源与电网电源不得同杆架设。如发电机装设地点较远，应采用电缆布线，严禁在双投开关（隔离开关）前接用任何电气设备。

4）自备电源的接地网应独立设置，接地电阻应符合规程规定。

（3）签订双电源（自备电源）安全协议。

（4）对相关业务系统进行台账维护。